普通高等教育"十一五"国家级规划教材

数字移动通信技术

第 2 版

主　编　何林娜
副主编　邓　琛
参　编　陈益平
主　审　罗汉文　李　莉

机 械 工 业 出 版 社

本书作为普通高等教育“十一五”国家级规划教材，系统地阐述了现代数字移动通信的基本原理、基本技术和当前广泛应用的典型数字移动通信系统，较充分地反映了当代数字移动通信的最新发展。

全书共6章，主要内容有：移动通信概述、移动通信的电波传播、移动信道中的干扰和场强估算，移动通信组网技术，TDMA数字蜂窝移动通信系统，CDMA数字蜂窝移动通信系统和第三代、第四代数字蜂窝移动通信技术的综述。每章后均附有习题。

本书可作为高等院校通信工程、电子信息工程、电子信息科学与技术和其他相近专业的本科和研究生教材，也可作为通信工程以及相关专业的技术人员和科研人员的参考用书。

图书在版编目（CIP）数据

数字移动通信技术/何林娜主编. —2版.—北京：机械工业出版社，2010.6（2018.11重印）

普通高等教育“十一五”国家级规划教材

ISBN 978-7-111-30961-1

Ⅰ.①数… Ⅱ.①何… Ⅲ.①数字通信：移动通信-高等学校-教材 Ⅳ.①TN929.5

中国版本图书馆CIP数据核字（2010）第107306号

机械工业出版社（北京市百万庄大街22号　邮政编码100037）

策划编辑：路乙达　责任编辑：路乙达　责任校对：刘志文

封面设计：张　静　责任印制：张　博

三河市宏达印刷有限公司印刷

2018年11月第2版第5次印刷

184mm×260mm · 14.25印张 · 353千字

标准书号：ISBN 978-7-111-30961-1

定价：26.00元

凡购本书，如有缺页、倒页、脱页，由本社发行部调换

电话服务

服务咨询热线：010-88379833

读者购书热线：010-88379649

网络服务

机 工 官 网：www.cmpbook.com

机 工 官 博：weibo.com/cmp1952

教育服务网：www.cmpedu.com

金 书 网：www.golden-book.com

前　言

本书作为普通高等教育“十一五”国家级规划教材，是在第1版，即“应用型本科电子与通信类系列教材”之一的基础上，经过多年教学实践后修订而成的。

针对应用型本科电子与通信专业的教学特点，我们编写了本书。本书在内容的选取上，注重基础性、实用性、系统性以及反映现代移动通信技术的最新发展；在文字上力求条理清晰、通俗易懂；对于需要的数学公式，除简单的数学分析，尽量避免繁琐的数学推导，以突出重点。

本书系统地阐述了现代数字移动通信的基本原理、基本技术和当前广泛应用的典型数字移动通信系统，较充分地反映了当代数字移动通信发展的新技术。主要内容有：移动通信概述、移动通信的电波传播、移动信道中的干扰和场强估算，移动通信组网技术，TDMA 数字蜂窝移动通信系统，CDMA 数字蜂窝移动通信系统，第三代和第四代数字蜂窝移动通信系统。全书每章后均附有习题。

本书的参考学时数为60，可根据教学要求、专业特点和课程设置等具体情况进行适当的取舍，灵活掌握。

本书由上海工程技术大学的何林娜老师担任主编，邓琛老师担任副主编，由上海交通大学罗汉文教授和上海师范大学李莉教授主审。全书共分6章。何林娜老师编写第1、2、3、4章，邓琛和陈益平老师编写第5章，陈益平老师编写第6章。

本书在编写过程中，得到了罗汉文教授和李莉教授的多方关怀和指导，两位教授提出了许多建设性的意见和建议，在此深表谢意。本书还得到了上海工程技术大学的大力支持和帮助，在此表示感谢！

由于编者水平有限，书中难免有错误和不妥之处，敬请读者批评指正。

编　者

2009年12月

目　录

第1章 移动通信概述

1.1 引言

移动通信是指通信的双方或至少有一方是在移动中进行信息传输和交换。随着社会的发展和科学技术的进步，人们希望能随时随地、迅速可靠地与通信的另一方进行信息交流。这里所说的“信息交流”，不仅指双方的通话，还包括数据、传真和图像等通信业务。例如固定点与移动体（如汽车、轮船、飞机）之间、移动体与移动体之间、人与运动中的人或人与移动体之间的信息传递，都属于移动通信。

由于移动通信是移动体在运动中进行通信联系的，信号的传输必须依靠无线电波，因此无线电通信是移动通信的基础。移动体与固定体之间通信联系时，除了要依靠无线通信技术之外，还要依赖于有线通信网络技术，例如公众电话网（PSTN，Public Services Telephone Network）、公众数据网（PDN，Public Digital Network）、综合业务数字网（ISDN，Integrated Services Digital Network）。

通信系统是指包括双方通信设备在内的整体。移动通信系统包括公用陆地蜂窝移动通信系统、无线寻呼系统、无绳电话系统、集群移动通信系统、卫星移动通信系统和无中心移动通信系统等。目前应用最广泛的是公用蜂窝移动通信系统，它具有涉及的技术领域广、技术新、网络能力强等特点，它的发展代表着整个移动通信未来的方向。

随着电子技术，特别是半导体、集成电路和计算机技术的发展，移动通信技术得到了迅速发展。随着其应用领域的扩大和对性能要求的提高，促使移动通信在技术上和理论上向更高水平发展。20世纪80年代以来，移动通信已成为现代通信网中不可缺少并发展最快的通信方式之一。

1.2 移动通信的发展历程

1897年意大利科学家M. G马可尼在赫兹实验的基础上成功实现了陆地和一只拖船之间利用无线电波进行信息传输，证明了在移动体之间以无线方式进行通信的可行性。但在此后相当长的一段时间内，移动通信的发展一直相当缓慢，只在短波的几个频段上开发出了专用移动通信系统，而且一般只用于军队和政府部门。但在近十几年以来，移动通信的发展极为迅速，已广泛应用于国民经济的各个领域和人民的日常生活中。移动通信的发展大致经历了以下几个发展阶段。

1.2.1 第一代模拟蜂窝移动通信系统

20世纪80年代发展起来的模拟蜂窝移动电话系统，人们把它称为第一代移动通信系统。这是一种以微型计算机和移动通信相结合，以频率复用、多信道共用技术和全自动地接入公共电话网的小区制、大容量蜂窝式移动通信系统，在美国、日本和瑞典等国家先后投入使用。其主要技术是模拟调频、频分多址，主要业务是电话。代表这一系统的有：

AMPS（Advanced Mobile Phone Service）系统称为先进的移动电话系统，是美国贝尔实验室于1969年开始研究，1978年研制结束，1979年在芝加哥城组网试用，1983年投入使用。其工作频段为800MHz，频率间隔为30kHz，基站发射功率为45W。

TACS（Total Access Communications System）称为全向接续通信系统，是英国研制的通信系统，属AMPS系统的改进型。1982年底开始研究，1985年研制成功。其使用频段为900MHz，信道间隔为25kHz，基站发射功率为40W。

NMT（Nordic Mobile Telephone）系统称为北欧移动电话，该系统由丹麦、芬兰、挪威，瑞典于1970年开始研究，1981年研制成功并投入使用，其工作频段为450MHz，信道间隔为25kHz，基站发射功率为25～50W。利用180个双向信道，但容量很快饱和。接着1986年末引入NMT900，工作在900MHz频段，有1999个双向信道，频率间隔为12.5kHz。

模拟系统的主要缺点是：频谱利用率低，容量有限，系统扩容困难；制式太多，互不兼容，不利于用户实现国际漫游，限制了用户覆盖面；不能与ISDN兼容，提供的业务种类受限制，不能传输数据信息；保密性差，以及移动终端要进一步实现小型化、低功耗、低价格的难度都较大。

1.2.2 第二代数字蜂窝移动通信系统

第二代数字蜂窝移动通信系统是以数字信号传输、时分多址（TDMA，Time Division Multiple Access）、码分多址（CDMA，Code Division Multiple Access）为主体技术，频谱效率提高，系统容量增大，易于实现数字保密、通信设备的小型化和智能化，标准化程度大大提高等。制定了更加完善的呼叫处理和网络管理功能，克服了第一代移动通信系统的不足之处，可与窄带综合业务数字网相兼容，除了传送语音外，还可传送数据业务，如传真和分组的数据业务等。

1.2.2.1 数字蜂窝移动通信系统

为了克服第一代模拟蜂窝移动通信系统的局限性，北美、欧洲和日本自20世纪80年代中期起相继开发第二代全数字蜂窝移动通信系统。各国根据自己的技术条件和特点确定了各自的开发目标和任务，制定了各自不同的标准，有欧洲的全球移动通信系统（GSM，Global System for Mobile Communication），北美的D－AMPS和日本的个人数字蜂窝系统（JDC）。由于各国采用的制式不同，所以网络不能相互兼容，从而限制了国际联网和漫游的范围。

对欧洲来说首要问题是要统一制式，建立一个全欧统一的数字蜂窝移动通信系统，新的数字蜂窝系统均采用统一的GSM体制。GSM系统的主要目标是与迅速发展的ISDN网实现兼容，具有ISDN的一切功能改善了网络结构，提高了用户的保密性。

美国由于已建有大量的AMPS模拟系统，从美国的用户发展趋势分析，用户数急剧增长主要集中在纽约和洛杉矶等一些大城市，这些城市模拟移动通信系统面临容量饱和，而美国广大的中小城市并不存在这个问题。为此美国开发数字蜂窝移动通信系统的主要任务是：解决一些大城市移动通信发展的需求而采用数模兼容的方案，可以在不需要另辟新的频段的情况下解决扩容的问题。双模式的移动台需要在数模两种信道上进行通信的能力，提供双模式业务。

日本开发数字蜂窝系统的背景是本国现有模拟系统容量接近饱和，并考虑今后产品向国际市场开拓。因此它的开发方案是在西欧和北美数字移动通信技术迅速发展的形势下提出的。日本的调制、编码等制式向北美靠拢，但数模不能兼容，只是并存互通。

1.2.2.2　码分多址（CDMA）数字蜂窝移动通信系统

美国在数字蜂窝移动通信的起步较欧洲迟缓，但是在美国发展数字蜂窝移动通信时，却形成了一种多元化的倾向。除了制订了与欧洲类似的基于 TDMA 的 IS-54、IS-136 标准的数字网络，美国一些公司还在研究其他技术方案，Qualcomm（高通）公司提出了一种采用码分多址（CDMA）方式的数字蜂窝系统的技术方案。1992 年 Qualcomm（高通）公司向 CTIA 提出了码分多址的数字蜂窝通信系统的建议和标准。该建议于 1993 年被 CTIA 和 TIA 批准为中期标准 IS-95。IS-95 也是兼容 AMPS 模拟制式的双模标准。1996 年，CDMA 系统投入运营。

与其他蜂窝系统比较，码分多址（CDMA）数字蜂窝移动通信系统具有以下特点：

1）系统容量大：为 GSM 的 5.6 倍，TACS 的 11.2 倍；

2）抗衰落能力及抗干扰性能强；

3）语音质量高；

4）保密性及安全性优于 GSM 系统；

5）移动台发射功率低（约 10mW）；

6）具有软切换和软容量特性；

7）频率复用模式可达到 1，本区和邻区可共用同一信道，因而不需要频率动态分配；

8）可实现宽带数据传输。

四种数字移动通信系统的主要技术参数如表 1-1 所示。

表 1-1　四种数字移动通信系统的主要技术参数

参　数	欧洲 GSM/DCS	美　国 D-AMPS	 CDMA	日本 JDC
工作频段/kHz	890~915 935~960 1710~1785 1805~1880	824~849 869~894 1900	824~849 869~894	810~826 940~956 1429~1453 1477~1501
射频间隔/kHz	200	30	1250	50
接入方式	TDMA/FDMA	TDMA/FDMA	CDMA/FDMA	TDMA/FDMA
与现有模拟系统的兼容能力	无	有	有	有
每频道业务信道数	8 16	3 6	61	3 6

1.2.3　第三代数字蜂窝移动通信系统

第二代数字蜂窝移动通信系统只能提供语音和低速数据（≤9.6kbit/s）业务的服务。但是在信息时代，图像、语音和数据相结合的多媒体业务和高速率数据业务的业务量将会大大增加。

为了满足更多更高速率的业务以及更高频谱效率的要求，同时减少目前存在的各大网络之间的不兼容性，一个世界性的标准——未来公用陆地移动电话系统 FPLMTS（Future Public Land Mobile Telephone System）应运而生，1995年，又更名为国际移动通信2000（IMT－2000）。IMT－2000支持的网络被称为第三代移动通信系统，简称3G。第三代移动通信系统IMT－2000为多功能、多业务和多用途的数字移动通信系统，是在全球范围内覆盖和使用的。它根据特定的环境提供从144kbit/s到2Mbit/s的个人通信业务，支持全球无缝漫游和提供宽带多媒体业务。为了在未来的全球化标准中占据一席之地，各个国家、组织和公司纷纷提出自己的建议和标准，被ITU接受的候选标准多达10种之多。其中欧洲提出的WCDM和北美提出的cdma2000最为大家看好；中国提出的TD－SCDMA由于得到了中国政府和产业界的支持，加之中国巨大的市场潜力，因此也格外引人注目。10种第三代数字移动通信系统的无线传输技术方案的主要技术参数如表1－2所示。

表1－2 10种第三代数字移动通信系统的无线传输技术方案的主要技术参数

序号	提交技术	双工方式	应用环境	多址技术	提交者
1	J：WCDMA	FDD、TDD	所有环境	CDMA	日本：ARTB
2	ETSI－UTRA－UMTS	FDD、TDD	所有环境	CDMA	欧洲：ETSI
3	WIMS WCDMA	FDD	所有环境	CDMA	美国：TIA
4	WCDMA/NA	FDD	所有环境	CDMA	美国：T1P1
5	Global CDMA Ⅱ	FDD	所有环境	CDMA	韩国：TTA
6	TD－SCDMA	TDD	所有环境	CDMA	中国：CATI
7	cdma2000	FDD、TDD	所有环境	CDMA	美国：TIA
8	Global CDMA Ⅰ	FDD	所有环境	CDMA	韩国：TTA
9	UWC－136	FDD	所有环境	CDMA	美国：TIA
10	EP－DECT	TDD	所有环境	CDMA	欧洲：ETSI

1.2.4 第四代数字移动通信系统

第四代移动通信系统（4G）标准比第三代标准具有更多的功能。第四代移动通信系统可以在不同的固定、无线平台和跨越不同频带的网络中提供无线服务，可以在任何地方宽带接入互联网（包括卫星通信），能够提供除信息通信之外的定位定时、数据采集、远程控制等综合功能，是多功能集成的宽带移动通信系统或多媒体移动通信系统。第四代移动通信系统应该比第三代移动通信系统更接近个人通信。

1.3 移动通信的电波传播

任何一个通信系统，信道是必不可少的组成部分。信道按传输介质分为有线信道和无线信道。有线信道包括架空明线、电缆和光纤；无线信道中有中、长地表面波传播，短波电离层反射传播，超短波和微波直射传播以及各种散射传播。根据信道特性参数随外界各种因素的影响而变化的快慢，通常分为“恒参信道”和“变参信道”。所谓“恒参信道”是指其传输特性的变化量极微且变化速度极慢。“变参信道”与此相反，其传输特性随时间的变化较快。移动信道为典型的“变参信道”。

移动通信中的传播方式主要有直射波、反射波和地表面波等传播方式。移动台接收点的场强，一般是直射波、反射波和地表面波的合成，但由于地表面波的传播损耗随着频率的增高而增大，传播距离有限，所以在分析移动通信信道时，主要考虑直射波和反射波的影响。典型的移动信道电波传播路径如图 1－1 所示。

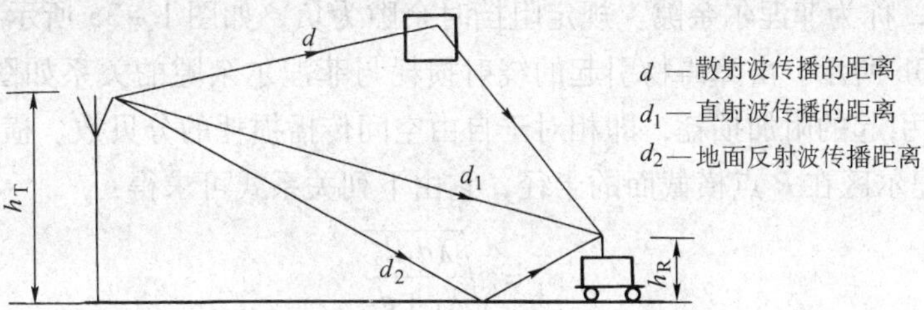

图 1－1　典型的移动信道电波传播路径

1.3.1　直射波

在自由空间中，电波沿直线传播而不被吸收，也不发生反射、折射和散射等现象而直接到达接收点的传播方式称为直射波传播。直射波传播损耗可看成自由空间的电波传播损耗 L_{bs}（单位为 dB），L_{bs}的表示式为

$$L_{bs}=32.45\text{dB}+20\lg d+20\lg f \tag{1-1}$$

式中，d 为距离（km）；f 为工作频率（MHz）。

由上式可见，自由空间中电波传播损耗（亦称衰减）只与工作频率 f 和传播距离 d 有关。当 f 或 d 增大一倍时，L_{bs}将分别增加 6dB。

1.3.2　视距传播的极限距离

由于地球是球形的，凸起的地表面会挡住视线。视线所能到达的最远距离称为视线距离，简称视距，用 d_0 表示（如图 1－2 所示）。已知地球半径为 $R=6370$km，设发射天线和接收天线高度分别为 h_T 和 h_R（单位为 m），理论上可得视距传播的极限距离 d_0（单位为 km）为

$$d_0=3.57(\sqrt{h_R}+\sqrt{h_T}) \tag{1-2}$$

由此可见，视距决定于收、发天线的高度。天线架设越高，视线距离越远。

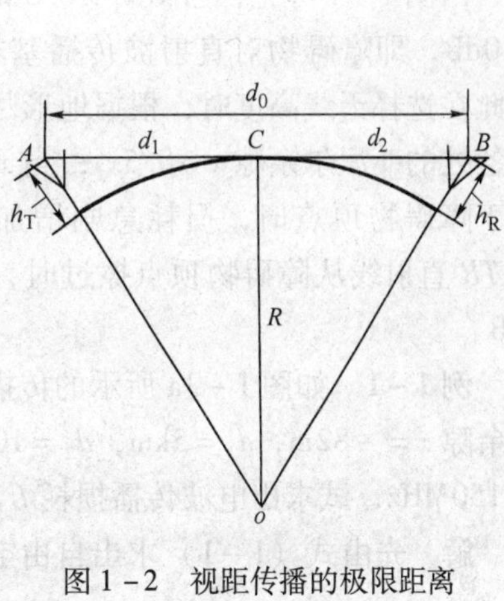

图 1－2　视距传播的极限距离

实际上当考虑了空气的不均匀性对电波传播轨迹

的影响后，在标准大气折射情况下，等效地球半径为 $R=8500\text{km}$，可得修正后的视距传播的极限距离 d_0（单位为km）为

$$d_0=4.12(\sqrt{h_R}+\sqrt{h_T}) \tag{1-3}$$

1.3.3 绕射损耗

在实际情况下，电波的直射路径上存在各种障碍物，除了考虑在自由空间中的视距传输损耗外，还应考虑各种障碍物对电波传输所引起的损耗，通常将这种由障碍物引起的附加传播损耗称为绕射损耗。

设障碍物与发射点和接收点的相对位置如图1-3所示，图中 x 表示障碍物顶点 P 至直射线 TR 的距离，称为菲涅尔余隙。规定阻挡时余隙为负，如图1-3a所示；无阻挡时余隙为正，如图1-3b所示。由障碍物引起的绕射损耗与菲涅尔余隙的关系如图1-4所示。图中纵坐标为绕射引起的附加损耗，即相对于自由空间传播损耗的分贝数。横坐标为 x/x_1，其中 x_1 是第一菲涅尔区在 P 点横截面的半径，它由下列关系式可求得：

$$x_1=\sqrt{\frac{\lambda d_1 d_2}{d_1+d_2}} \tag{1-4}$$

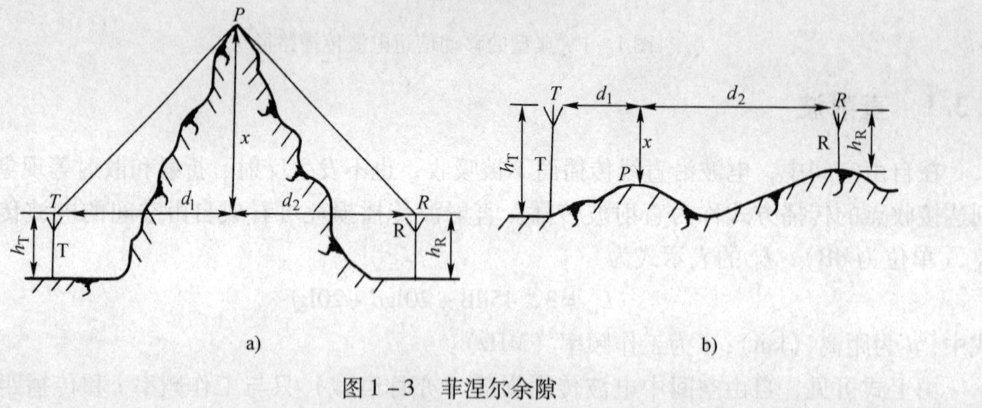

图1-3 菲涅尔余隙
a）负余隙 b）正余隙

由图1-4可见，当 $x/x_1>0.5$ 时，附加损耗约为0dB，即障碍物对直射波传播基本上没有影响。为此在选择天线高度时，根据地形尽可能使服务区内各处的菲涅尔余隙 $x>0.5x_1$；当 $x<0$，即直射线低于障碍物顶点时，损耗急剧增加；当 $x=0$ 时，即 TR 直射线从障碍物顶点擦过时，附加损耗约为6dB。

例1-1 如图1-3a所示的传播路径中，菲涅尔余隙 $x=-82\text{m}$，$d_1=5\text{km}$，$d_2=10\text{km}$，工作频率为150MHz，试求出电波传播损耗 L。

解 先由式（1-1）求出自由空间传播的损耗 L_{bs} 为

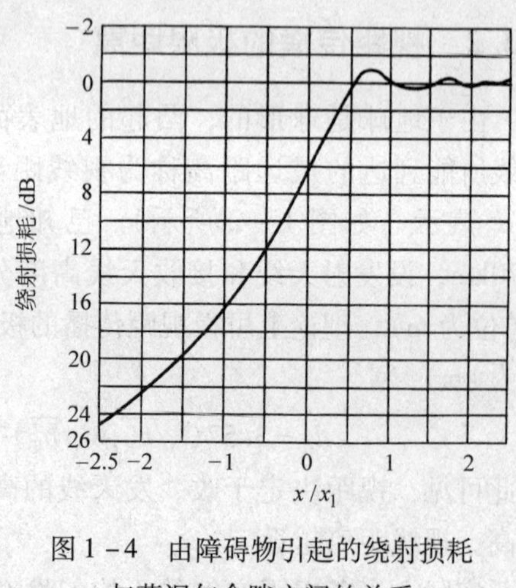

图1-4 由障碍物引起的绕射损耗与菲涅尔余隙之间的关系

$$L_{bs}=32.45\text{dB}+20\lg(5+10)\text{dB}+20\lg150\text{dB}=99.5\text{dB}$$

由式（1-4）求第一菲涅尔区半径 x_1 为

$$x_1=\sqrt{\frac{\lambda d_1 d_2}{d_1+d_2}}=\sqrt{\frac{2\times5\times10^3\times1\times10^4}{15\times10^3}}\text{m}=81.7\text{m}$$

由图 1-4 查得附加损耗（$x/x_1\approx-1$）为 17dB，所以电波传播的损耗 L 为

$$L=L_{bs}+17\text{dB}=99.5\text{dB}+17\text{dB}=116.5\text{dB}$$

1.3.4　反射波

电波在传播过程中，遇到两种不同介质的光滑界面时，就会发生反射现象。从发射天线到接收天线的电波由反射波和直射波的组成情况如图 1-5 所示。反射波与直射波的行距差为

$$\Delta d=a+b-c=\frac{2h_T h_R}{d_1+d_2}\qquad(1-5)$$

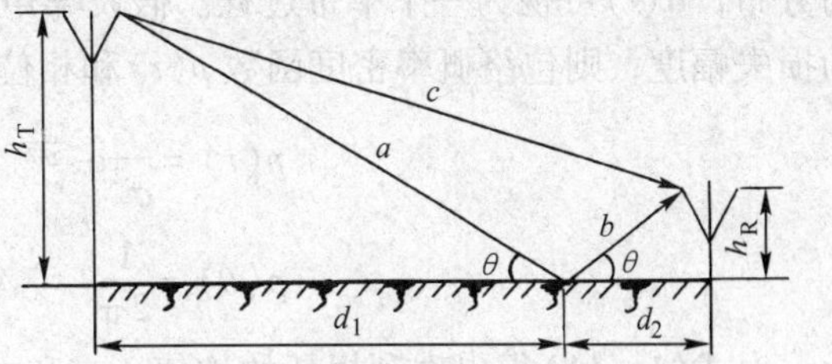

图 1-5　反射波和直射波的组成

由于直射波和反射波的起始相位是一致的，因此两路信号到达接收天线的时间差换算成相位差 $\Delta\phi_0$ 为

$$\Delta\phi_0=\frac{\Delta t}{T}\times2\pi=\frac{2\pi}{\lambda}\Delta d\qquad(1-6)$$

再加上地面反射时大都要发生一次反相，实际的两路电波相位差 $\Delta\phi$ 为

$$\Delta\phi=\Delta\phi_0+\pi=\frac{2\pi}{\lambda}\Delta d+\pi\qquad(1-7)$$

1.3.5　多径效应与瑞利损耗

设发射机发出 $A\cos\omega_c t$ 信号后，接收机接收端收到的合成信号为

$$R(t)=\sum_{i=1}^{n}R_i(t)\cos\{\omega_c[t-\tau_i(t)]\}=\sum_{i=1}^{n}R_i(t)\cos\{[\omega_c t+\phi_i(t)]\}\qquad(1-8)$$

式中，$R_i(t)$为第 i 条路径的接收信号；$\tau_i(t)$为第 i 条路径的传输时间；$\phi_i(t)$为第 i 条路径的相位滞后，$\phi_i(t)=-\omega_c\tau_i(t)$。

经大量观察表明，$R_i(t)$和 $\phi_i(t)$随时间的变化与发射信号的载频周期相比，通常要缓慢得多，所以 $R_i(t)$和 $\phi_i(t)$可以认为是缓慢变化的随机过程，故式（1-8）可以写成

$$R(t)=\sum_{i=1}^{n}R_i(t)\cos\phi_i(t)\cos\omega_c t-\sum_{i=1}^{n}R_i(t)\sin\phi_i(t)\sin\omega_c t\qquad(1-9)$$

设

$$x_c(t)=\sum_{i=1}^{n}R_i(t)\cos\phi_i(t)$$

$$x_s(t)=\sum_{i=1}^{n}R_i(t)\sin\phi_i(t)$$

则式（1-9）可写成

$$R(t)=x_c(t)\cos\omega_c(t)-x_s(t)\sin\omega_c(t) \tag{1-10}$$

设 $U(t)$ 为合成波 $R(t)$ 的包络，$\phi(t)$ 为合成波 $R(t)$ 的相位，则

$$U(t)=\sqrt{x_c^2(t)+x_s^2(t)}$$

$$\phi(t)=\arctan\frac{x_s(t)}{x_c(t)}$$

由于 $R_i(t)$ 和 $\phi_i(t)$ 随时间的变化与发射信号的载频周期相比是缓慢的，因此 $x_c(t)$、$x_s(t)$ 及包络 $U(t)$、相位 $\phi(t)$ 也是缓慢变化的。通常 $U(t)$ 满足瑞利分布，相位 $\phi(t)$ 满足均匀分布，$R(t)$ 可视为一个窄带过程。假设噪声为高斯白噪声，σ 为噪声方差，r 为接收信号的损失幅度，则包络概率密度函数 $p(r)$ 和相位概率密度函数 $p(\theta)$ 分别为

$$p(r)=\frac{r}{\sigma^2}\mathrm{e}^{-\frac{r^2}{2\sigma^2}} \qquad 0\leqslant r\leqslant+\infty \tag{1-11}$$

$$p(\theta)=\frac{1}{2\pi} \qquad 0\leqslant\theta\leqslant 2\pi \tag{1-12}$$

由式(1-11)得出瑞利损耗的均值 r_{mean} 和方差 σ_r^2 如下：

均值

$$r_{\mathrm{mean}}=E[r]=\int_0^{\infty} rp(r)\,\mathrm{d}r=\sigma\sqrt{\frac{\pi}{2}}=1.2533\sigma$$

方差

$$\sigma_r^2=E[r^2]-E^2[r]=\int_0^{\infty} r^2p(r)\,\mathrm{d}r-\frac{\sigma^2\pi}{2}=\sigma^2\left(2-\frac{\pi}{2}\right)=0.4292\sigma^2$$

1.4 移动信道中的干扰

在移动通信系统中，基站（BS，Base Station）与用户之间必须依靠无线电波来传送信息，通信的质量取决于电波传播的条件。当前公用蜂窝移动通信系统的频率范围主要在特高频（UHF，300~3000MHz）内。这个频段的特点是：传播距离在视距范围内，通常为几十千米；天线较短；以地表面波、直射波和散射波等方式传播；受地形地物影响较大。由于信道间隔与带宽比值不大，当某一电台所接收的有用信号低到某一极限值，而另一部相邻信道的移动台在这个电台附近工作时，就会造成电磁干扰。在移动通信中，考虑较多的是邻道干扰、同信道干扰、互调干扰、远近效应、码间干扰等。

1.4.1 邻道干扰

邻道干扰是指相邻或邻近信道之间的干扰。在多信道移动通信系统中，当移动台靠近基站时，移动台发信机的调制边带扩展，会对正在接收微弱信号的基站邻道收信机形成干扰。由于这种干扰分量落在被干扰的接收机通频带内，因而提高接收机的选择性也无济于事。一般说来，二者相距越近，路径传播损耗越小，邻道干扰则越大。当移动台相互靠近时，这些移动台发信机的调制边带扩展会给接收信号的众多移动台邻道接收机造成干扰。而基站发信机对移动台接收机的邻道干扰一般不严重，这是因为基站发信机功率很大，其调制边带扩展相对小得多，移动台接收机收到的信号功率远远大于邻道干扰

的功率。目前移动通信的语音调制仍采用调频。由非线性电子线路分析可知，单音调频波的表示式可写成

$$U_C = U_{cm}\cos(\omega_c t + m_f \sin\Omega t) \tag{1-13}$$

$$U_C(t) = U_{cm}\left\{\left[J_0(m_f) + 2\sum_{n=1}^{\infty} J_{2n}(m_f)\cos 2n\Omega t\right]\cos\omega_c t - \left[2\sum_{n=0}^{\infty} J_{(2n+1)}(m_f)\sin(2n+1)\Omega\right]\sin\omega_c t\right\} \tag{1-14}$$

由上式可见，单音调频波具有无穷多个边频分量，其中有些边频分量将落入邻道接收机的通带内，造成调制边带扩展干扰。

设第一信道（No. 1）调频波的第 n 次边频落入其相邻信道（No. 2），如图 1-6 所示。如果收发信机频率不稳定，造成频率偏差为 Δf_{TR}，在最坏情况下，落入邻道的最低边频次数 n_L 为

$$n_L = \frac{B_r - 0.5B_i - \Delta f_{TR}}{f_m} \tag{1-15}$$

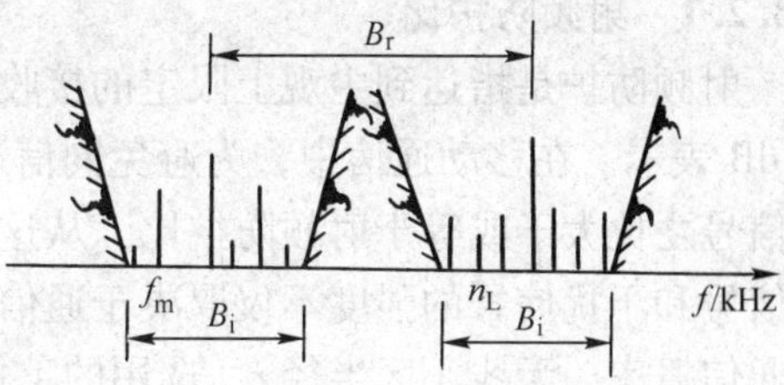

图 1-6　调制边带干扰

式中，B_r 为信道间隔；B_i 为中频带宽；f_m 为调制信号的最高频率分量。当频偏 $\Delta\omega$ 为已知时，则调频指数

$$m_f = \frac{\Delta\omega}{2\pi f_m} \tag{1-16}$$

根据 n_L 和 m_f 值，由贝塞尔函数表查得落入相邻信道的最低边频幅度，进而求得这一邻道干扰电平。

例如，某移动台的发射功率 $P = 10\text{dBW}$，移动台到基站的信号传输损耗 $L_{fs} = 80\text{dB}$，信道间隔 $B_r = 25\text{kHz}$，$B_i = 16\text{kHz}$，频偏 $\Delta f = \pm 5\text{kHz}$，$\Delta f_{TR} = 2\text{kHz}$，调制信号频率 $f_m = 3\text{kHz}$，则

$$n_L = \frac{B_r - 0.5B_i - \Delta f_{TR}}{f_m} = \frac{25 - 0.5\times 16 - 2}{3} = 5$$

$$m_f = \frac{\Delta\omega}{2\pi f_m} = \frac{\Delta f}{f_m} = \frac{5\text{kHz}}{3\text{kHz}} = 1.7$$

由贝塞尔函数表可查得

$$\frac{J_5(1.7)}{J_0(1.7)} = 3.3997\times 10^{-3}$$

因此，边带功率相对载波功率比为

$$20\lg\frac{J_5(1.7)}{J_0(1.7)} = 20\lg 3.3997\times 10^{-3}\text{dB} \approx -50\text{dB}$$

所以落入邻道的边带功率为

$$P_n = (10 - 50 - 80)\text{dBW} = -120\text{dBW}$$

由此可见，它比规定的 -140dBW 值要高，势必要造成邻道干扰。要满足规定的指标要求，除提高收发信机的频率稳定度之外，还要控制瞬时频偏不超过最大允许值。为保证调制后的信号频偏不超过允许值，必须对调制信号幅度加以限幅。通常在发射机的语音加工电路

中，均有瞬时频偏控制（IDC）电路和邻道干扰滤波电路。

1.4.2 同信道干扰

相同频率的无用信号对接收机形成的干扰，称为同信道干扰，也称为同频干扰。

在移动通信中，为提高频谱利用率，在相隔一定距离之外，使用同信道电台，称为同信道复用。同信道无线区相距越远，其隔离度越大，同信道干扰就越小，但频谱利用率降低。因此，在进行无线区群的频率分配时，应在满足一定通信质量的前提下，确定相同频率重复使用的最小距离。

1.4.2.1 射频防护比

射频防护是指达到主观上限定的接收质量时，所需的射频信号对干扰信号的比值。一般用 dB 表示。在移动通信中，为避免同信道干扰，必须保证接收机输入端的信号与同信道干扰信号之比大于或等于射频防护比。从这一关系出发，可以研究同信道复用距离。当然，有用信号和干扰信号的强度不仅取决于通信距离，而且与调制方式、电波传播特性、要求的可靠通信概率、无线小区半径 r、选用的工作方式等因素有关。因此在不同情况下射频防护比也有所不同，表 1-3 列出了有用信号与无用信号载频相同时的射频防护比。

表 1-3 有用信号与无用信号载频相同的射频防护比

有用信号类型	无用信号类型	射频防护比/dB
窄带 F3E，G3E	窄带 F3E，G3E	8
宽带 F3E，G3E	宽带 F3E，G3E	8
宽带 F3E，G3E	A3E	8
窄带 F3E，G3E	A3E	10
窄带 F3E，G3E	直接打印 F2B	12
A3E	宽带 F3E，G3E	8~17
A3E	宽带 F3E，G3E	8~17
A3E	A3E	17

表中信号类型代号，第一个符号，F 代表调频，G 代表调相，A 代表双边带调幅；第二个符号表示调制信号类别，如“3”为模拟单信道，“2”为数字单信道；第三个符号代表发送信息类别，如“E”为电话，B 为自动接收电报。

1.4.2.2 同频单工方式

同频单工方式的同信道干扰示意图如图 1-7 所示。基站 A 和 B 的无线服务区半径为 r，两个基站相隔一定距离同频工作。假设基站 A 处于接收状态，移动台 M 处于发送状态，由于是采用同频单工方式，收发使用相同频率，此时移动台 M 处于无线服务区的边缘，所以基站 A 正处于接收有用信号最弱的情况。与此同时，如果基站 B 也处于发送状态，虽距离较远，但由于其天线高度远高于移动台 M，发送功率也远远大于移动台 M，基站 A 还是收到基站 B 的

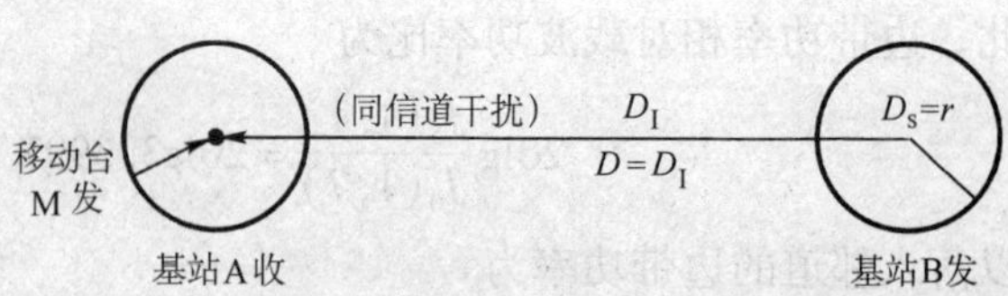

图 1-7 同频单工方式的同信道干扰示意图

同信道干扰信号。如果基站 A 接收机输入端的有用信号与同信道干扰信号比值等于射频防护比，此时两基站之间的距离（即同信道复用距离）D 等于被干扰的接收机至干扰发射机的距离 D_I，可表示为

$$\frac{D}{D_s}=\frac{D}{r}=\frac{D_I}{r} \tag{1-17}$$

式中，D/r 称为同信道复用比。

1.4.2.3　双工方式

双工方式的同信道干扰示意图如图 1-8 所示。在双工情况下，收发使用不同频率。若移动台 M 置在基站 A 到基站 B 的一条直线上，则 M 最易受到基站 B 的干扰。若被干扰接收机至干扰发射机的距离为 D_I，则同信道复用距离（A、B 两基站之间的距离）

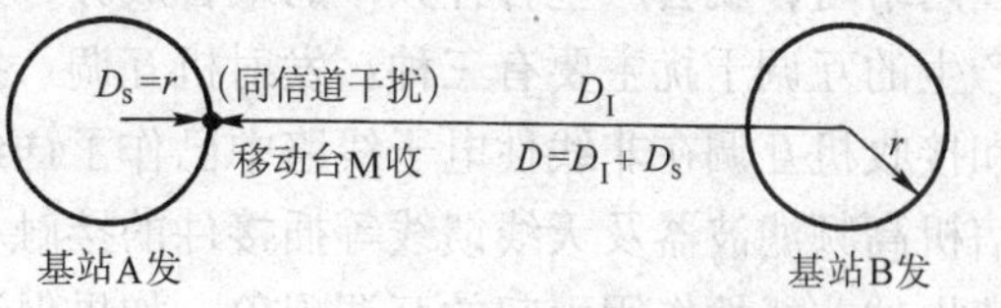

图 1-8　双工方式的同信道干扰示意图

$$D=D_s+D_I=r+D_I \tag{1-18}$$

因此，同信道复用比

$$\frac{D}{r}=\frac{r+D_I}{r}=1+\frac{D_I}{r} \tag{1-19}$$

在工程设计中，通常是利用统计得到的电波传播曲线来计算同信道复用距离，这样既方便又准确。图 1-9 给出了同频单工和双工方式时的同信道复用距离确定图。例如基站天线有效高度为 50m，移动台天线高度为 2m，$r=10$km，信噪比 $S/I=22$dB，若要计算同信道复用距离，可由图 1-9 中的电波传播曲线求解。

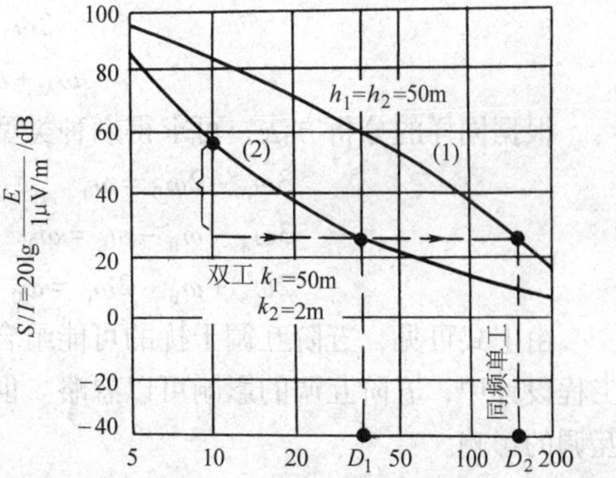

图 1-9　同频单工和双工方式同信道复用距离确定图

在双工情况下，有用信号和干扰信号的传播曲线相同，如图 1-9 中的曲线（2），由于 $r=10$km，$S/I=22$dB，按虚线箭头指向，可求出 $D_1=40$km，故同信道复用距离 $D=r+D_1=10\text{km}+40\text{km}=50\text{km}$。

在同频单工情况下，对照图可以看出，有用信号的传播曲线应该仍用曲线（2），而干扰信号的传播曲线应使用曲线（1）。由于 $r=10$km，$S/I=22$dB，作图按虚线箭头指向，可求出 $D_2=140$km，即同信道复用距离 $D=D_2=140$km。

由上例看出，在同频单工情况下的同信道复用距离，要比双工情况下的大得多。这是因为单工情况下，基站 A 接收机干扰信号来自基站 B 的高天线（$h=50$m），而有用信号却是来自移动台的低天线（$h=2$m），传播条件比较差。在双工情况下，移动台接收机的有用信号来自基站 A 的高天线，干扰信号来自基站 B 的高天线，传播条件是相同的，所以强有用信号将把弱干扰信号完全抑制掉，使干扰不起作用。

需要说明，以上的计算仅考虑了一个同信道干扰源。实际上在小区制移动通信系统中，

一个台的同信道干扰源往往不止一个，而是多个。在多个同信道干扰源的情况下，则干扰信号电平应以功率叠加方式获得。

1.4.3 互调干扰

在移动通信系统中，存在着各种各样的干扰，互调干扰是组网时必须要认真对待的问题。

互调干扰是由传输信道非线性网络所产生的，当几个不同频率的信号同时加入一个非线性网络时，就会产生各种频率的组合成分，这些成分便构成干扰信号。在移动通信系统中，产生的互调干扰主要有三种：发射机互调、接收机互调和外部效应引起的互调。发射机互调和接收机互调在非线性电子线路中已作了详细的论述。外部效应引起的互调，主要是由于发信机高频滤波器及天线馈线等插接件的接触不良，或发信机的拉杆天线螺栓等金属件锈蚀，产生的非线性作用引起的互调现象。如果保证接插件部位接触良好，防止金属构件锈蚀，这种互调现象可以避免。

假定接收机的输入回路较差，有用信号频率 ω_0，干扰信号频率 ω_A、ω_B、ω_C 同时进入接收机高频放大器或混频级，这些信号在非线性特性的作用下，将产生许多谐波和组合频率分量。其中三阶互调干扰有两种类型，即二信号三阶互调和三信号三阶互调，其表示式分别为

$$\begin{aligned} 2\omega_A - \omega_B &= \omega_0 \\ \omega_A + \omega_B - \omega_C &= \omega_0 \end{aligned} \tag{1-20}$$

根据同样的分析方法，可求得六种类型的五阶互调干扰的表达式

$$\begin{aligned} &3\omega_A - 2\omega_B = \omega_0 \qquad &2\omega_A + \omega_B - \omega_C - \omega_D = \omega_0 \\ &3\omega_A - \omega_B - \omega_C = \omega_0 \qquad &\omega_A + \omega_B + \omega_C - 2\omega_D = \omega_0 \\ &2\omega_A + \omega_B - 2\omega_C = \omega_0 \qquad &\omega_A + \omega_B + \omega_C - \omega_D = \omega_0 \end{aligned}$$

由上式可见，五阶互调干扰的可能组合很多，但由于高次谐波的能量很小，所以在一般工程设计中，五阶互调的影响可以忽略。但对于小区制，多信道共用组网时，则应重视五阶互调的影响。

多信道移动通信系统为避开三阶互调，在频率分配时，应适当选择不等频距的信道。使它们产生的互调产物不致于落入同组的任一工作信道中。选择信道组的原则是，信道组内应无三阶互调产物，应尽量提高频段利用率。也就是说，应找出占用频段最小的无三阶互调干扰的信道组。根据这一原则确定的无三阶互调干扰的信道组如表1-4所示。

表1-4 无三阶互调干扰的信道组

需用信道数	最小占用信道数	无三阶互调信道组的信道序号	信道利用率
3	4	1，2，4	75%
4	7	1，2，5，7 1，3，6，7	57%
5	12	1，2，5，10，12 1，3，8，11，12	42%

（续）

需用信道数	最小占用信道数	无三阶互调信道组的信道序号	信道利用率
6	18	1，2，5，11，16，18 1，2，5，11，13，18 1，2，9，12，14，18 1，2，9，13，15，18	33%
7	26	1，2，8，12，21，24，26 1，3，4，11，17，22，26 1，2，5，11，19，24，26 1，3，8，14，22，23，26 1，2，12，17，20，24，26 1，4，5，13，19，24，26 1，5，10，16，23，24，26	27%
8	35	1，2，5，10，16，23，33，35 1，3，13，20，26，31，34，35 ⋮	23%
9	46	1，2，5，14，25，31，34，41，46 ⋮	20%
10	56	1，2，7，11，24，27，35，42，54，56 ⋮	18%

分析表明，这些信道构成规律为：任意两个信道序号差值均不相等，则该信道组是无三阶互调的信道组；否则就有三阶互调干扰。

由表 1－4 可见，在占用频段内，只能选用一部分信道构成无三阶互调信道组，因此频段利用率不够高。一般情况下，需要的信道数越多，频段利用率就越低。因此，需要信道数很多或在频率拥挤的地域，采用无三阶互调信道组工作是很难实现的。但是，在小区制移动通信系统中，若每个小区使用的信道数较少，则可以采用信道的分区分组分配法来提高频段利用率，这种方法是以无三阶互调信道组为基础进行频率分配的。需要指出的是，选用无三阶互调信道组工作时，三阶互调产物依然存在，只是不落在本系统的工作信道之内。然而，三阶互调产物可能落入其他系统，造成对其他系统的干扰。

1.4.4　近端对远端的干扰

在移动通信系统中，当基站同时接收从几个距离不同的移动台发来信号时，若这些频率相同或相近，则距基站最近的移动台就会对距离远的移动台造成干扰或抑制，甚至淹没信号。这使基站很难收到远距离移动台的信号，也就是近端对远端的干扰，也称远近效应，如图 1－10 所示。

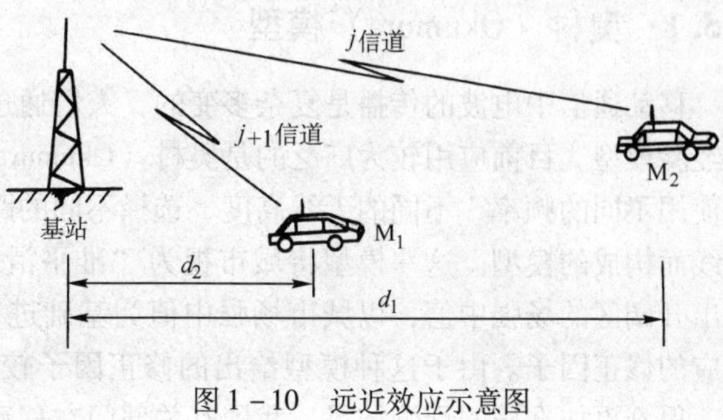

图 1－10　远近效应示意图

一般情况下，各移动台的发射功率相同，因此两移动台至基站的功率电平差异仅决定传输路径损耗。这一差值定义为“近端对远端的干扰比”，用ξ（单位为dB）表示

$$\xi_{d_1,d_2}=L(d_1)-L(d_2) \tag{1-21}$$

式中，$L(d_1)$为远距离（d_1）移动台信号路径损耗（dB）；$L(d_2)$为近距离（d_2）移动台信号路径损耗（dB）。

为了估算近似的ξ值，根据近地面干涉场理论可知，其路径损耗约与距离的4次方成正比，即距离增加为原来的10倍，损耗增加40dB，故近端对远端比为

$$\xi_{d_1,d_2}=40\lg\left(\frac{d_1}{d_2}\right) \tag{1-22}$$

在移动通信系统中远近效应的问题比较突出，克服这种干扰，可以增大频距，减小场强的变化范围。采用自动功率控制电路，移动台根据收到基站信号的强弱，自动调节自己的发射功率，缩小无线服务区，降低移动台的发射功率。

1.5　移动信道的场强估算

为了计算移动信道中信号电场强度中值（或传播损耗中值），可将地形分为两大类，即中等起伏地形和不规则地形，并以中等起伏地形作传播基准。所谓中等起伏地形是指在传播路径的地形剖面图上，地面起伏高度不超过20m，且起伏缓慢，峰点与谷点之间的水平距离大于起伏高度。其他地形如丘陵、孤立山岳、斜坡和水陆混合地形等统称为不规则地形。

在计算各种地形、地物上的传播损耗时，均以中等起伏地形上的损耗中值或场强中值作为基准，因而把它称作基准中值或基本中值。

由于天线架设在高度不同的地形上，天线的有效高度是不一样的，因此必须合理规定天线的有效高度。如图1-11所示，若基站天线顶点的海拔为h_{ts}，从天线设置地点开始，沿着电波传播方向的3~15km之内的地面平均海拔为h_{ga}，则定义基站天线的有效高度为

$$h_b=h_{ts}-h_{ga} \tag{1-23}$$

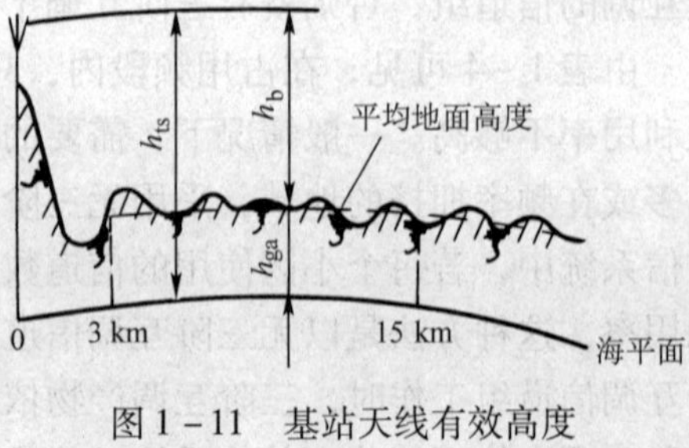

图1-11　基站天线有效高度

若传播距离不到15km，则h_{ga}是3km到实际距离之间的平均海拔。移动台天线的有效高度h_m总是指天线在当地地面上的高度。

1.5.1　奥村（Okumura）模型

移动通信中电波的传播是复杂多变的，人们通过大量的实地测量和分析，总结归纳了多种经验模型。目前应用较为广泛的是奥村（Okumura）模型，简称OM模型。它是由奥村等人使用不同的频率、不同的天线高度、选择不同的距离进行了一系列的测试，最后绘成经验曲线而构成的模型。这一模型将城市视为“准平滑地形”，给出城市场强中值。对于郊区，给出开阔区的场强中值，以城市场强中值为基础进行修正。对于“不规划地形”也给出了相应的修正因子。由于这种模型给出的修正因子较多，可以在掌握详细地形、地物的情况下，得到更加准确的预测结果。我国有关部门在移动通信工程设计中也建议采用OM模型进

行场强预测，OM 模型适用的范围：频率为 150 ~ 1500MHz，基站天线高度为 30 ~ 200m，移动台天线高度为 1 ~ 10m，传播距离为 1 ~ 20km。

1.5.1.1　市区传播损耗中值

在城市街道地区，电波传播损耗取决于传播距离 d、工作频率 f、基站天线有效高度 h_b、移动台天线高度 h_m，以及街道的走向和宽度等。OM 模型中，给出了市区准平滑地形基本损耗中值 $A_m(f,d)$，如图 1 - 12 所示。由于在计算其他地形、地物的传播损耗中值时，通常以市区准平滑地形的传播损耗中值为基础，所以又称其为基本损耗中值（或基准损耗中值）。

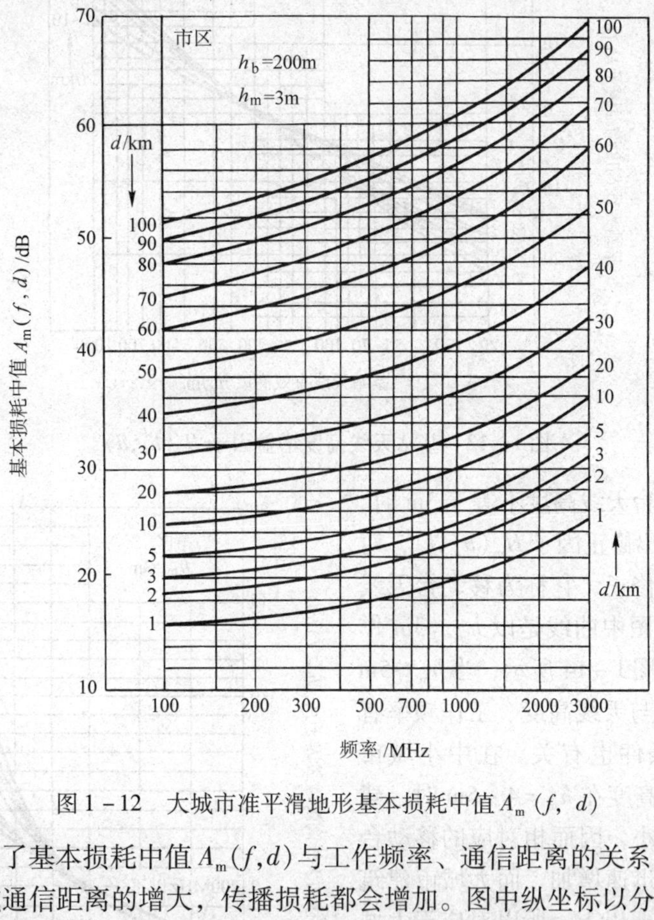

图 1 - 12　大城市准平滑地形基本损耗中值 A_m (f, d)

图 1 - 12 表明了基本损耗中值 $A_m(f,d)$ 与工作频率、通信距离的关系。可以看出，随着工作频率的升高或通信距离的增大，传播损耗都会增加。图中纵坐标以分贝计量，在基站天线有效高度 h_b = 200m，移动台天线高度 h_m = 3m，以自由空间传播损耗 L_{bs} 为基准（0，dB），求得损耗中值的修正值 $A_m(f,d)$。换言之，由曲线上查得的基本损耗中值 $A_m(f,d)$ 加上自由空间的传播损耗 L_{bs} 才是实际路径损耗 L_T，即

$$L_T = L_{bs} + A_m(f,d) \tag{1-24}$$

例 1 - 2　当 d = 10km，h_b = 200m，h_m = 3m，f = 900MHz 时，由式（1 - 1）可求得自由空间的传播损耗中值 L_{bs} 为

$$L_{bs} = 32.45\text{dB} + 20\lg d\text{dB} + 20\lg f\text{dB} = 32.45\text{dB} + 20\lg 10\text{dB} + 20\lg 900\text{dB} = 111.5\text{dB}$$

查图 1 - 12 可求得 $A_m(f,d)$，即

$$A_m(f,d) = A_m(900, 10) = 30\text{dB}$$

利用式（1 - 24）就可以计算出城市街道地区准平滑地形的传播损耗中值为

$$L_T = L_{bs} + A_m(f,d) = 111.5\text{dB} + 30\text{dB} = 141.5\text{dB}$$

若基站天线有效高度不是200m，可利用图1－13查出修正因子$H_b(h_b,d)$对基本损耗中值加以修正，它成为基站天线高度的增益因子。图1－14是以$h_b=200\text{m}$，$h_m=3\text{m}$作为0dB参考的，$H_b(h_b,d)$反映了由于基站天线高度的变化，使图1－13中预测值产生的变化量。

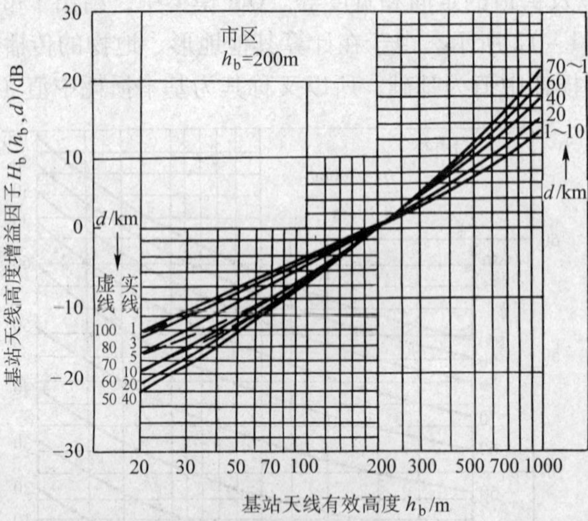

图1－13 基站天线高度增益因子$H_b(h_b,d)$

同样，若移动台天线高度不等于3m时，可利用图1－14查出修正因子$H_m(h_m,f)$，对基本损耗中值进行修正，它称为移动台天线高度的增益因子。图中曲线是以$h_m=3\text{m}$作为0dB参考的。如图1－14所示，当$h_m>5\text{m}$时，$H_m(h_m,f)$不仅与天线高度、工作频率有关，而且与环境条件也有关。在中小城市中，当移动台天线高度在$h_m=4\sim5\text{m}$时，建筑物的屏蔽作用减小，因而相对应的移动台天线高度增益因子迅速增加。而大城市建筑物的平均高度在15m以上，所以对应于大城市而言，曲线在10m范围内没有出现拐点。当移动台天线高度在1～4m范围内时，$H_m(h_m,f)$受工作频率、环境变化的影响较小，因此移动台天线高度增益因子曲线簇在此范围内大多交汇重合，变化一致。

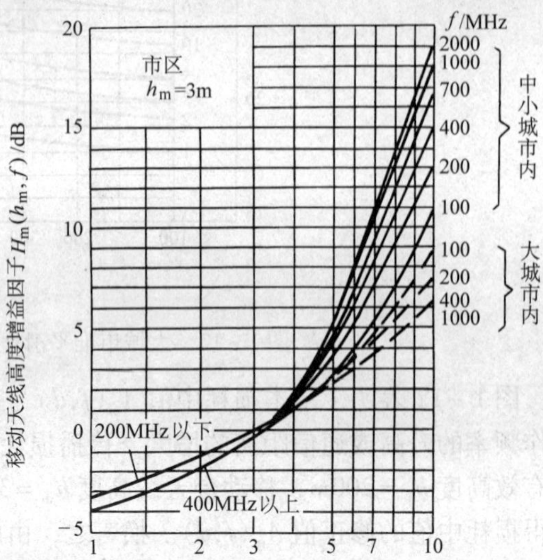

图1－14 移动台天线高度增益因子$H_m(h_m,f)$

在考虑基站天线高度因子与移动台天线高度因子的情况下，式（1－24）所示市区准平滑地形的路径传播损耗中值应为

$$L_T = L_{bs} + A_m(f,d) - H_b(h_b,d) - H_m(h_m,f) \tag{1-25}$$

例1－3 在计算城市地区准平滑地形的路径损耗中值的例子中，当$h_b=200\text{m}$，$h_m=$

3m，$d=10\text{km}$，$f=900\text{MHz}$ 时，计算得 $L_T=141.5\text{dB}$。若将基站天线高度改为 $h_b=50\text{m}$，移动台天线高度改为 $h_m=2\text{m}$，利用图 1－13、图 1－14 可以对路径传播损耗中值重新进行修正。

查图 1－13 得

$$H_b(h_b,\ d)=H_b(50,\ 10)=-12\text{dB}$$

查图 1－14 得

$$H_m(h_m,\ f)=H_m(2,\ 900)=-2\text{dB}$$

修正后的路径损耗中值 L_T 为

$$\begin{aligned}L_T&=L_{bs}+A_m(f,d)-H_b(h_b,d)-H_m(h_m,f)\\&=141.5\text{dB}-H_b(50,10)-H_m(2,900)\\&=141.5\text{dB}-(-12)\text{dB}-(-2)\text{dB}=155.5\text{dB}\end{aligned}$$

在利用式（1－25）进行损耗中值计算时，由于 $H_b(h_b,d)$、$H_m(h_m,f)$ 两项均为增益因子，所以计算损耗值时，两项在公式中的符号均应取负。

1.5.1.2　郊区和开阔区的传播损耗中值

郊区的建筑物一般是分散、低矮的，电波传播条件优于市区，故其损耗中值低于市区损耗中值。郊区损耗中值为市区损耗中值减去郊区修正因子 K_{mr}。K_{mr} 随工作频率和传播距离的变化关系如图 1－15 所示。在距离小于 20km 范围内，K_{mr} 随距离增加而减小，但当距离大于 20km 时，K_{mr} 基本不变。

开阔区、准开阔区（开阔区与郊区之间的过渡地区）的损耗中值相对于市区损耗中值的修正曲线如图 1－16 所示。Q_o 为开阔区修正因子；Q_r 为准开阔区修正因子。由于开阔区的传播条件好于郊区，而郊区的传播条件又优于市区，所以 Q_o 和 Q_r 均为增益因子。因此在求郊区、开阔区和准开阔区的传播损耗中值时，应在市区损耗中值的基础上，减去由图 1－15或图 1－16 查得的修正因子。

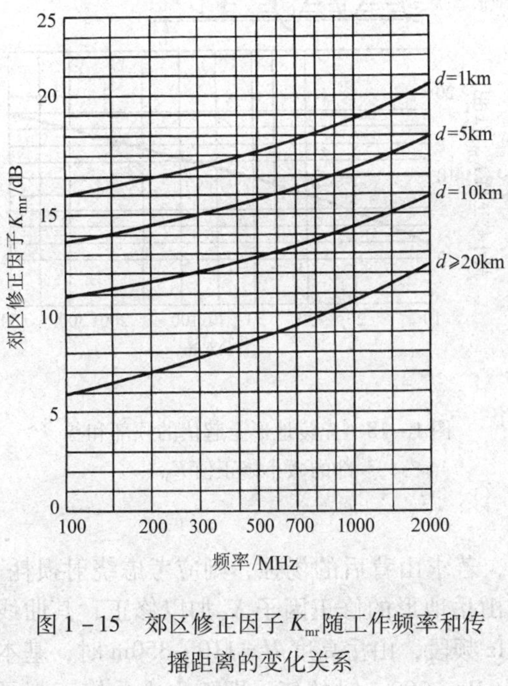

图 1－15　郊区修正因子 K_{mr} 随工作频率和传播距离的变化关系

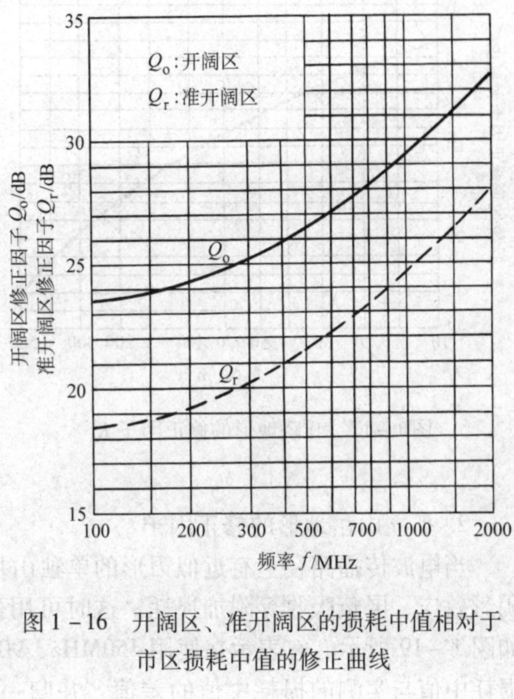

图 1－16　开阔区、准开阔区的损耗中值相对于市区损耗中值的修正曲线

但是当通信距离较短（如5km以内）且基站天线又较高时，根据上述方法求出的损耗中值若小于自由空间传播损耗时，则应以自由空间传播损耗为准。

1.5.1.3　不规则地形上的传播损耗中值

在计算不规则地形上的传播损耗中值时，可以采用对基本损耗中值修正的方法。

1. 丘陵地的修正因子

丘陵地的地形参数可用“地形起伏”高度 Δh 表示。其定义是：自接收点向发射点延伸10km范围内，地形起伏的90%与10%处的高度差，如图1－17所示。此定义只适用于地形起伏达数次以上的情况。

图1－17中给出了相对于基本损耗中值的修正值，即基本损耗中值与丘陵地损耗中值之差，常称为丘陵地形修正因子 K_h，很明显 K_h 为增益因子。

由图1－17可见，当 $\Delta h > 20$m 时，丘陵地的损耗中值大于基本损耗中值。随着起伏高度 Δh 的增大，由于屏蔽作用的增强，使损耗中值也随之加大（K_h 表现为负值）。

由于在丘陵地形中，起伏的顶部与谷部的损耗中值相差较大，为此有必要进一步加以修正，如图1－18所示。图中给出了丘陵地形上起伏的顶部和谷部的微小修正值 K_{hf}，它是在 K_h 的基础上，进一步修正的微小修正值。图1－18上方画的是地形起伏与场强变化的对应关系，顶部处的修正值 K_{hf} 为正，谷部处的修正值 K_{hf} 为负。总之，计算丘陵地形上不同位置的损耗中值时，一般先参照图1－17修正后，再参照图1－18作进一步微小修正。

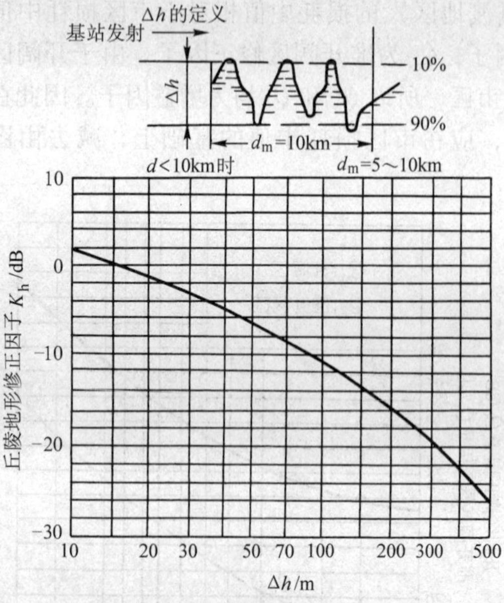

图1－17　丘陵地形的修正因子 K_h

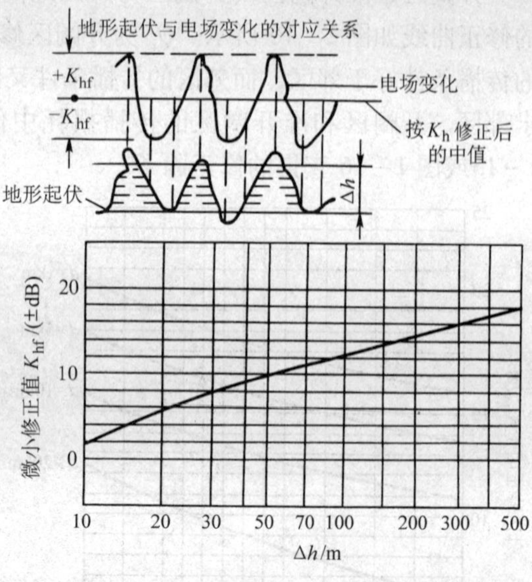

图1－18　丘陵地形上起伏的顶部和谷部的微小修正值 K_{hf}

2. 孤立山岳地形的修正因子

当电波传播路径上有近似刃形的单独山岳时，若求山背后的场强，则应考虑绕射损耗、阴影效应、屏蔽吸收等附加损耗。这时可用孤立山岳地形的修正因子 K_{js} 加以修正，其曲线如图1－19所示。它表示在使用450MHz、900MHz频段，山岳高度 $H=110\sim350$m 时，基本损耗中值与实测的损耗中值的差值，并归一化为 $H=200$m 时的值，即孤立山岳修正因子

K_{js}。显然，K_{js}亦为增益因子。当山岳高度不等于 200m 时，查得的 K_{js} 值还需乘以一个系数

$$\alpha = 0.07\sqrt{H'} \quad (1-26)$$

式中，H'为山岳的实际高度，单位为 m。

图 1－19 中 d_2 是山顶距移动台的水平距离，d_1 是发射台至山顶的水平距离。

3. 斜坡地形的修正因子

斜坡地形指在 5 ~ 10km 内倾斜的地形。若在电波传播方向上，地形逐渐升高，称为正斜坡，倾角为 $+\theta_m$；反之为负斜坡，倾角为 $-\theta_m$。斜坡地形修正因子 K_{sp}，如图 1－20 所示。

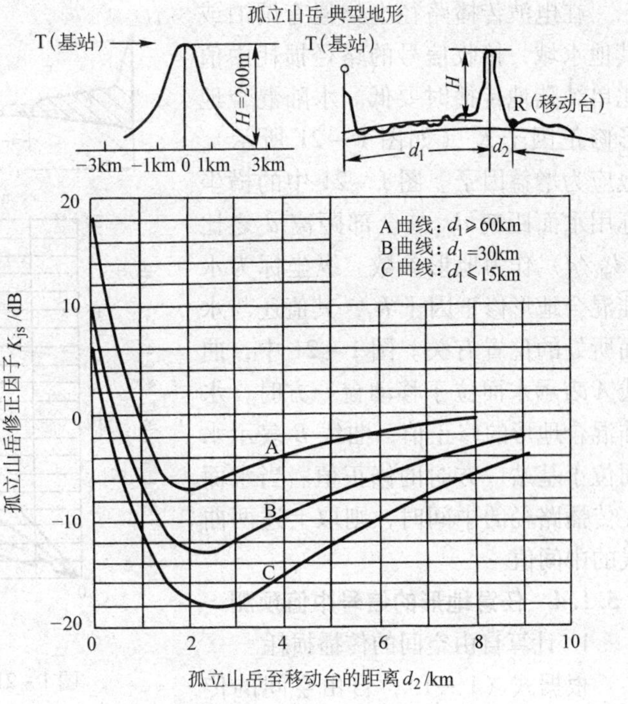

图 1－19 孤立山岳地形的修正因子 K_{js}

图中曲线是 450MHz 和 900MHz 频段斜坡地形的修正因子曲线，其纵坐标为斜坡地形修正因子 K_{sp}，它也是增益因子；横坐标为倾角 θ_m，它以毫弧度（mrad）为单位。图中以收、发天线之间的距离为参变量给出了三种不同距离的修正值，其他距离的修正值可用内插法近似求得。

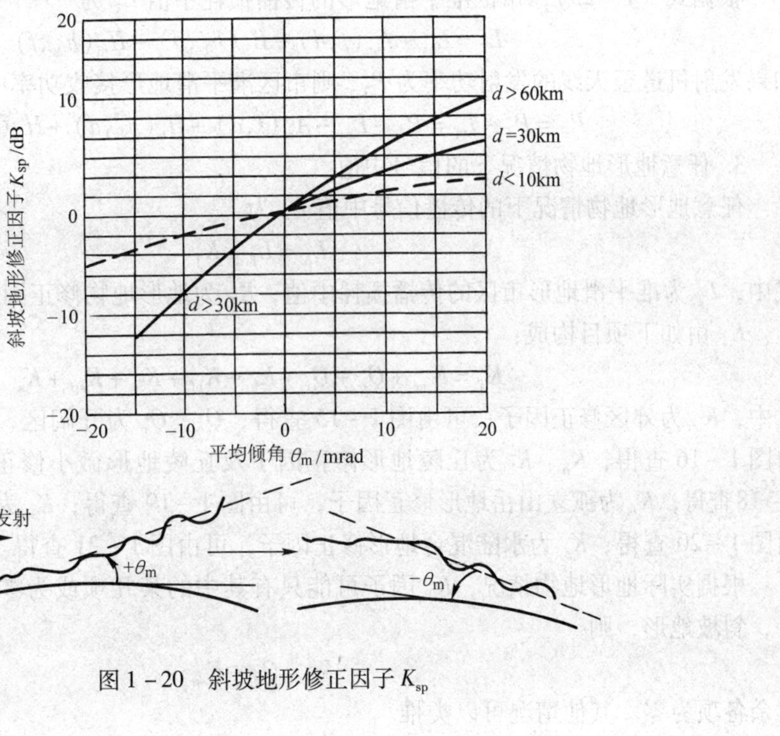

图 1－20 斜坡地形修正因子 K_{sp}

4. 水陆混合地形的修正因子

在电波传播路径上如遇有湖泊或其他水域，接收信号的路径损耗中值比单纯陆地传播时要低。水陆混合地形修正因子 K_s（如图1-21所示），也应为增益因子。图1-21中的横坐标用水面距离 d_{SR} 与全部距离 d 之比（d_{SR}/d）作为地形参数。纵坐标为水陆混合地形修正因子 K_s，其值还与水面所处的位置有关。图1-21中，曲线 A 表示水面位于移动台一方时，水陆混合地形的修正值，曲线 B 表示水面位于基站一方时的修正值。当水面在传播路径的中间时，则取上述两曲线的中间值。

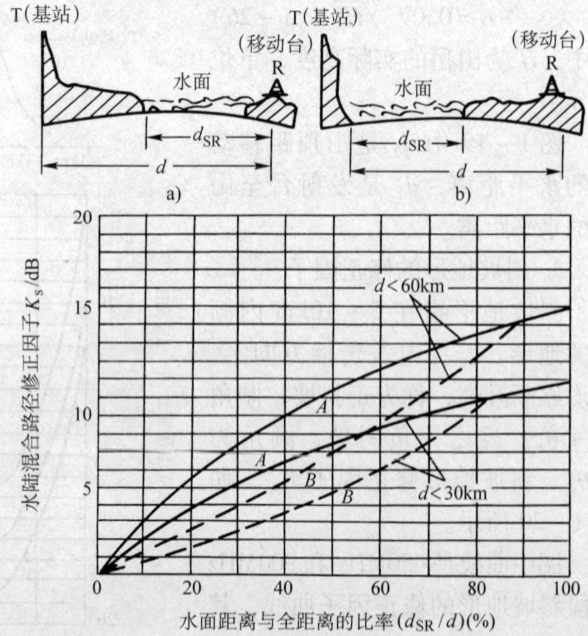

图1-21 水陆混合地形的修正因子 K_s

1.5.1.4 任意地形的信号中值预测

1. 计算自由空间的传播损耗

根据式（1-1），自由空间的传播损耗 L_{bs} 为

$$L_{bs}=32.45\text{dB}+20\lg d+20\lg f$$

2. 准平滑地形的信号中值

根据式（1-25），市区准平滑地形的传播损耗中值 L_T 为

$$L_T=L_{bs}+A_m(f,d)-H_b(h_b,d)-H_m(h_m,f)$$

如果发射机送至天线的发射功率为 P_T，则市区准平滑地形接收功率中值 P_P 为

$$P_P=P_T-L_T=P_T-L_{bs}-A_m(f,d)+H_b(h_b,d)+H_m(h_m,f) \tag{1-27}$$

3. 任意地形地物情况下的信号中值

任意地形地物情况下的传播信号中值 L_A 为

$$L_A=L_T-K_T \tag{1-28}$$

式中，L_T 为准平滑地形市区的传播损耗中值；K_T 为地形地物修正因子。

K_T 由如下项目构成：

$$K_T=K_{mr}+Q_o+Q_r+K_h+K_{hf}+K_{js}+K_{sp}+K_s \tag{1-29}$$

式中，K_{mr}为郊区修正因子，可由图1-15查得；Q_o、Q_r 为开阔区、准开阔区修正因子，可由图1-16查得；K_h、K_{hf}为丘陵地形修正因子及丘陵地形微小修正值，可由图1-17、图1-18查得；K_{js}为孤立山岳地形修正因子，可由图1-19查得；K_{sp}为斜坡地形修正因子，可由图1-20查得；K_s 为水陆混合地形修正因子，可由图1-21查得。

根据实际地形地物情况，K_T 因子可能只有其中的某几项或为零。例如传播路径是开阔区、斜坡地形，则

$$K_T=Q_o+K_{sp} \tag{1-30}$$

其余各项为零。其他情况可以类推。

任意地形地物情况下接收信号的功率中值 P_{PC} 是以市区准平滑地形的接收功率中值 P_P 为基础，加上地形地物修正因子 K_T，即

$$P_{PC} = P_P + K_T \tag{1-31}$$

例 1-4　某一移动电话系统，工作频率为 450MHz，基站天线高度为 70m，移动台天线高度为 1.5m，在市区工作，传播路径为准平滑地形，通信距离为 20km，求任意传播路径的损耗中值。

解　(1) 由空间的传播损耗 L_{bs}

$$\begin{aligned} L_{bs} &= 32.45\text{dB} + 20\lg d + 20\lg f \\ &= 32.45\text{dB} + 20\lg 20\text{dB} + 20\lg 450\text{dB} \\ &= 111.5\text{dB} \end{aligned}$$

(2) 市区准平滑地形的损耗中值

由图 1-12 查得

$$A_m(f,d) = A_m(450,20) \approx 30.5\text{dB}$$

由图 1-13 查得

$$H_b(h_b,d) = H_b(70,20) \approx -10\text{dB}$$

由图 1-14 查得

$$H_m(h_m,f) = H_m(1.5,450) \approx -3\text{dB}$$

所以准平滑地形市区损耗中值为

$$\begin{aligned} L_T &= L_{bs} + A_m(f,d) - H_b(h_b,d) - H_m(h_m,f) \\ &= 111.5\text{dB} + 30.5\text{dB} - (-10)\text{dB} - (-3)\text{dB} = 155\text{dB} \end{aligned}$$

(3) 任意地物情况下的损耗中值

因为

$$K_T = 0$$

所以

$$L_A = L_T - K_T = L_T = 155\text{dB}$$

例 1-5　若上题改为在郊区工作，传播路径是正斜坡，且 $\theta_m = 15\text{mrad}$，其他条件不变，求传播路径的损耗中值。

解　根据已知条件，由图 1-15 查得

$$K_{mr} = 8.5\text{dB}$$

由图 1-20 查得

$$K_{sp} = 4.5\text{dB}$$

所以地形地物修正因子 K_T 为

$$K_T = K_{mr} + K_{sp} = 13\text{dB}$$

因此传播路径损耗中值 L_A 为

$$L_A = L_T - K_T = 155\text{dB} - 13\text{dB} = 143\text{dB}$$

1.5.1.5　其他因素的影响

移动通信的电波传播是错综复杂的。在已介绍的 OM 模型中，给出了多种地形地物的修正因子，利用修正因子对电波传播特性可做出较为准确的估算。除此以外，还有其他一些因素，也将影响移动通信的电波传播，这些因素在进行预测估算时，也应予以考虑。

1. 街道走向的影响

电波传播的损耗中值与街道的走向（相对于电波传播方向）有关。特别是在市区，走

向与电波传播方向平行（纵向）或垂直（横向）时，在距基站同一距离上，接收的场强中值相差很大。这是由于建筑物形成的沟道有利于电波的传播，因而在纵向街道上损耗较小，横向街道上损耗较大。也就是说，在纵向街道上的场强中值高于基准场强中值，在横向街道上的场强中值低于基准场强中值。图1－22给出了市区街道走向相对于基本损耗中值的修正曲线。图中纵坐标分纵向修正因子K_{ai}和横向修正因子K_{ac}，它们均为增益因子，故而$K_{ai}>0$，$K_{ac}<0$。从图1－22中还可看出，随着传播距离的增加，这种街道走向的影响将变得越来越小。例如在距基站5km处，纵向街道走向的接收场强中值比横向街道高出12dB，而在50km处则仅高出6.5dB。

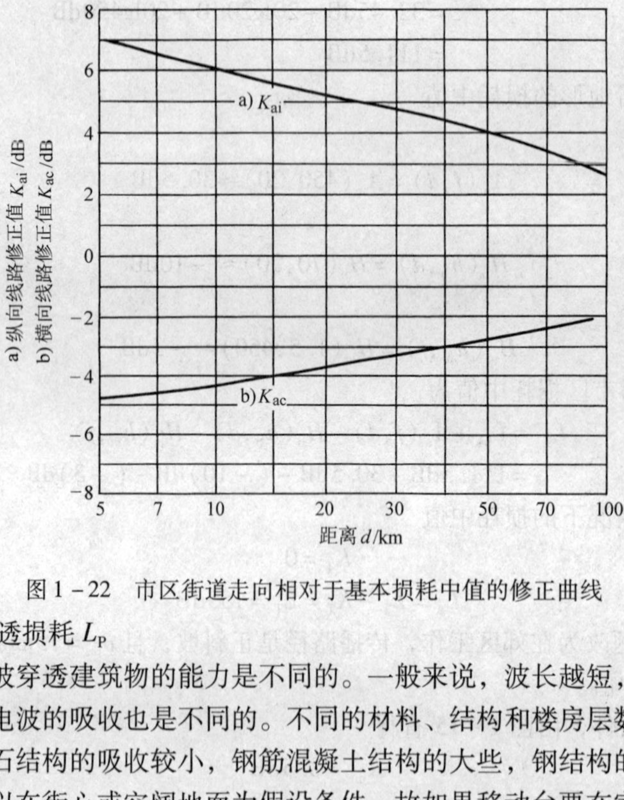

图1－22　市区街道走向相对于基本损耗中值的修正曲线

2. 建筑物的穿透损耗L_P

各个频段的电波穿透建筑物的能力是不同的。一般来说，波长越短，穿透能力越强。同时，各个建筑物对电波的吸收也是不同的。不同的材料、结构和楼房层数，吸收损耗的数据都不一样。例如砖石结构的吸收较小，钢筋混凝土结构的大些，钢结构的最大。一般介绍的经验传播模型都是以在街心或空阔地面为假设条件，故如果移动台要在室内使用，在计算传播损耗和场强时，需要把建筑物的穿透损耗也计算进去，才能保持良好的可通率。即有

$$L_b = L_o + L_P \tag{1-32}$$

式中，L_b为实际路径损耗中值；L_o为在街心的损耗中值；L_P为建筑物的穿透损耗。

一般情况下，L_P不是一个固定的数值，而是一个0～30dB的范围，需根据具体情况而定，参见表1－5。

表1－5　建筑物的穿透损耗（地面层）

频率/MHz	150	250	450	800
平均穿透损耗/dB	22	19.7	18	17

此外穿透损耗还随不同的楼层高度而变化，损耗中值随楼层的增高而近似线性下降，大致为－2dB/层，如图1－23所示。

此外在建筑物内从建筑物的入口沿着走廊向建筑物中央每进入 1m，穿透损耗将增加 1 ~ 2dB。

3. 植被损耗 L_Z

树木、植被对电波有吸收作用。在传播路径上，由树木、植被引起的附加损耗不仅取决于树木的高度、种类、形状、分布密度、空气湿度和季节变化，还取决于工作频率、天线极化、通过树木的路径长度等多方面因素。在城市中，由于树木、绿地与建筑物往往是交替存在着的，所以它对电波传播引起的损耗与森林对电波传播的影响是不同的。大片森林地带对电波传播产生的附加损耗如图 1－24 所示。图中曲线 A 与 B 分别相对于垂直极化波与水平极化波，一般来说，垂直极化波比水平极化波的损耗稍大些。图 1－24 的曲线可作为考虑城市树林影响的参考。

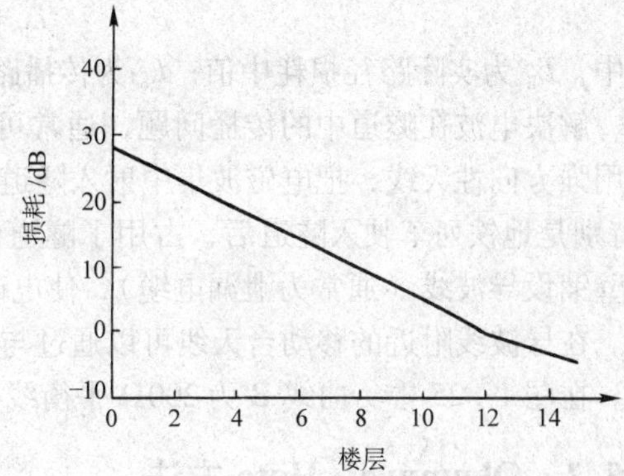

图 1－23 信号损耗与楼层高度

$$L_b = L_o + L_Z \tag{1-33}$$

式中，L_b 为实际路径损耗中值；L_o 为在传播路径上的损耗中值；L_Z 为植被损耗。

4. 隧道中的传播衰减 L_{sd}

移动通信的空间电波传播在遇到隧道等地理障碍时，将受到严重衰落而不能通信。如地铁及地下铁矿、煤矿井下无线调度系统，乘坐汽车、火车在穿越山洞隧道时使用移动电话，均需解决隧道或地下信道的电波传播问题。空间电波在隧道中传播时，由于隧道壁的吸收及电波的干涉作用会受到较大的损耗。

在图 1－25 中，曲线 A 是 160MHz 时，隧道内两半波偶极子天线之间的电波传播损耗。由图可知，在隧道内，中等功率通信设备间的通信距离，在通常情况下为 200m 左右，在理想条件下不超过 300m。当通信系统中的一方天线在隧道外时，则由于地形、地物的阻挡，通信距离还要大大缩短，电波在隧道中的损耗还与工作频率有关，频率越高，损耗越小。这是由于隧道对较高频率电磁波形成了有效的波导，因而使传播得到改善，当隧道出现分支或

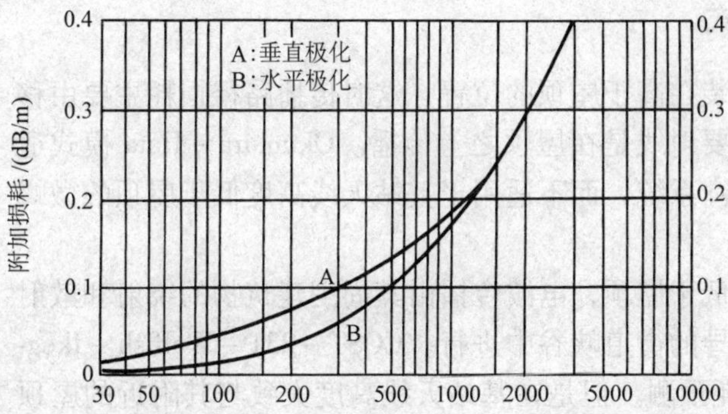

图 1－24 森林地带对电波传播产生的附加损耗

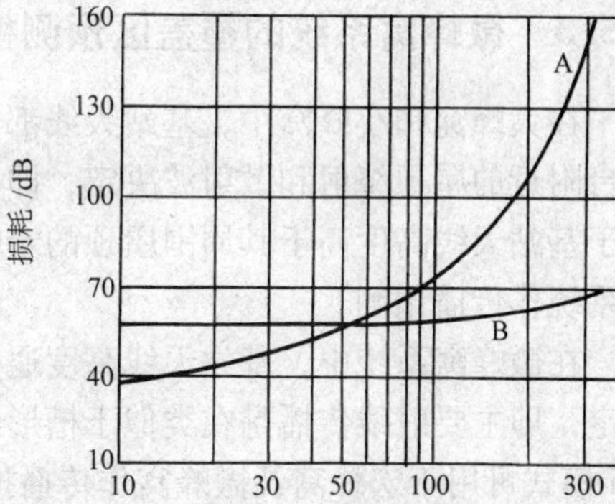

图 1－25 电波在隧道中的传播损耗

转弯时，损耗会急剧增加。弯曲度越大，损耗越严重，例如450MHz的电波，在直隧道内损耗为6dB，一个直角转弯后，损耗为58dB，所以转弯后通信距离将大大缩短。

$$L_b = L_o + L_{sd} \tag{1-34}$$

式中，L_b为实际路径损耗中值；L_o为传播路径上的损耗中值；L_{sd}为隧道中的传播损耗。

解决电波在隧道中的传播问题，通常可采用两种措施：一是在较高频段（数百兆赫），使用强方向性天线，把电磁波集中射入隧道内，但传播距离也不能很长，且受到车体的影响（特别是地铁列车驶入隧道后，占用了隧道内绝大部分的空间）；二是在隧道中，纵向沿隧道壁铺设导波线（通常为泄漏电缆），使电磁波沿着导波线在隧道中传播，从而减小传播损耗。在导波线附近的移动台天线可以通过与导波线开放式泄漏场发生耦合，实现与基站的通信。在图1-25中，曲线B为200Ω平衡线导波线的损耗曲线。

1.5.2 Okumura-Hata 方法

在系统设计时，使用Okumura预测方法能采用计算机进行预测，Hata对Okumura提出的基本中值场强曲线进行了公式化处理，所得基本传输损耗的计算公式如下：

$$L_b(\text{市区}) = 69.55\text{dB} + 26.16\lg f - 13.82\lg h_b - \alpha(h_m) + (44.9 - 6.55\lg h_b)\lg d \tag{1-35}$$

$$L_b(\text{郊区}) = L_b(\text{市区}) - 2\left[\lg\left(\frac{f}{28}\right)\right]^2 - 5.4\text{dB} \tag{1-36}$$

$$L_b(\text{开阔区}) = L_b(\text{市区}) - 4.78(\lg f)^2 + 18.33\lg f - 40.94\text{dB} \tag{1-37}$$

式中，L_b为基本传输损耗（dB）；d为收发天线之间的距离（km）；f为计算频率（MHz）；h_b为基站天线有效高度（m）；h_m为移动台天线高度（m）；$\alpha(h_m)$为移动台天线高度校正因子，由下式计算：

$$\alpha(h_m) = \begin{cases} (1.1\lg f - 0.7)h_m - 1.56\lg f + 0.8\text{dB} & \text{中、小城市} \\ 8.29(\lg 1.54h_m)^2 - 1.1\text{dB} \quad (f \leqslant 200\text{MHz}) & \text{大城市} \\ 3.2(\lg 11.75h_m)^2 - 4.97\text{dB} \quad (f \geqslant 400\text{MHz}) & \text{大城市} \end{cases} \tag{1-38}$$

这套公式的适用范围为：$150\text{MHz} \leqslant f \leqslant 1500\text{MHz}$，$30\text{m} \leqslant h_b \leqslant 200\text{m}$，$1\text{m} \leqslant h_m \leqslant 10\text{m}$，$1\text{km} \leqslant d \leqslant 20\text{km}$，准平坦地形。

1.5.3 微蜂窝系统的覆盖区预测模式

在大蜂窝和小蜂窝中，基站天线都安装在高于屋顶的位置，这时传播路径损耗主要由移动台附近的屋顶绕射和散射波决定，即主要射线是在屋顶之上传播。Okumura-Hata模式适用于基站天线高度高于其周围屋顶的宏蜂窝系统，而不适用于基站天线高度低于屋顶的微蜂窝系统作传播预测。

在微蜂窝系统中，基站天线高度通常低于屋顶，电波传播由其周围建筑物的绕射和散射决定，即主要射线传播是在类似于槽形波导的街道峡谷中进行。COST-231-Walfish-Ikegami模式可用于宏蜂窝及微蜂窝作传播损耗预测。但是在基站天线高度大致与其附近的屋顶高度同一水平时，屋顶高度的微小变化将引起路径损耗的急剧变化，这时容易造成预测误差。所以在这种情况下使用COST-231-Walfish-Ikegami模式要特别注意。

在进行微蜂窝覆盖区预测时，必须有详细的街道及建筑物的数据，不能采用统计近似值。市区环境的特性用下列参数表示（参数的定义如图 1－26a、b 所示）。在图 1－26 中，h_{Roof}为建筑物高度；w 为街道宽度；b 为建筑物间隔；ϕ 为相对于街道平面的直射波方向。以上参数适用于市区地形为平滑地形。

微蜂窝覆盖区预测计算模式分为两部分：

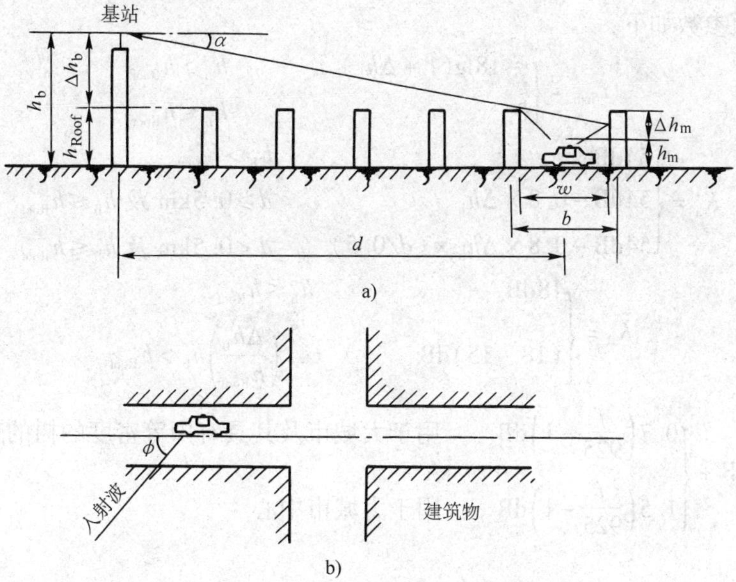

图 1－26 市区环境的特性参数的定义
a）环境参数 b）街道方向

1. 视线传播

基本传播损耗采用下式计算：

$$L_b = 42.6\text{dB} + 26\lg d + 20\lg f \tag{1-39}$$

式中，d 为基站至移动台之间的距离（km），限于 $d \geqslant 20$m；f 为计算频率（MHz）。

2. 非视线传播

即在街道峡谷内有高建筑物阻挡视线，基本传输损耗 L_b 由以下三项组成

$$L_b = L_o + L_{rts} + L_{msd} \tag{1-40}$$

式中，L_o 为自由空间传播损耗

$$L_o = 32.4\text{dB} + 20\lg d + 20\lg f$$

L_{rts}为屋顶至街道的绕射及散射损耗

$$L_{rts} = \begin{cases} -16.9\text{dB} - 10\lg w + 10\lg f + 20\lg \Delta h_m + L_{ori} & h_{Roof} > h_m \\ 0 & L_{rts} < 0 \end{cases} \tag{1-41}$$

决定 L_{rts}（单位为 dB）的各项参数如下：

$$L_{rts} = \begin{cases} -10 + 0.354\phi & 0° \leqslant \phi < 35° \\ 2.5 + 0.0075(\phi - 35°) & 35° \leqslant \phi < 55° \\ 4.0 - 0.114(\phi - 35°) & 55° \leqslant \phi < 90° \end{cases} \tag{1-42}$$

$$\Delta h_m = h_{Roof} - h_m \tag{1-43}$$

$$\Delta h_b = h_b - h_{Roof} \tag{1-44}$$

式中，w 为街道宽度（m）；f 为计算频率（MHz）；Δh_m 的单位为 m；ϕ 的单位用（°）。

3. L_{msd}多重屏障的绕射损耗

$$L_{msd}=\begin{cases}L_{bsh}+K_s+K_d\lg d+K_f\lg f-9\lg b\\0 & \text{用于 } L_{msd}<0\end{cases} \tag{1-45}$$

决定 L_{msd}的各项参数如下：

$$L_{bsh}=\begin{cases}-18\lg(1+\Delta h_b) & h_b>h_{Roof}\\0 & h_b\leqslant h_{Roof}\end{cases} \tag{1-46}$$

$$K_a=\begin{cases}54\text{dB} & h_b>h_{Roof}\\54\text{dB}-0.8\times\Delta h_b & d\geqslant 0.5\text{km 及 } h_b\leqslant h_{Roof}\\54\text{dB}-0.8\times\Delta h_b\times(d/0.5) & d<0.5\text{km 及 } h_b\leqslant h_{Roof}\end{cases} \tag{1-47}$$

$$K_d=\begin{cases}18\text{dB} & h_b\leqslant h_{Roof}\\(18-15)\text{dB} & \left(\dfrac{\Delta h_b}{h_{Roof}}\right)h_b>h_{Roof}\end{cases} \tag{1-48}$$

$$K_f=-4\text{dB}+\begin{cases}0.7\left(\dfrac{f}{925}-1\right)\text{dB} & \text{用于大城市及其具有中等密度的树的郊区中心}\\1.5\left(\dfrac{f}{925}-1\right)\text{dB} & \text{用于大城市中心}\end{cases} \tag{1-49}$$

式中，Δh_b、h_{Roof}的单位为 m；f 的单位为 MHz；d 的单位为 km。

式（1-45）中，K_a 表示基站天线低于相邻房屋屋顶时增加的路径损耗；K_d 及 K_f 分别控制 L_{msd}与距离 d 及频率 f 的关系。

COST-231-Walfish-Ikegami 计算模式应用于 $h_b\ll h_{Roof}$时，计算结果误差较大。

在同一条件下，f=1800MHz 的传输损耗可用 900MHz 的损耗值求得，即

$$L_{1800}=L_{900}+10\text{dB} \tag{1-50}$$

以上微蜂窝覆盖区预测计算的适用条件为 f：800～2000MHz；h_b：4～50m；h_m：1～3m；d：0.02～5km。

习　题

1-1 移动通信具有哪些特点？

1-2 试述移动通信发展过程与发展方向。

1-3 试述移动信道中电波传播的方式及其特点？

1-4 什么是同信道干扰？它是怎样产生的？

1-5 在标准大气折射下，发射天线高度为 200m，接收天线高度为 3m，试求视线传播极限距离。

1-6 什么是互调干扰？三阶互调有几种类型？

1-7 频率范围为 163.200～163.475MHz，信道间隔为 25kHz 的移动通信系统，若需用 5 个信道，试求无三阶互调信道组。

1-8 某一移动通信系统，基站天线高度为 200m，天线增益 G_b=6dB，移动台天线高度为 3m，G_m=0dB，市区为中等起伏地，通信距离为 10km，工作频率为 150MHz，试求传播路径上损耗中值。

1-9 当传播距离 d=10km，基站天线有效高度 h_b=120m，移动台天线高度 h_m=2m，工作频率 f=900MHz 时，试求：城市街道地区准平滑地形的传播损耗中值 L_T。

第 2 章 移动通信组网技术

移动通信网就是承接移动通信业务的网络，主要完成移动用户之间、移动用户与固定用户之间的信息交换。

移动通信组网有多种方式，根据业务种类的不同，可分为移动的电话网、数据网、计算机通信网、专用调度网、无线寻呼网、电报和传真网等。在移动通信系统中，除了一些特殊要求的业务构成专用移动通信网不需要进入市话网，一般的移动通信业务均可向社会公众提供，移动通信网与公共交换电话网联系密切，并经专门的线路进入公共交换电话网，我们称之为公用移动电话网。这些业务在进入公共交换电话网时，并不是从用户终端直接进入，而是首先在本系统内组成移动通信网，然后再通过专门的线路进入到公共交换电话网。

移动通信组网涉及的技术问题较多，如区域划分、组网制式、工作方式、信道分配、信道选择、信令格式及控制与交换等。本章主要介绍公用移动电话通信网，它是国家公共电信网的一部分，是由电信部门经营和管理的。

2.1 移动通信网的体制

目前移动通信的频率主要集中在 UHF 频段。根据其电波的视距传播特性可知，一个基站发射的电磁波只能在有限的区域内被移动台所接收，这个能为移动用户提供服务的范围称为无线覆盖区，或称为无线小区（Cell）。一个大的服务区可以划分为若干个无线小区；反之若干个无线小区彼此相邻接可以组成一个大的服务区。如果再用专门的线路和设备将这些大的服务区相连接，就构成了移动通信网。

一般来说，移动通信网的服务区域覆盖方式可分为两类，一类是小容量的大区制，另一类是大容量的小区制（蜂窝系统）。

2.1.1 大区制移动通信网

大区制就是在一个服务区域（如一个城市）内只有一个或几个基站，并由基站负责与各移动台的联络和控制，如图 2－1 所示。

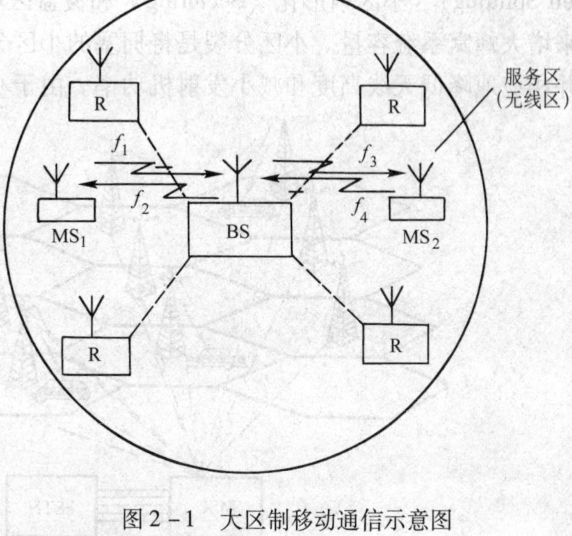

图 2－1 大区制移动通信示意图

通常为了扩大服务区域的范围，基站天线一般架设得都很高，发射机输出功率也较大（一般在 200W 左右），其覆盖半径大约为 30～50km。基本上保证在大区域范围内移动台能接收到基站发来的信号。

通常由于移动台电池容量有限，移动台发射机的输出功率较小。故移动台距基站较远时，移动台可以接收到基站发来的信号（即下行信号），但基站却不一定能收到移动台发出的信号（即上行信号）。为了解决两个方向通信不一致的问题，可以在服务区域中的若干个适当地点设立分集接收站。如图2－1虚线所示，利用分集接收，以保证在服务区内的双向通信质量。

在大区制中，为了避免相互间的干扰，在服务区内的所有信道（一个信道包含收、发一对频率）的频率都不能重复，否则会产生严重的同信道干扰。因而这种体制的频率利用率和通信容量都受到了限制，满足不了用户数量急剧增长的需要。

大区制的特点是组成简单，投资少，见效快，主要用于专网或用于用户较少的地域。如在农村或小城镇，在开展移动通信业务的初期，因用户较少，话务量也不大，为节约初期工程投资，可按大区制设计考虑。但是从远期规划来说，为了满足用户数量增长的需要，提高频率的利用率，就需采用小区制。

2.1.2 小区制（蜂窝）移动通信网

小区制就是把整个服务区域划分为若干个无线小区（Cell），每个小区分别设置一个基站，负责本区移动通信的联络和控制。同时设置一个移动业务交换中心，统一控制这些基站协调工作，保证每个移动用户只要在其服务区域内，不论在哪个无线小区内，都能实现小区之间移动用户通信的转接，以及移动用户与市话用户的联系。小区制（蜂窝）是解决频率不足和用户容量问题的一个重大突破。它能在有限的频谱上提供较大的容量，而不需要做技术上的重大修改。其思想是用许多小功率发射机来代替单个大功率发射机，每一个小的覆盖区只提供服务范围内一小部分覆盖。如图2－2所示，可以把图2－1中的服务区域分成几个小区，每个小区各设一个小功率基站（BS_1～BS_7），发射功率一般为5～20W，以满足各无线小区移动通信的需要。随着用户数的不断增加，无线小区还可以继续划小为微小区（Microcell）和微微小区（Picrocell），以不断适应用户数增长的需要。在实际中，用小区分裂（Cell Splitting）、小区扇形化（Sectoring）和覆盖区域逼近（Coverage Zone Approaches）等技术来增大蜂窝系统容量。小区分裂是将拥塞的小区分成更小的小区，每个小区都有自己的基站并相应地降低天线高度和减小发射机功率。由于小区分裂提高了信道复用次数，因而使系

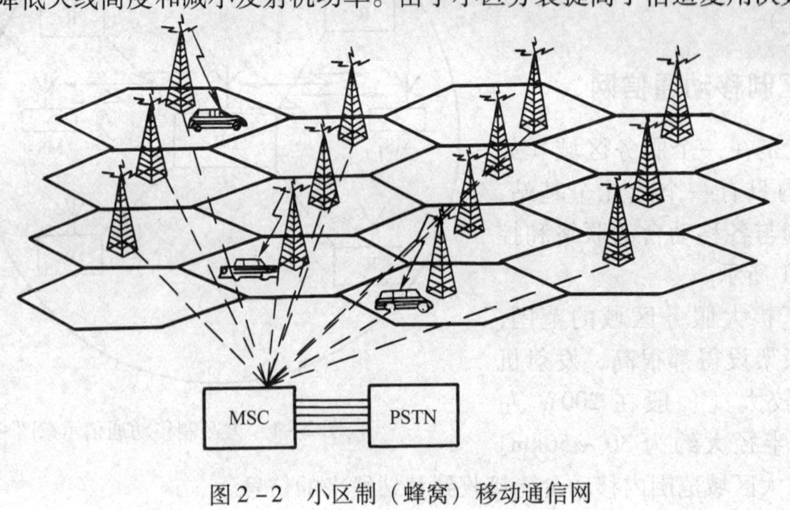

图2－2 小区制（蜂窝）移动通信网

统容量有了明显提高。小区扇形化依靠基站方向性天线来减少同信道干扰，提高系统容量。通常一个小区划分为 3 个 120°的扇区或 6 个 60°的扇区。

采用小区制不仅提高了频率的利用率，而且由于基站功率减小，也使相互间的干扰减少。此外无线小区的范围还可根据实际用户数的多少灵活确定，具有组网的灵活性。采用小区制最大的优点是有效地解决了信道数量有限和用户数增大之间的矛盾。

但是这种体制，由于将无线小区范围划小，网络结构将趋复杂；各无线小区的基站之间要进行信息交换，需要有交换设备，并且各基站至交换局都要有一个中继线，将使成本增加；在移动台通话过程中，从一个小区转入另一个小区时，移动台需要经常地更换工作信道；无线小区的范围越小，通话中切换信道的次数就越多，这样对控制交换功能的要求就提高了，所以无线小区的范围也不宜过小。通常需根据用户密度或业务量的大小来确定无线小区半径。由于小区制组网灵活，它可以根据服务对象和地形的不同对服务区域作灵活划分，通常有两种划分方法，即带状服务覆盖区和面状服务覆盖区。

2.1.2.1　带状服务覆盖网

列车的无线电话、长途汽车的无线电话，以及沿海内河航行的船舶无线电话系统等都属于带状服务区。为了克服同信道干扰，常采用双频组频率配置和三频组频率配置，如图 2－3所示。这种服务区域的无线小区，是按横向排列覆盖整个服务区，因此在服务区域比较狭窄时，带状服务覆盖网的基站可以使用定向天线，这样整个系统是由许多细长的无线小区相连而成，因此也称“链状网”。

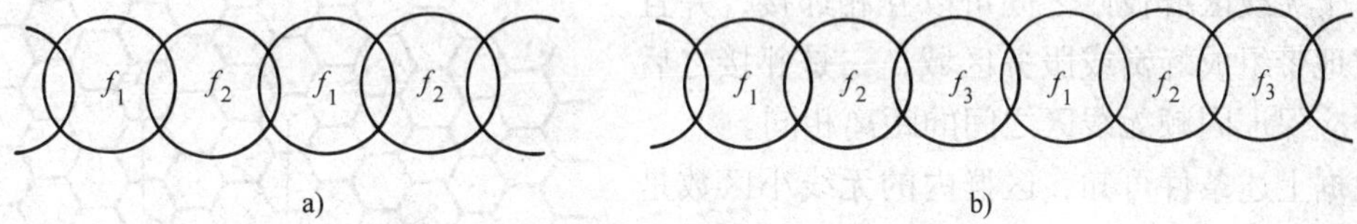

图 2－3　双频组频率配置和三频组频率配置

a）双频组频率配置　b）三频组频率配置

从造价和频率资源的利用率来考虑，双频组最好，但双频组的抗同信道干扰性能比较差。

2.1.2.2　面状服务覆盖区

面状服务覆盖区的实际形状取决于电波传播条件和天线的方向性。如果服务区的地形、地物相同，且基站采用全向天线，它的覆盖面积大体是一个圆。为了不留空隙地覆盖整个服务区，一个个圆形的无线小区之间会有重叠。每个小区实际上的有效覆盖区是一个圆的内接多边形。根据重叠情况不同，这些多边形有正三角形、正方形或正六边形，如图 2－4 所示。

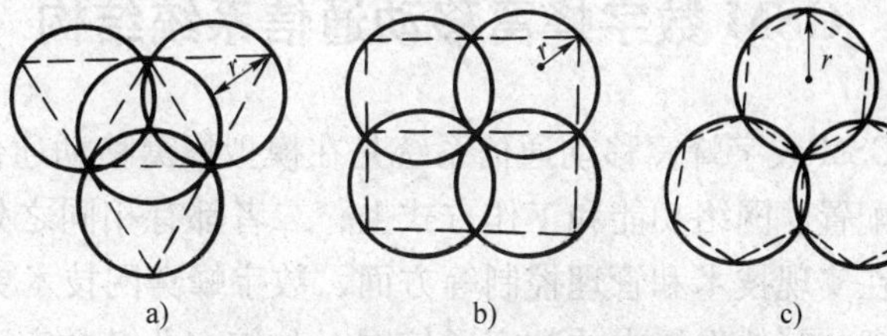

图 2－4　各种面状区域组成方式

a）正三角形　b）正方形　c）正六边形

在这三种小区结构中，正六边形小区的中心间隔和覆盖面积都是最大的，而重叠区域宽度和重叠区域的面积又最小。这意味着对于同样大小的服务区域，采用正六边形构成的小区所需的小区数最少，所需频率组数最少，各基站间的同信道干扰最小。由于小区采用了正六边形小区结构，形成蜂窝状分布，故小区制亦称蜂窝制。由于公用移动电话网均采用这种体制，所以公用移动电话也称为蜂窝移动通信（Cellular Mobile Telecommunications）。在移动通信系统中，对基站进行选址和分配信道组的设计过程称为频率规划（Frequency Planning）。

由于地形地物等因素的影响，不可避免地会出现电场覆盖不到的地区，通常把这种地区称盲区或死角。为了消除这种盲区，常在适当的地方建立直放站（也称同频中继站），以连接盲区移动台与基站之间的通信。直放站的主要功能是把基站部分信道引过来，以实现接收和转发来自基站和移动台的信号。

当用正六边形来模拟覆盖范围时，基站发射机可安置在小区的中心（中心激励方式），或者安置在六个小区顶点之中的三个点上（顶点激励方式）。通常中心激励方式采用全向天线，顶点激励方式采用扇形天线。

2.1.2.3　蜂窝网无线区群的组成

现代公众蜂窝移动电话网，通常是先由若干个邻接的无线小区组成一个无线区群，再由若干无线区群组成一个服务区。为了实现频率复用，而又不产生同信道干扰，则要求每个区群中的无线小区，不得使用相同频率。只有在不同区群中的无线小区，并保证同频无线小区之间的距离足够大时，才能进行频率复用。

无线区群的组成应该满足两个基本条件，一是若干个无线区群彼此之间可以互相邻接，并且无空隙地带组成蜂窝或服务区域；二是邻接之后的区群应保证同频无线区之间的距离相同。

根据上述条件可知，区群内的无线小区数是有限的，并且无线小区数 N 应满足

$$N=i^2+ij+j^2 \tag{2-1}$$

式中，i、j 均为正整数，其中可以一个为零，但不能同时为零。

为了找到某一特定小区相距的同频相邻小区，必须按以下步骤进行：①沿着任何一条六边形链移动 i 个小区；②逆时针旋转60°再移动 j 个小区。图2-5所示蜂窝小区的 $i=3$、$j=2$（$N=19$）。

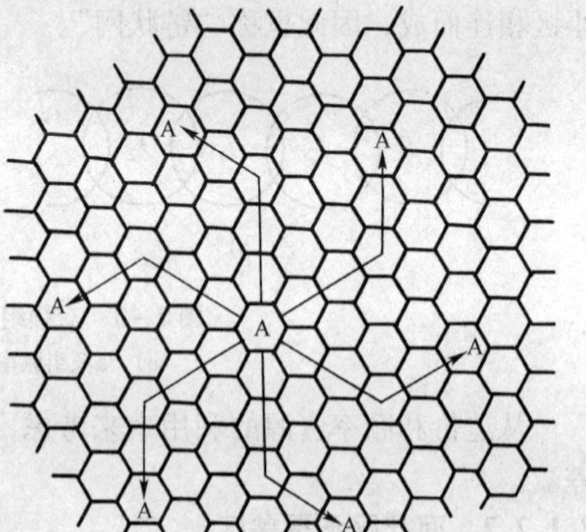

图2-5　蜂窝小区中同频小区的确定

2.2　GSM数字蜂窝移动通信系统结构

GSM数字蜂窝移动通信系统是在模拟蜂窝移动通信的基础上发展起来的，在网络组成、设备配置、网络功能和工作方式上，二者都有相同之处。但因数字蜂窝网采用全数字传输，因而在实现技术和管理控制等方面，数字蜂窝网技术更先进、功能更完备且通信更可靠，并能实现与其他发展中的数字通信网（如综合业务数字网ISDN、公用数据网PDN）的互联。

GSM数字蜂窝通信系统的主要组成部分可分为移动台、基站子系统和网络子系统，如图2-6所示。基站子系统（简称基站，BS，Base Station）由基站收发台（BTS，Base Transceiver Station）和基站控制器（BSC，Base Station Controller）组成；网络子系统由移动交换中心（MSC，Mobile Service Switching Centre），操作维护中心（OMC，Operation and Maintenance Centre）以及原籍位置寄存器（HLR，Home Location Register）、访问位置寄存器（VLR，Visitor Location Register）、鉴权中心（AUC，Authentication Centre）和设备标志寄存器（EIR，Equipment Indentity Register）等组成。

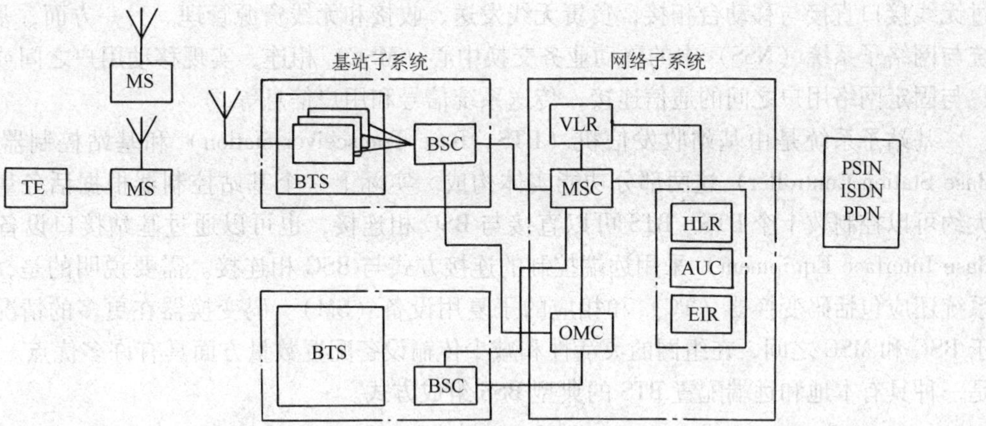

图 2 -6　GSM 数字蜂窝通信系统的主要组成部分

GSM 有标准化接口的模块化网络结构，这样允许营运商混合使用或配合使用任何供货商的设备进入系统。

2.2.1　移动台（MS）

移动台是公用 GSM 移动通信网中用户使用的设备，也是用户能够直接接触的整个 GSM 系统中的唯一设备。典型的移动台包括车载台、便携式移动台及手机。不同类型移动台的功率不同。表 2 -1 和表 2 -2 分别给出了两种常用系统中移动台的功率等级表。

表 2 -1　GSM900 系统的移动台功率等级

功率级	移动台最大功率/W
1	20
2	8
3	5
4	2
5	0.8

表 2 -2　DCS1800 系统的移动台功率等级

功率级	移动台最大功率/W
1	1
2	0.25

由表 2 -1、表 2 -2 可见，与 GSM 900 系统相比，DCS1800 系统具有较小的移动台功率等级。这是由于在 1800 MHz 频段，DCS 1800 系统的小区尺寸比 GSM 900 系统的要小，因此 MS 的发射功率可减少。

一个 GSM 移动台可以分成两部分：一部分包括与无线电接口有关的硬件和软件；另一部分包括用户特有的数据，即用户识别模块（SIM），它基本上是一张符合 ISO 标准的“智慧”卡，它包含所有与用户有关的被储存在用户无线接口一边的信息，其中也包括鉴权和加密信息。使用 GSM 标准的移动台都需要插入 SIM 卡，只有当处理异常的紧急呼叫时，可以在不用SIM卡的情况下操作移动台。SIM卡的应用使移动台并非固定地束缚于一个用户，因此GSM系统是通过SIM卡来识别移动电话用户的，这为将来发展个人通信打下了基础。

2.2.2 基站子系统（BSS）

基站子系统（BSS）是GSM系统中与无线蜂窝方面关系最直接的基本组成部分。它通过无线接口直接与移动台相接，负责无线发送、收接和无线资源管理。另一方面，基站子系统与网络子系统（NSS）中的移动业务交换中心（MSC）相连，实现移动用户之间或移动用户与固定网络用户之间的通信连接，传送系统信号和用户信息等。

基站子系统是由基站收发信机（BTS，Base Transceiver station）和基站控制器（BSC，Base Station Controller）这两部分功能实体构成。实际上一个基站控制器根据话务量的多少大约可以控制数十个BTS。BTS可以直接与BSC相连接，也可以通过基站接口设备（BIE，Base Interface Equipment）采用远端控制的连接方式与BSC相连接。需要说明的是，基站子系统还应包括码变换器（TC）和相应的子复用设备（SM）。码变换器在更多的情况下是置于BSC和MSC之间，在组网的灵活性和减少传输设备配置数量方面具有许多优点。图2-7是一种具有本地和远端配置BTS的典型BSS组成方式。

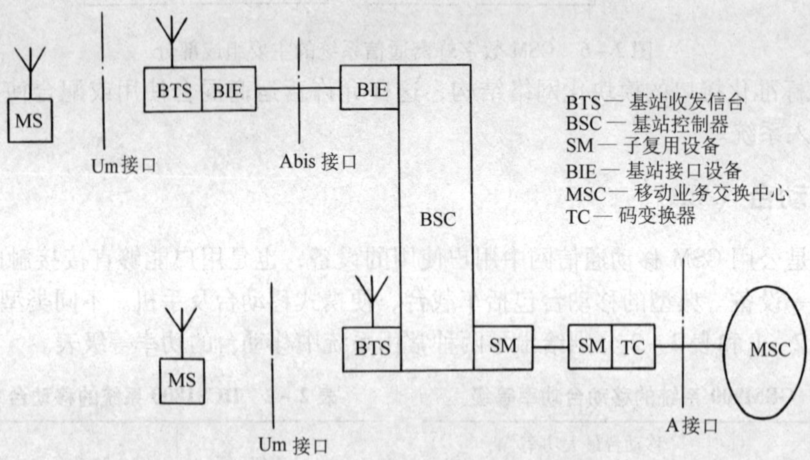

图2-7 一种典型BSS组成方式

2.2.2.1 基站收发信机（BTS）

移动台到网络的接口是基站收发信机（BTS），它属于基站子系统的无线部分，由基站控制器（BSC）控制，服务于某个小区的无线收发设备，完成BSC与无线信道之间的转换，实现BTS与移动台（MS）之间通过空中接口的无线传输及相关的控制功能。BTS主要分为基带单元、载频单元、控制单元三大部分。基带单元主要用于必要的语音和数据速率匹配以及信道编码等。载频单元主要用于调制/解调与发射机/接收机之间的耦合等。控制单元则用于BTS的操作与维护。另外若BSC与BTS不设在同一处，则需采用Abis接口，同时传输单元必须增加，以实现BSC与BTS之间的远端连接方式。如果BSC与BTS并置在同一处，只需采用BS接口，传输单元是不需要的。

在朝向基站控制器BSC侧，BTS区分与移动台有关的语音和控制信令，并通过各自信道传给BSC。在朝向MS侧，BTS将信令和语音合在一个载波上。BTS位置通常在小区中心，

BTS 的发射功率决定小区的尺寸。一个典型的 BTS 通常具有 1 到 24 个收发信机（TRX），每个 TRX 代表一个单独的 RF 信道。表 2－3 给出了基站的功率等级。基站的各种配置与应用有关，基站可设置成扇形或全向。一个 BTS 可控制一个扇区或多个扇区，另外需要的设备有供电系统及一旦掉电后要用的后备电源。

表 2－3　基站的功率等级

功率级	GSM900 基站的最大功率/W	DCS1800 基站的最大功率/W
1	320	20
2	160	10
3	80	5
4	40	2.5
5	20	
6	10	
7	5	
8	2.5	

2.2.2.2　基站控制器（BSC）

一个基站控制器（BSC）监视和控制几个基站，是基站控制系统（BSS）的控制部分。BSC 的主要任务是实现频率管理以及 BTS 的控制和交换功能。承担各种接口及无线资源和无线参数管理的任务。BSC 通过 BTS 和 MS 的远程命令对无线电接口进行管理，主要有无线信道安排和释放、切换的安排。BSC 向下连接一系列 BTS，向上连接移动交换中心（MSC）。一个 BSC 和与它相应的 BTS 可看成是一个基站子系统（BSS）。

BSC 主要由下列部分构成：

1）朝向与 MSC 相接的 A 接口或与码变换器相接的 Ater 接口的数字中继控制部分；

2）朝向与 BTS 相接的 Abis 接口或 BS 接口的 BTS 控制部分；

3）公共处理部分，包括与操作维护中心相接的接口控制；

4）交换部分。

2.2.3　网络子系统（NSS）

网络子系统（NSS）主要包含有 GSM 系统的交换功能和用户数据与移动性管理、安全性管理所需的数据库功能，它对 GSM 移动用户之间通信和 GSM 移动用户与其他通信网用户之间通信起着管理作用。NSS 由一系列功能实体构成，整个 GSM 系统内部，即 NSS 的各功能实体之间和 NSS 与 NSS 之间都通过符合 CCITT 信令系统 No.7 协议和 GSM 规范的 7 号信令网路互相通信。

2.2.3.1　移动业务交换中心（MSC）

移动业务交换中心（MSC）是网络的核心，它提供交换功能和接口功能。接口功能包括面向基站子系统 BSS、面向系统其他功能实体（原籍位置寄存器 HLR、鉴权中心 AUC、移动设备识别寄存器 EIR、操作维护中心 OMC）和面向固定网（公用电话网 PSTN、综合业务数字网 ISDN、分组交换公用数据网 PSPDN、电路交换公用数据网 CSPDN）的接口功能，把移动用户与移动用户、移动用户与固定网用户互相连接起来。

移动业务交换中心 MSC 可从原籍位置寄存器（HLR）、访问位置寄存器（VLR）和鉴权中心（AUC）这三种数据库获取处理用户位置登记和呼叫请求所需的全部数据。反之 MSC 也根据其最新获取的信息请求更新数据库的部分数据。作为网络的核心，MSC 还支持位置登记、越区切换和自动漫游等移动特征性能和其他网络功能。

对于容量比较大的移动通信网，一个网络子系统（NSS）可包括若干个 MSC、VLR 和 HLR，为了建立固定网络用户与 GSM 移动用户之间的呼叫，此呼叫首先被接入到关口移动业务交换中心（称为 GMSC），关口交换机负责获取位置信息，且把呼叫转接到可向该移动用户提供即时服务的 MSC（称为被访 MSC（VMSC））。因此 GMSC 具有与固定网络和其他 NSS 实体互通的接口。

2.2.3.2 原籍位置寄存器（HLR）

原籍位置寄存器（HLR）是 GSM 系统的中央数据库，存储着该 HLR 控制的所有存在的移动用户的相关数据。一个 HLR 能够控制若干个移动交换区域以及整个移动通信网，所有移动用户重要的静态数据都存储在 HLR 中，这包括移动用户识别号码、访问能力、用户类别和补充业务等数据。HLR 还为 MSC 存储关于移动用户实际漫游所在的 MSC 区域的有关动态信息数据。这样，任何入局呼叫可以即刻按选择的路径送到被叫的用户。

HLR 是用于移动用户管理的数据库。从逻辑上讲，每个移动网有一个 HLR。HLR 所存储的用户信息分为两类；一类是一些永久性的信息，例如用户类别，业务限制，电信业务，承载业务，补充业务，用户的国际移动用户识别码 IMSI 以及用户的保密参数等；另一类是有关用户当前位置的临时性信息，例如移动用户漫游号（MSRN）等，用于建立至移动台的呼叫路由。存储在 HLR 的数据由授权维护人员设置。

（1）用户数据的存储　HLR 必须存储其原籍用户的有关数据。HLR 还必须存储由运营者选择的不同用户提供的业务数据，并能随着业务的发展，增改相应存储内容。

（2）用户数据的检索　任何时候当访问位置寄存器 VLR 请求（例如登记时），HLR 应能依据要求向 VLR 提供有关的用户数据。当某些用户数据有变化时（例如签约的变化，服务项目清单的变化），HLR 要能够将这些数据信息通知 VLR。

（3）提供移动用户漫游号（MSRN）　MSRN 是在 MS 进行位置更新时，由当地的 VLR 负责产生的。MS 被叫时，HLR 应能根据 GMSC（关口 MSC）或始发 MSC 的请求，将 MSRN 发往请求的 MSC。请求的 MSC 从而得到 MS 目前所在的 MSC 和位置区域 LA。

（4）鉴权　HLR 应能支持用户的鉴权操作。

（5）登记　HLR 应能配合访问位置寄存器 VLR 完成登记功能和向前一个 VLR 发起取消登记功能

（6）移动台去话　当 HLR 接收到 VLR 发来的移动台去话通知后，HLR 应能设置此移动台为去话状态。

（7）HLR 的恢复　应能周期性地复制 HLR 中的数据（一般在 24 小时内），复制的数据存储在磁盘或磁带中。当 HLR 重新启动后，在前一次复制的基础上，执行 HLR 恢复程序，尽量得到正确的移动用户位置与补充业务有关的信息。为避免错误数据的扩散，HLR 应通知相关的 VLR，使 VLR 删除与 HLR 有关的数据，同时 HLR 应能够撤消 MS 的登记，等待 MS 的重新登记。

2.2.3.3　访问位置寄存器（VLR）

访问位置寄存器（VLR）是服务于其控制区域内移动用户的，存储着进入其控制区域内已登记的移动用户相关信息，为已登记的移动用户提供建立呼叫接续的必要条件。VLR 从该移动用户的原籍位置寄存器（HLR）处获取并存储必要的数据。一旦移动用户离开该 VLR 的控制区域，则重新在另一个 VLR 处登记，原 VLR 将取消临时记录的该移动用户数据。因此 VLR 可看作为一个动态用户数据库。

通常每一个移动交换区有一个 VLR。VLR 中的永久性数据与 HLR 中的相同，临时性数据则略有不同。这些临时性数据包括当前已激活的特性，临时用户识别号（TMSI）和移动台在网络中准确位置（位置区域识别号）。当漫游用户进入某个 MSC 区域时，必须向该 MSC 相关的 VLR 登记，并被分配一个移动用户漫游号（MSRN），在 VLR 中建立该用户的有关信息，其中包括临时移动用户识别码（TMSI）、移动用户漫游号（MSRN）、所在位置区的标志以及向用户提供的服务等参数，这些信息是从相应的 HLR 中传递过来的。MSC 在处理入网出网呼叫时需要查询 VLR 中的有关信息。一个 VLR 可以负责一个或若干个 MSC 区域。

（1）用户数据的存储　VLR 必须存储其原籍的有关数据。VLR 还必须存储由运营者选择的不同用户提供的业务数据，并能随着业务的发展，增改相应存储内容。

（2）用户数据的检索　当呼叫建立时，根据 MSC 的请求，VLR 应能够依据 TMSI、MSRN 向 MSC 提供用户的信息。通常在移动台呼叫时，依据国际移动用户识别码 TMSI；移动台被叫时，依据移动用户漫游号 MSRN。

（3）登记　当移动用户出现在一个新的位置区域或从移动台收到登记、呼叫建立、补充业务操作消息后，若有需要，则应能向 HLR 发出请求登记通知。VLR 应能完成登记、取消登记的功能，并能向 HLR 检索用户的信息。根据 HLR 的请求或当用户在 24 小时内没有在 MSC/VLR 区域中出现时，VLR 应能删除该用户的有关信息。

（4）移动台去话　当 VLR 收到 MSC 发来的移动台去话通知后，VLR 应能删除此用户的数据，并通知相应的 HLR。

（5）鉴权　VLR 应能向鉴权中心（AUC）索取并存储鉴权参数。VLR 通过 MSC 要求移动台进行鉴权，并比较从移动台返回的和自己存储的鉴权参数。当比较不一致时，拒绝移动台的业务请求，同时予以警告。

（6）提供 MSRN　当 MS 位置更新时，当地的 VLR 应能够根据 HLR 请求，要求 MSC 分配 MSRN，并将 MSRN 发往请求的 HLR，即支持每次 MS 被呼叫时进行的 MSRN 分配。

（7）VLR 的恢复　当 VLR 发生数据错误时，VLR 应能够通知相应的 HLR，删除与其相应的数据。

2.2.3.4　鉴权中心（AUC）

GSM 系统采取了特别的安全措施，例如用户鉴权、对无线接口上的语音、数据和信号信息进行保密等。因此鉴权中心（AUC）存储着鉴权信息和加密钥，是认证移动用户的身份以及产生相应认证参数的功能实体，用来防止无权用户接入系统和保证通过无线接口的移动用户通信的安全。AUC 对任何试图入网的用户进行身份认证，只有合法用户才能接入网中并得到服务。它给每一个在相关 HLR 登记的移动用户安排了一个识别字，该识别字用来产生用于鉴别移动用户身份的数据及用来产生用于对移动台与网络之间无线信道加密的另一个密钥。AUC 存储鉴权（A3）和加密（A8）算法。AUC 只与 HLR 通信。AUC 属于 HLR 的一个功能单元部分，专用于 GSM 系统的安全性管理。

2.2.3.5 设备识别寄存（EIR）

EIR 是存储有关移动台设备参数的数据库。EIR 实现对移动设备的识别、监视、闭锁等功能，以防止非法移动台使用。

移动用户识别寄存器（EIR）存储着移动设备的国际移动设备识别码（IMEI），通过核查白色清单、黑色清单或灰色清单这三种表格（在表格中分别列出了准许使用的、出现故障需监视的、失窃不准使用的移动设备的 IMEI 识别码），使得运营部门对于不管是失窃还是由于技术故障或误操作而危及网络正常运行的 MS 设备，都能采取及时的防范措施，以确保网络内所使用的移动设备的唯一性和安全性。

2.2.3.6 操作和维护中心（OMC）

OMC 操作维护中心是网络操作维护人员对全网进行监控和操作的功能实体。接入 MSC 和 BSC，处理来自网络的错误报告，控制 BSC 和 BTS 的业务负载。OMC 通过 BSC 对 BTS 进行设置并允许操作者检查系统的相连部分。

在实际蜂窝网络中，根据网络规模、所在地域以及其他因素，上述实体可有各种配置方式。通常将 MSC 和 VLR 设置在一起，而将 HLR、EIR 和 AC 合设于另一个物理实体中。

2.3 GSM 数字蜂窝通信系统的网络接口

为了保证网络运营部门能灵活地选择不同供应商提供的数字蜂窝移动通信设备，GSM 系统在制定技术规范时，就对其子系统之间及各功能实体之间的接口和协议作了比较具体的定义，使不同供应商提供的 GSM 系统基础设备能够符合统一的 GSM 技术规范而达到互通、组网的目的。为使 GSM 系统实现国际漫游功能和在业务上迈入面向 ISDN 的数据通信业务，必须建立规范和统一的信令网络以传递与移动业务有关的数据和各种信令信息，因此 GSM 系统引入 7 号信令系统和信令网络，即 GSM 系统的公用陆地移动通信网的信令系统是以 7 号信令网络为基础的。

2.3.1 主要接口

GSM 系统的主要接口是指 A 接口、Abis 接口和 Um 接口，如图 2-8 所示。这三种主要接口的定义和标准化能保证不同供应商生产的移动台、基站子系统和网络子系统设备能纳入同一个 GSM 数字移动通信网运行和使用。

2.3.1.1 A 接口

A 接口定义为网络子系统（NSS）与基站子系统（BSS）之间的通信接口，如图 2-9 所示，从系统的功能实体来说，就是移动业务交换中心（MSC）与基站控制器（BSC）之间的互联接口，其物理链接通过采用标准的 2.048Mbit/s 的 PCM 数字传输链路来实现。此接口传递的信息包括移动台管理、基站管理、移动性管理和接续管理等。

A 接口在 GSM 标准中已有较好定义。所有 MSC 供应商均支持该接口。A 接口 CCITT7 号信令系统（CCS7）的低三层传输改进的 ISDN 呼叫控制信令，该接口所携带的信息从属于 BSS 管理、呼叫处理和移动性管理。SCCP 和 MTP 层提供数据传输。SCCP 分两类完成——0

类和 2 类：0 类（无连接）是用于 BSC 的信息，而 2 类（连接）用于特殊的移动站或逻辑连接。如果 BSS MAP 同时进行无线信道的安排和控制 BSS 之间的切换，则应具有控制基站和管理 BSS 和 MSC 之间的物理连接的功能。

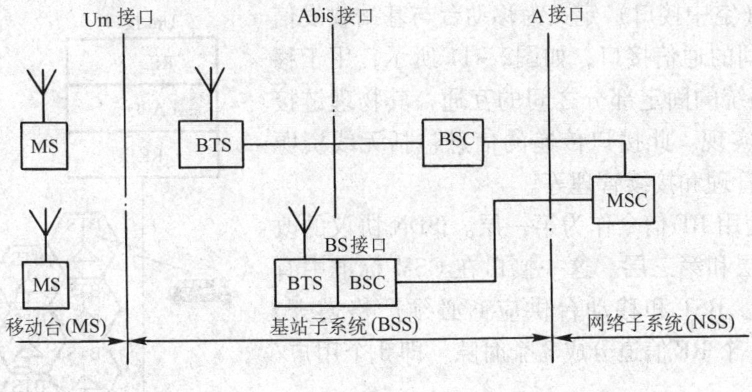

图 2－8　GSM 数字蜂窝通信系统的主要接口

2.3.1.2　Abis 接口

Abis 接口定义为基站子系统的两个功能实体基站控制器（BSC）和基站收发信机（BTS）之间的通信接口，如图 2－10 所示，用于 BTS（不与 BSC 并置）与 BSC 之间的远端互连方式，物理链接通过采用标准的 2.048Mbit/s 或 64kbit/s 的 PCM 数字传输链路来实现。图2－8 所示的 BS 接口作为 Abis 接口的一种特例，用于 BSC（与 BSC 并置）与 BSC 之间的直接互联方式，此时 BSC 与 BTS 之间的距离小于 10m，此接口支持所有向用户提供的服务，并支持对 BTS 无线设备的控制和无线频率的分配。

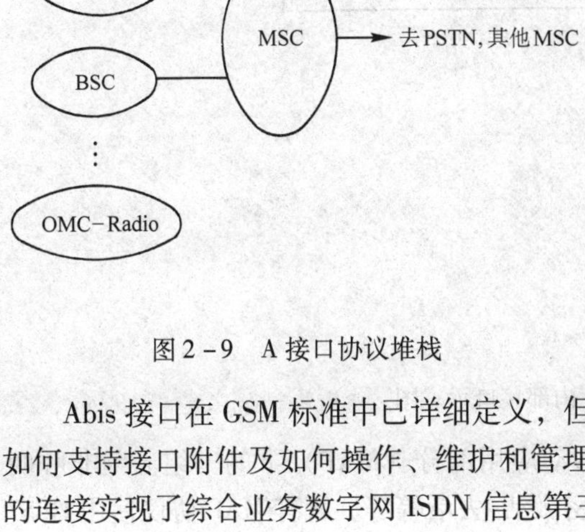

图 2－9　A 接口协议堆栈

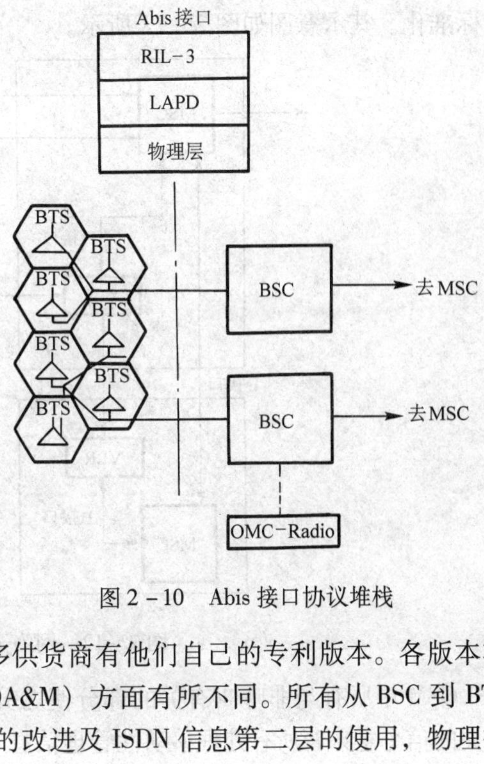

图 2－10　Abis 接口协议堆栈

Abis 接口在 GSM 标准中已详细定义，但许多供货商有他们自己的专利版本。各版本在如何支持接口附件及如何操作、维护和管理（OA&M）方面有所不同。所有从 BSC 到 BTS 的连接实现了综合业务数字网 ISDN 信息第三层的改进及 ISDN 信息第二层的使用，物理接口是E1。GSM语音在E1上进行压缩，每个64kbit/s信道支持4个TDMA时隙（即4个用户），有一个单独的信令信道用于BTS的控制，BTS同样通过E1时隙进行传输。

2.3.1.3 Um接口（空中接口）

Um接口（空中接口）定义为移动台与基站收发信机（BTS）之间的通信接口，如图2－11所示，用于移动台与GSM系统的固定部分之间的互通，其物理链接通过无线链路实现。此接口传递的信息包括无线资源管理、移动性管理和接续管理等。

Um接口使用RF信令作为第一层。ISDN协议的改进型作为第二层和第三层。这一接口在GSM标准中有了很好的定义。BST和移动台供应商必须严格遵守。Um接口中每一个RF信道分成8个时隙。即8个用户/RF信道。

由于有效无线频段先分成单一RF信道，每个信道再进一步分为时隙，GSM所采用的方案称为频分双工（FDD）时分多址接入（TDMA）。频分双工FDD表明用于上行和下行通信上有两个不同RF信道。

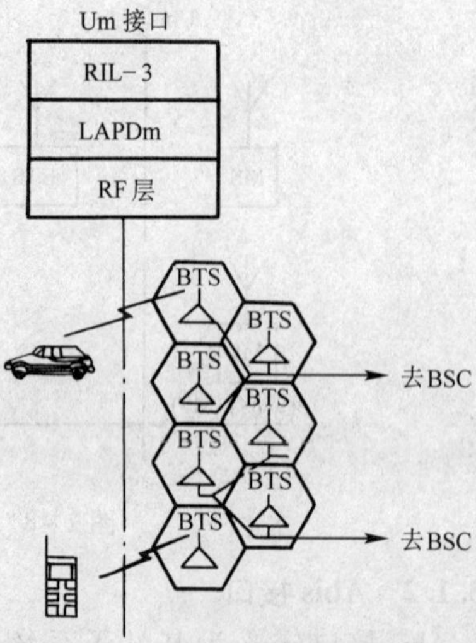

图2－11 Um接口的协议堆栈

2.3.2 网络子系统内部接口

网络子系统由移动业务交换中心（MSC）、访问位置寄存器（VLR）、原籍位置寄存器（HLR）等功能实体组成，因此GSM技术规范定义了不同的接口以保证各功能实体之间的接口标准化。其示意图如图2－12所示。

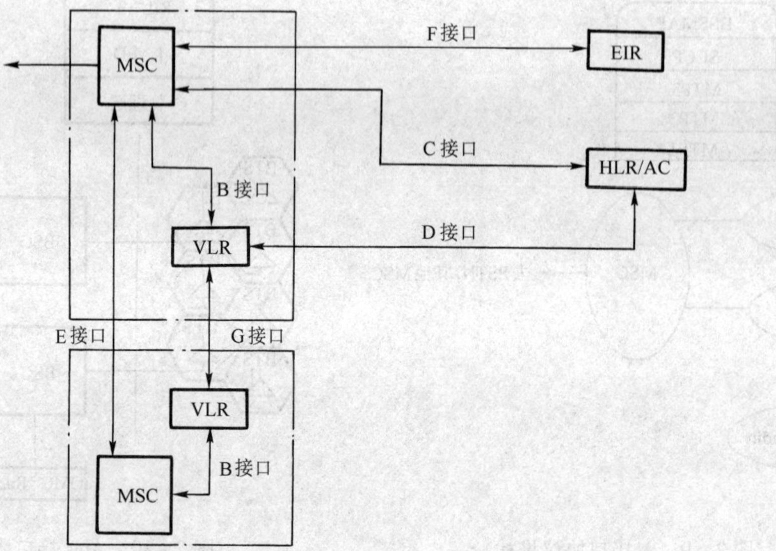

图2－12 网络子系统内部接口示意图

GSM中所有与非呼叫有关的部分使之分为移动应用部分（MAP）下的一组。与非呼叫有关的信令意味着所有处理移动性管理信息、保密激活/去活等等。所有MAP协议使用CCS7

低三层（即 MTP 1、2、3，SCCP 层和 TCAP 层）。这些协议优先用于数据库排队和响应。

2.3.2.1　D 接口

D 接口定义为原籍位置寄存器（HLR）与访问位置寄存器（VLR）之间的接口。用于交换有关移动台位置和用户管理的信息，为移动用户提供的主要服务是保证移动台在整个服务区内能建立和接收呼叫。VLR 通知 HLR 有关由该 HLR 管理的移动台位置，并提供该用户漫游的信息。数据交换可以出现在移动用户要求的特殊服务，或可出现在已经做完的描述上，还可以出现在描述参数被管理者修改等情况。

实用化的 GSM 系统结构一般把 VLR 综合于移动业务交换中心（MSC）中，而把原籍位置寄存器（HLR）与鉴权中心（AUC）综合在同一个物理实体内。因此 D 接口的物理链接是通过移动业务交换中心（MSC）与原籍位置寄存器（HLR）之间的标准 2.048Mbit/s 的 PCM 数字传输链路实现的。

2.3.2.2　B 接口

B 接口定义为访问位置寄存器（VLR）与移动业务交换中心（MSC）之间的内部接口，用于移动业务交换中心（MSC）向访问位置寄存器（VLR）询问有关移动台（MS）当前位置信息或者通知访问位置寄存器（VLR）有关移动台（MS）的位置更新信息等。

一旦 MSC 需要当前在其区域移动台的有关数据，它就询问 VLR。当用户激活一个特殊的补充业务或修改与该业务有关的数据时，MSC（通过 VLR）通知原籍位置寄存器 HLR 存储这些修改的数据；如果需要，就更新 VLR。由于 MSC 和 VLR 的接口相互联系非常多，因此有些制造商将 VLR 的功能集成在 MSC 中。

2.3.2.3　C 接口

C 接口定义为原籍位置寄存器（HLR）与移动业务交换中心（MSC）之间的接口。用于传递路由选择和管理信息。如果采用原籍位置寄存器（HLR）作为计费中心，呼叫结束后建立用户或接收此呼叫的移动台（MS）所在的移动业务交换中心（MSC）应把计费信息传送给该移动用户当前归属的原籍位置寄存器（HLR），一旦要建立一个移动用户的呼叫时，入口移动业务交换中心（GMSC）应向被叫用户所属的原籍位置寄存器（HLR）询问被叫移动台的漫游号码。C 接口的物理链接方式与 D 接口的相同。

2.3.2.4　E 接口

E 接口定义为控制相邻区域的不同移动业务交换中心（MSC）之间的接口。当移动台（MS）在一个呼叫进行过程中，从一个移动业务交换中心（MSC）控制的区域移动到相邻的另一个移动业务交换中心（MSC）控制的区域时，为不中断通信需完成越区信道切换过程，此接口用于切换过程中交换有关切换信息以启动和完成切换。E 接口的物理链接方式是通过移动业务交换中心（MSC）之间的标准 2.048Mbit/s 的 PCM 数字传输链路实现的。

2.3.2.5　F 接口

F 接口定义为移动业务交换中心（MSC）与移动设备识别寄存器（EIR）之间的接口。用于交换相关的国际移动设备识别码管理信息。F 接口的物理链接方式是通过移动业务交换中心（MSC）与移动设备识别寄存器（EIR）之间的标准 2.048Mbit/s 的 PCM 数据传输链路实现的。

2.3.2.6　G 接口

G 接口定义为访问位置寄存器（VLR）之间的接口。当采用临时移动用户识别码（TMSI）

时，此接口用于向分配临时移动用户识别码（TMSI）的访问位置寄存器（VLR）询问此移动用户的国际移动用户识别码（IMSI）的信息。G接口的物理链接方式与E接口的相同。

2.3.3 GSM系统与其他公用电信网的接口

其他公用电信网主要是指公用电话网（PSTN）、综合业务数字网（ISDN）、分组交换公用数据网（PSPDN）和电路交换公用数据网（CSPDN）。

GSM系统是建立在ISDN接入的基础上的。为了充分利用ISDN业务的优点，GSM系统通过MSC与这些公用电信网互联，其接口必须满足CCITT的有关接口和信令标准及各个国家邮电运营部门制定的与这些电信网有关的接口和信令标准。

根据我国现有公用电话网（PSTN）的发展现状和综合业务数字网（ISDN）的发展前景，GSM系统与PSTN和ISDN网的互联方式采用7号信令系统接口，其物理链接方式是通过MSC与PSTN和ISDN或ISDN交换机之间标准2.048Mbit/s的PCM数据传输链路实现的。

如果具备ISDN交换机，HLR与ISDN网之间可建立直接的信令接口，使ISDN交换机可以通过移动用户的ISDN号码直接向HLR询问移动台的位置信息，以建立至移动台当前所登记的MSC之间的呼叫路由。

2.3.4 各接口协议

GSM系统各功能实体之间的接口定义明确。同样GSM规范对各接口所使用的分层协议也作了详细的定义。协议是各功能实体之间共同的“语言”。通过各个接口互相传递有关的消息，为完成GSM系统的全部通信和管理功能建立起有效的信息传送通道。不同的接口可能采用不同形式的物理链路，完成各自特定的功能，传递各自特定的消息，这些都由相应的信令协议来实现。GSM系统各接口采用的分层协议结构是符合开放系统互连（OSI）参考模型的。分层的目的是允许隔离各组信令协议功能，按连续的独立层描述协议，每层协议在明确的服务接入点对上层协议提供它自己特定的通信服务。GSM系统主要接口所采用的协议分层示意图如图2-13所示。

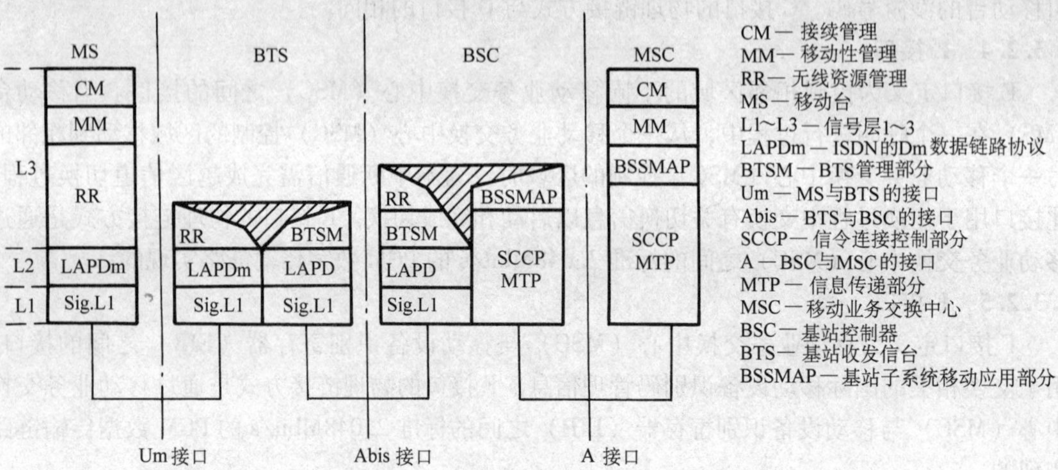

图2-13 系统主要接口的协议分层示意图

2.4 移动通信的信道结构和频率资源的有效利用技术

2.4.1 移动通信的信道结构

信道（Channel）是通信网中传递信息的通道。对于移动通信网，为了传递信息和其他控制信号，需要使用很多信道，包括无线信道和移动通信网与市话网之间的有线信道。在移动通信系统中，无线信道通常有两种类型：业务信道和控制信道。在以语音业务为主的系统中，业务信道可用语音信道（VC）代替。

2.4.1.1 语音信道（VC，Voice Channel）

语音信道主要用于传递语音信号，它的占用和空闲是受移动业务交换中心（MSC）控制和管理的。在 MSC 中保存有一张所有信道和它们状态的表格，状态包括：空、忙、阻塞等。当一个语音信道空闲时，基站语音信道单元发射机关闭；而当一个语音信道被占用时，发射机打开；当一个语音信道空闲但存在干扰电平并超过一定的值时，该语音信道不可使用，应暂时阻塞。这些动作全根据 MSC 或 BSC 命令完成。通常每个无线小区分有几十个语音信道。

在语音信道中，平时除传递语音外，还传递一些其他信息，如检测音、数据和信号音等。

（1）检测音（SAT，Supervisory Audio Tone）　在模拟蜂窝系统（AMPS 和 TACS）中，检测音（SAT）是指在语音传输期间连续发送的带外单音。MSC 通过对 SAT 的检测，可以了解语音信道的传输质量。当语音信道单元发射机启动后，就会不断在带外（语音频带为 300～3400Hz）发出检测音（5970Hz、6000Hz 或 6030Hz）。SAT 由 BS 的语音信道单元发出，经移动台 MS 返回。

（2）数据　在一定情况下，在语音信道上还可传递数据。例如在越区切换时，通话将暂时中断（模拟蜂窝系统中一般要求限定在 800ms 之内），可利用这段时间在语音信道中，以数据形式传递必要的指令或交换数据。

（3）信号音（ST，Signaling Tone）　信号音为线路信号。它是由移动台发出的单向信号。例如在 BS 寻呼 MS 过程中，如果 BS 收到 MS 发来的 ST，就表示振铃成功。在切换过程中，原 BS 收到 MS 发来的 ST 信号，则表示 MS 对切换认可。ST 是带内信号，一般在 0～300MHz 之间。

2.4.1.2 控制信道（CC，Control Channel）

一般控制信道的下行信道用于寻呼（Page），上行信道用于接入（Access），控制信道还用来传递大量的其他数据。在每一个无线小区内，通常只有一个控制信道。所以一个中心激励的基站，配备一套控制信道单元，而一个顶点激励的基站（通常是覆盖三个扇区小区）应配备三套控制信道单元。

（1）寻呼　当移动用户被呼时，就在控制信道的下行信道发起呼叫移动台信号，所以将该信道称为寻呼信道（PC，Page Channel）。

（2）接入　当移动用户主呼时，就在控制信道的上行信道发起主呼信号，所以将该信道称为接入信道（AC，Access Channel）。

在控制信道中，不仅传递寻呼和接入信号，还传递大量的其他数据，如系统的常用报文、指定通话信道、重试（重新试呼）等信号。

2.4.2　频率资源的管理

频率是一种特殊资源，它并不是取之不尽的。与别的资源相比，它有一些特殊的性质，例如无线电频率资源不是消耗性的，用户只是在某一空间和时间内占用，用完之后依然存在，不使用或使用不当都是浪费；电波传播不分地区与国界；它具有时间、空间和频率的三维性，可以从这三方面实施其有效利用，提高其利用率；它在空间传播时容易受到来自大自然和人为的各种噪声和干扰的污染。基于以上这些特点，频率的分配和使用需在全球范围内制定统一的规则。

国际上，由国际电信联盟（ITU）召开世界无线电管理大会，制定无线电规则，包括各种无线电系统的定义、国际频率分配表和使用频率的原则、频率的分配和登记、抗干扰的措施、移动业务的工作条件以及无线电业务的分类等。国际频率分配表按照大区域和业务种类给定。全球划分为三个大区域：第一区是欧洲、非洲和部分亚洲地区（前苏联及蒙古）；第二区是南、北美洲（包括夏威夷）；第三区是亚洲（前苏联和蒙古除外）和大洋洲。业务类型划分为固定业务、移动业务（分陆、海、空）、广播业务、卫星业务和遇险呼叫等。

各国以国际频率分配表为基础，根据本国的情况制定国家频率分配表和无线电规划。我国统一管理频率的机构是国家无线电管理委员会，移动通信组网必须遵守国家有关规定，并接受当地无线电管理委员会的具体管理。

我国无线电管理委员会分配给蜂窝移动通信系统的频率如表2-4所示。

表2-4　我国无线电管理委员会分配给蜂窝移动通信系统的频率

系统或使用部门	上行频率/MHz	下行频率/MHz
中国联通 CDMA	825~835	870~880
中国移动 GSM 室内分布系统	885~890	930~935
中国移动 GSM900	890~909	935~954
中国联通 GSM900	909~915	954~960
中国移动 DCS1800	1710~1720	1805~1815
中国联通 DCS1800	1745~1755	1840~1850

从表2-4可以看出，原来分配给中国移动模拟蜂窝移动通信系统ETACS和TACS的频段由于模拟网的退网，已用于中国移动GSM 900和GSM室内分布系统；蜂窝移动通信系统900MHz频段收发频差为45MHz，1800MHz频段收发频差为95MHz。此外对于450MHz专网，收发频差为10MHz。对于150MHz专网，收发频差为5.7MHz。

以联通GSM为例，6MHz带宽，收发频差为45MHz，信道间隔200kHz，即200kHz一个频点，共30个频点。除去工作频点首尾各一个保护频点，共28个频点。

对于不同的数字蜂窝系统，信道间隔不同。如GSM信道间隔200kHz，每个信道8个时隙；D-AMPS信道间隔30kHz，每个信道3个时隙。并规定基站对移动台（下行链路）为发射频率高，接收频率低；反之移动台对基站（上行链路）为发射频率低，接收频率高。

2.4.3 频率的有效利用技术

频率的有效利用就是从时间域、空间域和频率域这三个方面采用多种技术，以设法提高频率的利用率。

2.4.3.1 时间域的频率有效利用

在某一地区，如果某一用户固定占用了某一信道，但事实上它不可能占用全部时间。在该用户空闲的时间内，任何其他用户都无法再使用这个信道，只能让它闲置着，这是很大的浪费。计算表明，若多个信道供大量用户所共用，则频率资源的利用率可以明显提高。

当然，在信道共用的情况下，某一用户发出呼叫的同时，有可能信道正被其他用户占用着，因而呼叫不通，即发生“呼损”（如同有线电话的占线）。显然在信道数一定的条件下，用户越多则频率使用率越高，但同时呼损也越频繁。究竟怎样的呼损率人们才可以接受的，共用信道数、用户数、呼损率、信道利用率之间有怎样的定量关系，这就是多信道共用技术需要研究的问题，也是组网技术的一个重要方面。

2.4.3.2 空间域的频率有效利用

在某一地区（空间）使用了某一频率之后，只要能控制电波辐射的方向和功率，在相隔一定距离的另一地区可以重复使用这一频率，这就是频率复用。蜂窝移动通信网就是根据这一概念组成的。在频率复用的情况下，会有若干电台使用同一频率。虽然它们工作在不同的空间，但由于相隔距离有限，仍会有相互之间的干扰，称为同信道干扰。在频率复用的通信网设计中，必须使同频工作电台之间有足够的距离，以保证有足够的同道干扰防护比。因此在采用空间域频率有效利用的频率复用技术时，必须严格掌握好网络的空间结构及各基站的信道配置等，这也是组网技术的一个重要方面。

2.4.3.3 频率域的频率有效利用

频率域的频率有效利用有两种方法：信道的窄带化和宽带多址技术。

信道窄带化的方法从基带方面考虑可采用频带压缩技术，如低速率语音编码等；从射频调制频带方面考虑可采用各种窄带调制技术，如窄带和超窄带调频、插入导频振幅压扩单边带调制以及各种窄带数字调制技术。应用窄带化技术减小信道间隔后，可在有限的频段内设置更多的信道，从而提高频率的利用率。

宽带多址技术有频分多址（FDMA）、时分多址（TDMA）、码分多址（CDMA）以及它们的组合等。

频率有效利用的评价准则是频率利用率。它定义为

$$\eta\text{（频率利用率）} = \frac{\text{通信业务量}}{\text{使用频谱空间的大小}}$$

这里的“频谱空间”指的是由频宽、时间、实际物理空间所构成的三维空间，即：

(使用频谱空间的大小) = W(使用的频带宽度) × S(占有物理空间的大小) × t(使用时间)。

通信业务量以话务量 A 表示，则

$$\eta = \frac{A}{WSt}$$

因此为提高频率利用率，应该压缩信道间隔，减小电波辐射空间的大小，使信道经常处

于使用状态。

2.4.4 多信道共用技术

2.4.4.1 多信道共用的概念

为了提高无线信道的利用率和通信服务质量，配置在某一范围（如小区）内的若干个无线信道，其中任意一个空闲信道都可被该范围内所有移动用户选择和使用，这就叫做多信道共用。这种占据信道的方式相对于独立信道方式而言，可以明显提高信道利用率。例如一个无线区有 N 个信道，对某几个用户指定一个信道，不同信道内的用户不能互换信道，这就是独立信道方式。当某一个信道被某一个用户占用时，则在他通话结束前，属于该信道的其他用户都处于阻塞状态，无法通话。但是与此同时一些其他信道却处于空闲状态，而又得不到运用。这样一来，就造成有些信道在紧张排队，而另一些信道却处于空闲状态，显然信道得不到充分利用。如果采用多信道共用方式，多个无线信道中任意一个空闲信道都可被该范围内所有移动用户选择和使用。

对于工作在多信道共用系统里的移动台来说，必须具有自动选用系统中任意一个空闲信道的能力，这比工作在单信道里的要复杂得多。首先，它必须适应工作频率不是单一的，而是多个的特点，并且调谐是自动的；第二，必须确知哪个信道现在还处于空闲状态，当要占用它，但还没有实际占用时，就必须先设法发出某种预告信息，以防碰撞；第三，必须具有自动转换到系统任意一个空闲信道上的能力。即在一个无线小区内的 N 个信道，为该区内所有用户共用，则当 $A(A<N)$ 个信道被占用时，其他需要通话的用户可以选择剩下的任一空闲信道通话，因为任何一个移动用户选取空闲信道和占用信道的时间都是随机的，所以所有信道同时被占用的概率远小于单个信道被占用的概率。因此在相同多的用户和信道情况下，多信道共用的结果是使用户通话的阻塞概率明显下降。当然在相同多的信道和同样的阻塞率的情况下，多信道共用可使用户数目明显增加。但用户数目增加也不是无止境的，否则将使阻塞率增加而影响质量。那么，在保持一定质量的情况下，采用多信道共用，一个信道究竟平均分配多少用户才合理，这将是我们下面要讨论的问题。

2.4.4.2 多信道共用的特点

1. 呼叫话务量与忙时话务量

话务量是度量通信系统通话业务量或繁忙程度的指标。其性质如同客流量，具有随机性，只能用统计方法获取。所谓呼叫话务量，是指单位时间（一小时）内的平均电话交换量，可用下面关系式表示

$$A = Ct_0 \tag{2-2}$$

式中，C 为每小时的平均呼叫次数（包括呼叫成功和呼叫失败的次数）；t_0 为每次呼叫平均占用信道的时间（包括接续时间和通话时间）。

如果 t_0 以小时为单位，则话务量 A 的单位是 Erl（爱尔兰）。如果在一个小时之内连续地占用一个信道，则其呼叫话务量为 1Erl。这是一个信道所能完成的最大话务量。

例如在 10 个信道上，平均每小时有 225 次呼叫，平均每次呼叫话务量为 2min，那么这些信道上的总呼叫话务量为

$$A = \frac{225 \times 2}{60}\text{Erl} = 7.5\text{Erl}$$

实际上在一天 24 小时中，每个小时的话务量是不可能相同的。在我国，历来上午 8 ~ 9 点最忙，而发达国家一般晚上 7 点左右最忙。但是随着经济发展，我国话务量日分布情况也发生了变化。话务量的日分布情况对于通信系统的建设者、设计者和管理经营者来说是很重要的。只要“忙时”信道够用，那么“非忙时”就不成问题了。在这里我们引入忙时话务量的概念。

用户忙时话务量是指每个用户在一天中最忙的那个小时的平均话务量，用 A_B 来表示。A_B 是一个统计平均值。

将忙时话务量与全日话务量之比称为集中系数，用 K 表示。因为 K 反映了这个通信系统“忙时”的集中程度，即忙时话务量在全天话务量中所占的比例。通常 K 为 7% ~ 15%。这样，我们便可以得到每个用户忙时话务量（Erl）的表达式

$$A_B = \frac{C'KT}{3600} \tag{2-3}$$

式中，C' 为每个用户每天平均呼叫次数；K 为集中系数；T 为每次呼叫平均占用信道的时间（s）。

例如每天平均呼叫三次（$C' = 3$ 次/天），每次呼叫平均占用 2min（$T = 120\text{s}$），集中系数为 10%（$K = 0.1$），则每个用户忙时话务量为 0.01Erl。

一些移动电话通信网的统计数字表明，对于公用移动电话网，每个用户忙时话务量可按 0.01 ~ 0.03Erl 考虑；对于专用移动电话网，不同业务性质的每用户忙时话务量也不一样，一般可按 0.03 ~ 0.06Erl 来考虑。当网内接有固定用户时，它的 A_B 高达 0.12Erl。一般而言，车载台的忙时话务量最低，手持机的居中，固定台的最高。

2. 容量

在多信道共用时，容量有两种表示法。

系统所能容纳的用户数（M）

$$M = \frac{A}{A_B} \tag{2-4}$$

每个信道所能容纳的用户数（m）

$$m = \frac{M}{n} = \frac{A}{nA_B} \tag{2-5}$$

式中，n 为共用信道数；A 为总话务量；A_B 为每个用户忙时话务量。

3. 呼损率

M 个用户共用 n 个信道时，由于用户数远大于信道数，即 $M \gg n$，因此会出现超过 n 个用户同时要求通话而信道数不足的情况。这时，只能保证 n 个用户通话。而另一部分用户虽然发出呼叫，但因无信道而不能通话，称为呼叫失败。在一个通信系统中，呼叫失败的概率称为呼叫损失概率，简称呼损率，记为 B。

设 A' 为呼叫成功而接通电话的话务量，简称完成话务量。C_o 为 1h 内呼叫成功而通话的次数，t_o 为每次呼叫平均占用信道的时间，则完成话务量为

$$A' = C_o t_o \tag{2-6}$$

于是呼损率为

$$B = \frac{A - A'}{A} = \frac{C - C_o}{C} = \frac{C_i}{C} \tag{2-7}$$

式中，$A-A'$为损失话务量，所以呼损率的物理意义是损失话务量与呼叫话务量之比的百分数；C_i 为呼叫失败的次数；C 为总呼叫次数。因此呼损率在数值上等于呼叫失败次数与总呼叫次数之比的百分数。

显然呼损率 B 越小，成功呼叫的概率越大，用户就越满意。因此呼损率 B 称为系统的服务等级（或业务等级），记为 GOS。GOS 是系统的一个重要质量指标。例如某系统的呼损率为10%，即说明该通信系统内的用户每呼叫 100 次，其中有 10 次因信道均被占用而打不通电话，其余 90 次则能找到空闲信道而实现通话。但是对于一个通信网来说，要想使呼损率小，要么增加信道数（这要增加投资），要么使呼叫（流入）的话务量小一些，即容纳的用户数少些（这是不希望的）。可见呼损率与话务量是一对矛盾，即服务等级与信道利用率是矛盾的。

如果呼叫具有下列性质：

1）每次呼叫相互独立，互不相关，即呼叫具有随机性；

2）每次呼叫在时间上都有相同的概率；

3）每个用户选用无线信道是任意的，且是等概率的。

则呼损率可按下式计算

$$B=\frac{\dfrac{A^n}{n!}}{1+\dfrac{A}{1!}+\dfrac{A^2}{2!}+\cdots+\dfrac{A^n}{n!}}=\frac{\dfrac{A^n}{n!}}{\sum\limits_{i=0}^{n}\dfrac{A^i}{i!}} \tag{2-8}$$

这就是电话工程中的第一爱尔兰公式，也称爱尔兰 B 公式。它以解析式的形式反映了系统呼损率（B）、信道数（n）和总话务量（A）三者的关系。通过计算可得出目前话务工程计算中广泛使用的爱尔兰呼损表，如表 2-5 所示。利用这个表，已知 B、n、A 中任意两个就可查出第三个。

表 2-5　爱尔兰呼损表

B	1%	2%	3%	5%	7%	10%	20%
n	A	A	A	A	A	A	A
1	0.010	0.020	0.031	0.053	0.075	0.111	0.250
2	0.153	0.223	0.282	0.381	0.470	0.595	1.000
3	0.455	0.602	0.715	0.899	1.057	1.271	1.930
4	0.869	1.092	1.259	1.525	1.748	2.045	2.945
5	1.361	1.657	1.875	2.218	2.504	2.881	4.010
6	1.909	2.276	2.543	2.960	3.305	3.758	5.109
7	2.501	2.935	3.250	2.738	4.139	4.666	6.230
8	3.128	3.627	3.987	4.543	4.999	5.597	7.369
9	3.783	4.345	4.748	5.370	5.879	6.546	8.522
10	4.461	5.084	5.529	6.216	6.776	7.511	9.685
11	5.160	5.842	6.328	7.076	7.687	8.437	10.857
12	5.876	6.615	7.141	7.950	8.610	9.474	12.036

（续）

B	1%	2%	3%	5%	7%	10%	20%
n	A	A	A	A	A	A	A
13	6.607	7.402	7.967	8.835	9.543	10.470	13.222
14	7.352	8.200	8.803	9.730	10.485	11.473	14.413
15	8.108	9.010	9.650	10.633	11.434	12.484	15.608
16	8.875	9.828	10.505	11.544	12.390	13.500	16.807
17	9.652	10.656	11.368	12.461	13.353	14.522	18.010
18	10.437	11.491	12.238	13.335	14.321	15.548	19.216
19	11.230	12.333	13.115	14.315	15.294	16.579	20.424
20	12.031	13.182	13.997	15.249	16.271	17.613	21.635
21	12.838	14.036	14.884	16.189	17.253	18.651	22.848
22	13.651	14.896	15.778	17.132	18.238	19.692	24.064
23	14.470	15.761	16.675	18.080	19.227	20.737	25.281
24	15.295	16.631	17.577	19.030	20.219	21.784	26.499
25	16.125	17.505	18.483	19.985	21.215	22.838	27.720
26	16.959	18.383	19.392	20.943	22.212	23.885	28.941
27	17.797	19.265	20.305	21.904	23.213	24.939	30.164
28	18.640	20.150	21.221	22.867	24.216	25.995	31.388
29	19.487	21.039	22.140	23.833	25.221	27.053	32.614
30	20.377	21.932	23.062	24.802	26.228	28.113	33.840

注：A 为总呼叫话务量；n 为信道数；B 为呼损率。

2.4.4.3　信道利用率 η

多信道共用时，信道利用率是指每个信道平均完成的话务量。因此

$$\eta = \frac{A'}{n} = \frac{A(1-B)}{n} \tag{2-9}$$

呼损率 B 为参变量，η 与 n 的关系曲线参见图 2－14。从图 2－14 可以看出，采用多信道共用，信道的利用率有明显的提高，但是当共用信道数超过 10 个后，信道利用率曲线将趋向平缓。

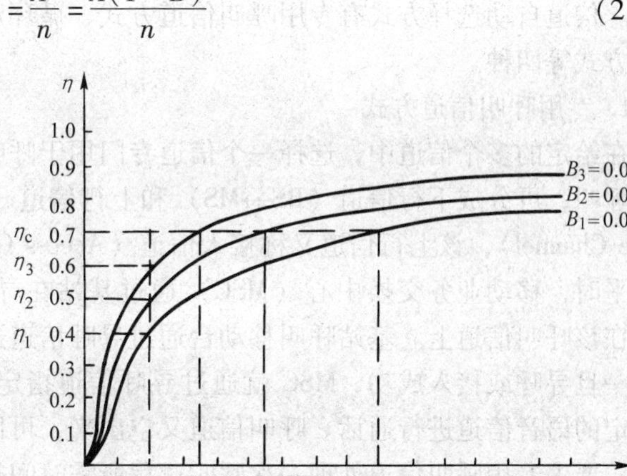

图 2－14　共用信道数与其信道的利用率的关系

2.4.4.4　举例

设每个用户的忙时话务量 $A_B = 0.01$Erl，呼损率 $B = 10\%$，现有 8 个无线信道，采用两种不同技术，即多信道共用和单信道共用组成的两个系统，试分别计算它们的容量和利用率。

对于多信道共用系统：已知 $n=8$，$B=10\%$，求 m、M。由表 2-5 得 $A=5.597\text{Erl}$。

因为

$$m=\frac{A}{A_{B}n}=\frac{5.597}{0.01\times 8}=70\ （用户/信道）$$

所以

$$M=mn=70\times 8=560\ （用户）$$

由式（2-9）得

$$\eta=\frac{5.597(1-0.1)}{8}=63\%$$

对于单信道共用系统：

（1）求 m、M

因为是单信道共用，所以

$$n=1$$

$$m=\frac{0.111}{0.01\times 1}=11\ （用户/信道）$$

已知 $B=10\%$ 和 $n=1$，由式（2-8）或表 2-5 得 $A=0.111\text{Erl}$。

$$M=11\times 8=88\ （用户）$$

（2）求 η

$$\eta=\frac{0.111\times(1-0.1)\times 8}{8}=10\%$$

通过上述计算可知，在相同的信道数（8个）、相同的呼损率（10%）条件下，多信道共用与单信道共用相比较，前者每个信道平均容纳的用户数是70个，而后者的仅11个，前者是后者的6.4倍。整个系统的总用户，前者为560个，而后者仅为88个。单信道共用的信道利用率为10%，多信道共用的信道利用率为63%。因此多信道共用技术是提高信道利用率即频率利用率的一种重要手段。

2.4.4.5 信道自动选择方式

在多信道共用系统中，每个基站（BS）控制的无线小区内有 n 个信道，$m\times n$ 个用户共用这 n 个信道，因此就存在信道管理问题。对移动台（MS）来说，存在如何自动选择信道问题。信道自动选择方式有专用呼叫信道方式、循环定位方式、循环不定位方式和循环分散定位方式等四种。

1. 专用呼叫信道方式

在给定的多个信道中，选择一个信道专门用于呼叫，该专用呼叫信道有两个作用：一是处理呼叫，可分成下行信道（BS→MS）和上行信道（MS→BS），该下行信道又称寻呼信道（Page Channel），该上行信道又称接入信道（Access Channel）；二是指配语音信道。

平时，移动业务交换中心（MSC）通过基站在寻呼信道上发出空闲信号，而移动台都守候在该呼叫信道上。基站呼叫移动台通过寻呼信道进行，移动台呼叫基站通过接入信道进行。一旦寻呼或接入成功，MSC 就通过寻呼信道指定可用的通话信道，移动台根据指令转入指定的语音信道进行通话。呼叫信道又空出来，可以处理其他用户的呼叫。为了减少同抢概率，要求专用呼叫信道处理一次呼叫过程所需时间很短，一般约为几百毫秒甚至更短，所以设置一个专用呼叫信道可以处理成百上千个用户。专用呼叫信道方式一般用于大容量移动通信系统，并采用数字信令。目前蜂窝移动电话系统就采用这种方式。

由于专用呼叫信道方式专门需要一个信道用作呼叫信道，相对来说，减少了通话信道的数目，因此不适合信道数目小于 12 的小容量移动通信系统。

2. 循环定位方式

没有专用的呼叫信道，由 BS 临时指定一个信道做呼叫信道，并在该临时呼叫信道上发出空闲信号。平时所有未通话的移动台都自动对全部信道进行扫描搜索，一旦在哪个信道上收到空闲信号，就停留在该信道上。因此在平时，所有移动台都集中守候在临时呼叫信道上，当某个用户叫通后，就在此信道上通话。此时基站要另选一个空闲信道作为临时呼叫信道发出空闲信号，于是所有未通话的移动台接收机都自动转到新的临时呼叫信道上守候（定位）。

可见，在循环定位方式下，其呼叫信道是临时的、不断改变的。一旦临时呼叫信道转为通话信道，BS 要重新确定某空闲信道为临时呼叫信道，并发出空闲信号。移动台一旦收不到空闲信道就不断进行信道扫描。

这种方式信道利用率高（全部信道都可用作通话），接续快；但由于所有不通话的移动台都守候在一个临时呼叫信道上，同抢概率大，因此这种方式只适合小容量系统。

3. 循环不定位方式

这种方式是在循环定位方式的基础上，为减少同抢概率而出现的一种改进方式。

循环不定位方式中的基站在所有不通话的空闲信道上都发出空闲信号，网内移动台自动扫描空闲信道，并随机地停靠在就近的空闲信道上（不定位）。避免了像循环定位方式那样，所有不通话的移动台都在一个临时呼叫信道主叫抢占情况。当基站呼叫移动台时，必须选择一个空闲信道先发出时间足够长的召集信号（其他空闲信道停发空闲信号），而后再发出选呼信号。网内移动台由于收不到空闲信号重新进入扫描状态，一旦扫到召集信号就停在该信道上等候被呼。一旦发现自己未被呼中，重新处于不停的信道扫描状态。

从以上可以看出，循环不定位方式的优点是减少了同抢概率，但移动台被呼的接续时间比较长。而且，系统的全部信道（不管通话与不通话）都处于工作状态。这种多信道的常发状态，会引起严重的互调干扰。因此这种方式只适合于信道数较少的系统。

4. 循环分散定位方式

为克服循环不定位方式时移动台被呼的接续时间比较长的缺点，人们提出一种循环分散定位方式。在循环分散定位方式中，基站在全部不通话的空闲信道上都发出空闲信号，网内移动台分散停靠在各个空闲信道上。移动台主呼是在各自停靠的空闲信道上进行的，保留了循环不定位方式的优点。基站呼叫移动台时，其呼叫信号在所有的空闲信道上发出，并等待应答信号，从而提高了接续的速度。

这种方式接续快，效率高，同抢概率小。但当基站呼叫移动台时，这种方式必须在所有空闲信道上同时发出选呼信号，因而互调干扰比较严重。这种方式同样只适合小容量系统。

2.5　蜂窝移动通信的多址接入技术

2.5.1　概述

蜂窝移动通信系统中是以信道来区分通信对象的，一个信道只容纳一个用户进行通话，许多同时通话的用户互相以信道来区分，这就是多址。移动通信系统是一个多信道同时工作的系统，具有广播信道和大面积覆盖的特点。在无线通信环境的电波覆盖区内，如何建立用户之间的无线信道的连接，是多址接入方式的问题。解决多址接入问题的方法叫做多址接入技术。多址技术主要解决众多用户如何高效共享给定频谱资源的问题。

多址方式有频分多址（FDMA，Frequency Division Multiple Access）、时分多址（TDMA，Time Division Multiple Access）、码分多址（CDMA，Code Division Multiple Access）和空分多址（SDMA，Space Division Multiple Access）。现在用到的多址方式主要有三种：频分多址（FDMA）、时分多址（TDMA）和码分多址（CDMA）。

2.5.1.1　频分多址（FDMA）

频分多址是将给定的频谱资源划分为若干个等间隔的信道供不同的用户使用。在 FDMA 系统中，每一个移动用户分配有一个地址，即在一个射频频带内，每个移动用户分配有一个信道，且这些信道在频域上互不重叠。

模拟移动通信系统中，信道带宽通常等于传输一路模拟语音所需的带宽，如 25kHz 或 30kHz。在单纯的 FDMA 系统，通常采用频分双工（FDD，Frequence Division Duplex）的方式来实现双工通信，即接收频率 f 和发送频率 F 是不同的。为了使得同一部电台的收发之间不产生干扰，收发频率间隔 $|f-F|$ 必须大于一定的数值。移动通信的频率资源十分紧缺，不可能为每一个移动台预留一个信道，只可能为每个基站配置好一组信道，供该基站所覆盖的区域（称为小区）内的所有移动台共用。这就是多信道共用问题。一个典型的 FDMA 信道划分方法如图 2-15 所示。

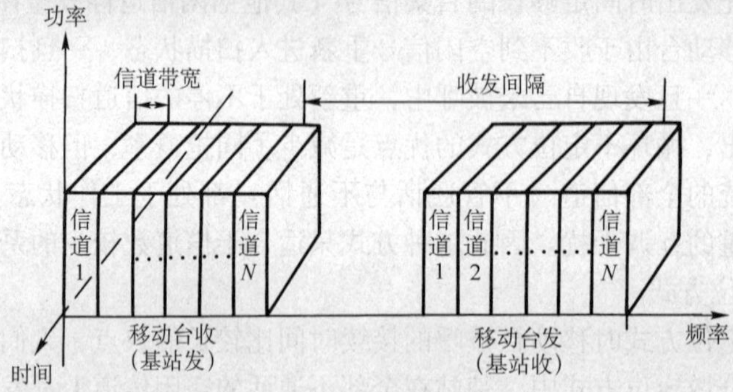

图 2-15　FDMA 的信道划分方法

FDMA 在频域中一个相对窄带信道里，信号功率被集中起来传输，不同信号被分配到不同频率的信道里，发往和来自邻近信道的干扰用带通滤波器限制，这样在规定的窄带里只能通过有用信号的能量，而任何其他频率的信号被排斥在外。模拟的 FM 蜂窝系统都采用了 FDMA。当前应用这种多址方式的主要蜂窝系统有北美的 AMPS 和英国的 TACS。在我国，AMPS 和 TACS 这两种制式都有应用，但 TACS 占绝大多数。

2.5.1.2　时分多址（TDMA）

时分多址是把时间分割成周期性的帧，每一帧再分割成若干个时隙（无论帧或时隙都是互不重叠的），TDMA 中的一个信道由一连串周期性的时隙构成。TDMA 系统是基于时间分割信道，每个移动用户分配一个地址，即在一个时间段（时帧）内每个移动用户分配有一个时隙。

在频分双工（FDD）方式中，上行链路和下行链路的帧分别在不同的频率上。在时分双工（TDD, Time Division Duplex）方式中，上下行帧都在相同的频率上。TDD 的方式如图 2-16 所示。各个移动台在上行帧内只能按指定的时隙向基站发送信号。为了保证在不同传播时延情况下，各移动台到达基站处的信号不会重叠，通常上行时隙内必须有保护间隔，在该间隔内不传送信号。基站按顺序安排在预定的时隙中向各移动台发送信息。

不同通信系统的帧长度和帧结构是不一样的。典型的帧长在几毫秒到几十毫秒之间。TDMA 系统既可以采用频分双工（FDD）方式，也可以采用时分双工（TDD）方式。在 FDD 方式中，上行链路和下行链路的帧结构既可以相同，也可以不同。在 TDD 方式中，通常将在某频率上一帧中一半的时隙用于移动台发，另一半的时隙用于移动台接收，收发工作在相同频率上。

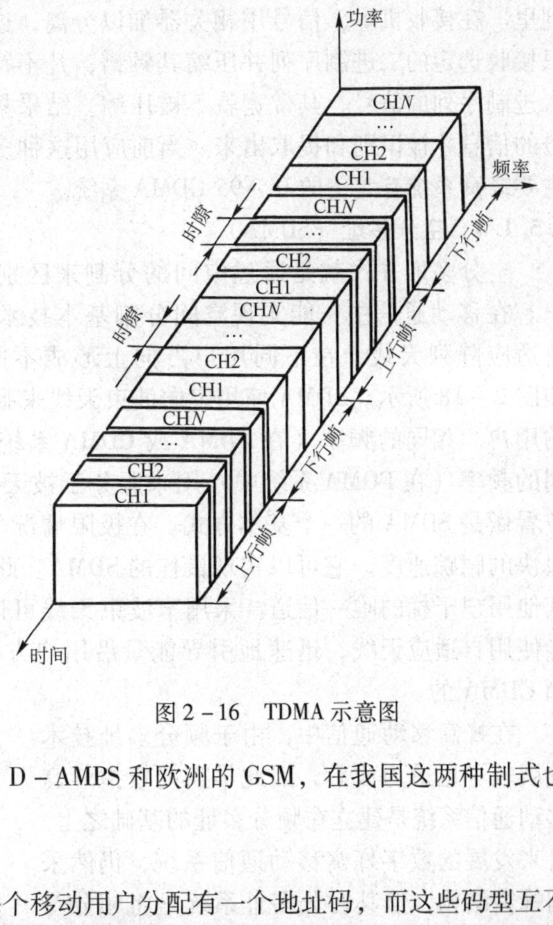

图 2-16　TDMA 示意图

在 TDMA 系统中不同信号的能量被分配到不同的时隙里，利用定时选通来限制邻近信道的干扰，从而只让在规定时隙中有用的信号能量通过。实际上现在使用的 TDMA 蜂窝系统都是 FDMA 和 TDMA 的组合，如美国 TIA 建议的 DAMPS 数字蜂窝系统就是先使用了 30kHz 的频分信道，再把它分成 6 个时隙进行 TDMA 传输。当前应用这种多址方式的主要蜂窝系统有北美的 D-AMPS 和欧洲的 GSM，在我国这两种制式也都有应用，但 GSM 占绝大多数。

2.5.1.3　码分多址（CDMA）

码分多址系统是基于码型分割信道，每个移动用户分配有一个地址码，而这些码型互不重叠，其特点是频率和时间资源均为共享。码分多址是以扩频信号为基础，利用不同码型实现不同用户的信息传输。扩频信号是一种经过伪随机（PN）序列调制的宽带信号，其带宽通常比原始信号带宽高几个量级。常用的扩频信号有两类：跳频信号和直接序列扩频信号（简称直扩信号），因而对应的多址方式为跳频码分多址（FH-CDMA）和直扩码分多址（DS-CDMA）。

（1）FH-CDMA　在 FH-CDMA 系统中，每个用户根据各自的伪随机（PN）序列，动态改变其已调信号的中心频率。各用户的中心频率可在给定的系统带宽内随机改变，该系统带宽通常要比各用户已调信号（如 FM、FSK、BPSK 等）的带宽宽得多。FH-CDMA 类似于 FDMA，但使用的信道是动态变化的。FH-CDMA 中各用户使用的频率序列要求相互正交（或准正交），即在一个 PN 序列周期对应的时间区间内，各用户使用的频率，在任一时刻都不相同（或相同的概率非常小）。

（2）DS-CDMA　在 DS-CDMA 系统中，所有用户工作在相同的中心频率上，输入数据序列与PN序列相乘得到宽带信号。不同的用户（或信道）使用不同的PN序列。这些PN序列（或码字）相互正交，从而可像FDMA和TDMA系统中利用频率和时隙区分不同用户一样，利用PN序列（或码字）来区分不同的用户，如图2-17所示。

在CDMA系统中每一个信号被分配一个伪随机二进制序列进行扩频，不同信号的能量被分配到不同的伪随机序列里。在接收机里，信号用相关器加以分离，这种相关器只接收选定的二进制序列并压缩其频谱，凡不符合该用户二进制序列的信号，其带宽就不被压缩。结果只有有用信号的信息才被识别和提取出来。当前应用这种多址方式的主要蜂窝系统有北美的IS-95 CDMA系统。

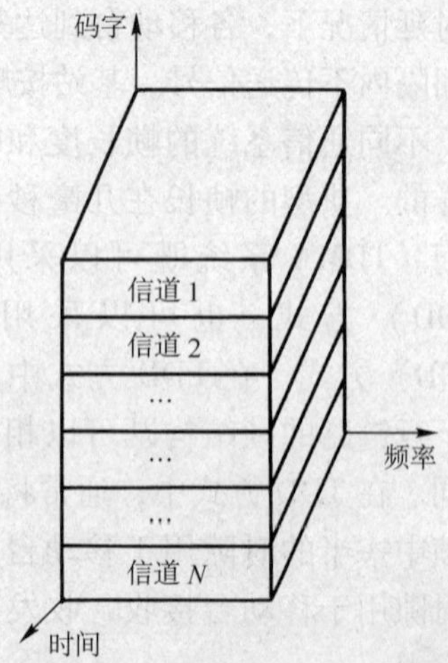

图2-17　DS-CDMA示意图

2.5.1.4　空分多址（SDMA）

空分多址方式就是通过空间的分割来区别不同的用户。在移动通信中，能实现空间分割基本技术的是采用自适应阵列天线，在不同用户方向上形成不同的波束，如图2-18所示。SDMA使用定向波束天线来服务于不同的用户。相同的频率（在TDMA或CDMA系统中）或不同的频率（在FDMA系统中）用来服务于被天线波束覆盖的这些不同区域。扇形天线可被看做是SDMA的一个基本方式。在极限情况下，自适应阵列天线具有极小的波束和无限快的跟踪速度，它可以实现最佳的SDMA。此时在每个小区内，每个波束可提供一个无其他用户干扰的唯一信道。采用窄波束天线可以有效地克服多径和同道干扰。将来有可能使用自适应天线，迅速地引导能量沿用户方向发送，这种天线看来是最适合于TDMA和CDMA的。

在蜂窝移动通信中，由于频分多址技术发展较早也最为成熟，因此早期的模拟蜂窝移动通信系统是建立在频分多址的基础之上。后来发展的数字蜂窝移动通信系统，仍然采用蜂窝结构，但其时分多址系统是将频分与时分相结合，综合利用频分和时分的优点形成基于时分多址的系统；而码分多址系统则是将频分与码分相结合，形成基于码分的多址系统。例如GSM数字蜂窝系统就是在频分蜂窝系统的基础上，在每个基区实现时分多址的系统。而Qualcomm-CDMA数字蜂窝系统则是在频分基础上的码分蜂窝系统。

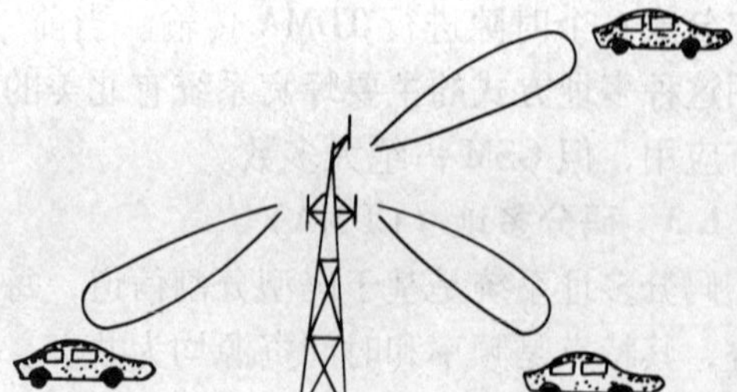
图2-18　空分多址示意图

蜂窝结构通信系统的结构特点是通信资源的复用。频分多址系统是信道资源的复用；时分多址系统是时隙资源的复用；码分多址系统是码型资源的复用。由于频分多址系统是以信道来分离用户地址的，所以它是信道受限和干扰受限的系统；时分多址系统是以时隙来分离用户地址的，所以它是时隙受限和干扰受限的系统；码分多址系统是以码型来分离用户地址的，所以它是码型受限和干扰受限的系统，但一般说来，它只是干扰受限的系统。

2.5.2　多址方式与系统容量

2.5.2.1　载干比 C/I

通信质量的指标可用载干比（载波 - 干扰比）C/I 来度量。模拟系统接收端射频的 C/I 与基带 S/N 密切相关，而 S/N 决定着语音质量。在数字系统中，C/I 是与基带 E_b/I_o 密切相关，且有

$$\frac{C}{I}=\frac{E_b}{I_o}\times\frac{R_b}{B_c}=\frac{E_b/I_o}{B_c/R_b} \tag{2-10}$$

式中，E_b 是每比特的能量；I_o 是每赫兹的干扰功率；R_b 是每秒的比特数；B_c 是以赫兹为单位的射频信道带宽。对于 FDMA 和 TDMA 来说，若 $R_b>B_c$，且 $E_b/I_o>1$ 时，则 $C/I>1$。对于 CDMA 来说，$B_c\gg R_b$，并且多地址码间干扰的结果，将会使 $C/I<1$，也即载干比会呈现负的分贝值。

2.5.2.2　系统容量

一个无线电系统的容量被定义为一定频段内所能提供的信道数或用户的最大数目或系统输入话务总量（Erlang）。它与信道的载频间隔、每载频的时隙数、频率资源和频率复用方式、基站设置方式等有关。目前通常用无线容量 m 来表示系统容量，对于移动通信业务区，无线容量 m 是衡量无线系统频谱效率的参数，这一参数取决于所需的载干比 C/I 和信道带宽 B_c。

蜂窝系统的无线容量可定义为

$$m=\frac{B_t}{B_cN} \tag{2-11}$$

式中，m 为无线容量，单位为信道/小区；B_t 为分配给系统的总的频谱；B_c 为信道带宽；N 为频率重用的小区数。

2.5.2.3　FDMA 和 TDMA 蜂窝系统的容量

同信道干扰是蜂窝系统容量的制约因素。因为 FDMA 的信道和 TDMA 中的时隙只能指配给一个呼叫，在此期间是不允许其他呼叫共享该信道或该时隙的。同信道干扰来自于距离 $D_s=qR$ 的同频小区。假设在 6 个同信道干扰源的最恶劣的环境，路径损耗按 4 次方规律考虑，可得到以每小区信道数为单位的无线容量 m，对于 FDMA 和 TDMA 蜂窝系统容量可表示为

$$m=\frac{B_t/B_c}{K}=\frac{M}{\sqrt{\frac{2}{3}\times(C/I)_s}} \tag{2-12}$$

式中，B_t 为发送或接收的系统总带宽；B_c 为信道带宽或等效信道带宽；$M=(B_t/B_c)$ 为总信道数或总等效信道数；K 为区群所含的小区数目；$(C/I)_s$ 为每信道(每信道或每时隙)所需最小载干比。

由式(2-12)可以看出,决定 m 的重要参数是 B_c 和(C/I)$_s$。

2.5.2.4　CDMA 蜂窝系统的容量

CDMA 系统的容量是干扰受限的，而 FDMA 和 TDMA 系统的容量是带宽受限的。因此干扰的减少将导致 CDMA 容量的线性增加。

决定 CDMA 数字蜂窝系统容量的主要参数是：处理增益、E_b/N_o、语音负载周期、频率再用效率，以及基站天线扇区数。

若不考虑蜂窝系统的特点，只考虑一般扩频通信系统，接收信号的载干比可以写成

$$\frac{C}{I}=\frac{R_b E_b}{N_o W}=\frac{E_b/N_o}{W/R_b} \tag{2-13}$$

式中，E_b 为信息的比特能量；R_b 为信息的比特速率；N_o 为干扰的功率谱密度；W 为总频段宽度（即 CDMA 信号所占的频谱宽度）；E_b/N_o 类似于通常所谓的归一化信噪比，其取值决定于系统对误比特率或语音质量的要求，并与系统的调制方式和编码方案有关；W/R_b 为系统的处理增益。

若 m 个用户共用一个无线信道，显然每一用户的信号都受到其他 $m-1$ 个用户信号的干扰。假设到达一个接收机的信号强度和各干扰强度都相等，则载干比为

$$\frac{C}{I}=\frac{1}{m-1} \tag{2-14}$$

或

$$m-1=\frac{W/R_b}{E_b N_o}$$

即

$$m=1+\frac{W/R_b}{E_b/N_o} \tag{2-15}$$

式（2-15）没有考虑在扩频带宽中的背景热噪声 η，如果把 η 考虑进去，则能够接入此系统的用户数可表示为

$$m=1+\frac{W/R_b}{E_b/N_o}-\frac{\eta}{C} \tag{2-16}$$

结果表明，在误比特率一定的条件下，降低热噪声功率，减小归一化信噪比，增大系统的处理增益都将有利于提高系统的容量。

应该注意这里的假定条件，所谓到达接收机的信号强度和各个干扰强度都一样，对单一小区（没有临近小区的干扰）而言，在正向传输时，不加功率控制即可满足；但在反向传输时，各个移动台向基站发送的信号必须进行理想的功率控制才能满足。其次应根据 CDMA 蜂窝通信系统的特点对这里得到的公式进行修正。

（1）采用语音激活技术提高系统容量　在典型的全双工通话中，每次通话中语音存在时间小于35%，即语音的激活期（占空比）d 通常小于35%。如果在语音停顿时停止信号发射，对 CDMA 系统而言，直接减少了对其他用户的干扰，即其他用户受到的干扰会相应地平均减少65%，从而使系统容量提高到原来的 $1/d=2.86$ 倍。为此，CDMA 系统的容量公式被修正为

$$m=1+\left(\frac{W/R_b}{E_b/N_o}-\frac{\eta}{C}\right)\frac{1}{d} \tag{2-17}$$

当用户数目庞大并且系统是干扰受限而不是噪声受限时，用户数可表示为

$$m=1+\left(\frac{W/R_b}{E_b/N_o}\right)\frac{1}{d} \tag{2-18}$$

（2）利用扇区划分提高系统容量　CDMA 小区扇区化有很好的容量扩充作用。利用120°扇形覆盖的定向天线把一个蜂窝小区划分成3个扇区时，处于每个扇区中的移动用户是

该蜂窝的1/3，相应的各用户之间的多址干扰分量也就减少为原来的1/3，从而系统容量将增加约3倍（实际上由于相邻天线覆盖区之间有重叠，一般能提高到 $G=2.55$ 倍左右）。为此 CDMA 系统的容量公式又被修正为

$$m=\left[1+\left(\frac{W/R_b}{E_b/N_o}\right)\frac{1}{d}\right]G \tag{2-19}$$

式中，G 为扇区分区系数。

（3）频率复用　在 CDMA 系统中，所有用户共享一个无线频率，即若干个小区内的基站和移动台都工作在相同的频率上。因此任一小区的移动台都会受到相邻小区基站的干扰，任一小区的基站也会受到相邻小区移动台的干扰。这些干扰的存在必然会影响系统的容量。其中任一小区的移动台对相邻小区基站（反向信道）的总干扰量和任一小区的基站对相邻小区移动台（正向信道）的总干扰量是不同的，对系统容量的影响也有很多差别。对于反向信道，因为相邻小区基站中的移动台功率受控而不断调整，对被干扰小区基站的干扰不易计算，只能从概率上计算出平均值的下限。然而理论分析表明，假设各小区的用户数为 M，M 个用户同时发射信号，正向信道和反向信道的干扰总量对容量的影响大致相等。因而在考虑邻近蜂窝小区的干扰对系统容量影响时，一般按正向信道计算。

对于正向信道，在一个蜂窝小区内，基站不断地向移动台发送信号，移动台在接收它自己所需的信号时，也接收到基站发给其他移动台的信号，而这些信号对它所需的信号将形成干扰。当系统采用正向功率控制技术时，由于路径传播损耗的原因，位于靠近基站的移动台，受到本小区基站发射的信号干扰比距离远的移动台要大，但受到相邻小区基站的干扰较小；位于小区边缘的移动台，受到本小区基站发射的信号干扰比距离近的移动台要小，但受到相邻小区基站的干扰较大。移动台最不利的位置是处于3个小区交界的地方，如图 2-19 中的移动台所在点。

假设各小区中同时通信的用户数是 M，即各小区的基站同时向 M 个用户发送信号，理论分析表明，在采用功率控制时，每小区同时通信的用户数将下降到原来的60%，即信道复用效率 $F=0.6$，也就是系统容量下降到没有考虑邻区干扰时的60%。此时 CDMA 系统的容量公式再次被修正为

$$m=\left[1+\left(\frac{W/R_b}{E_b/N_o}\right)\frac{1}{d}\right]GF \tag{2-20}$$

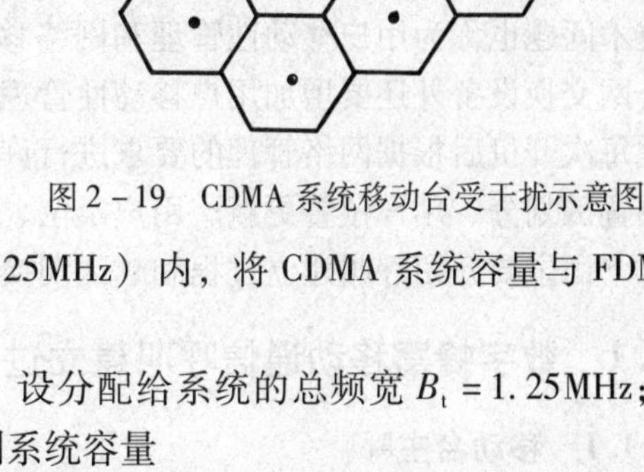

图 2-19　CDMA 系统移动台受干扰示意图

2.5.2.5　三种系统容量的比较

在给定的一个窄带码分系统的频谱带宽（1.25MHz）内，将 CDMA 系统容量与 FDMA、TDMA 系统容量进行比较，结果如下：

（1）采用 FDMA 方式（模拟 TACS 系统）　设分配给系统的总频宽 $B_t=1.25\text{MHz}$；信道带宽 $B_c=25\text{kHz}$；频率重用的小区数 $N=7$，则系统容量

$$m=\frac{1.25\times10^3}{25\times7}=\frac{50}{7}=7.1(\text{信道/小区})$$

（2）采用 TDMA 方式（数字时分 GSM 系统）　设分配给系统的总频宽 $B_t=1.25\text{MHz}$；

载频间隔 $B_c=200\text{kHz}$；每载频时隙数为8；频率重用的小区数 $N=4$，则系统容量

$$m=\frac{1.25\times10^3\times8}{200\times4}=\frac{10\times10^3}{800}=12.5(\text{信道/小区})$$

（3）数字CDMA系统　设分配给系统的总频宽 $B_t=1.25\text{MHz}$；语音编码速率 $R_b=9.6\text{kbit/s}$；语音占空比 $d=0.35$；扇形分区系数 $G=2.55$；信道复用效率 $F=0.6$；归一化信噪比 $E_b/N_o=7\text{dB}$，则系统容量

$$m=\left[1+\left(\frac{1.25\times10^3}{9.6}\bigg/10^{0.7}\right)\frac{1}{0.35}\right]2.55\times0.6\approx115(\text{信道/小区})$$

三种体制系统容量的比较结果为

$$m_{\text{CDMA}}\approx16m_{\text{TACS}}\approx9m_{\text{GSM}}$$

由上式可以看出，在总频带宽度为1.25MHz时，CDMA数字蜂窝移动通信系统的容量约是模拟频分TACS系统容量的16倍，约是数字时分GSM系统容量的9倍。需要说明的是，以上的比较中CDMA系统容量是理论值，即是在假设CDMA系统的功率控制是理想的条件下得出的。这在实际当中显然是做不到的。为此实际的CDMA系统的容量比理论值有所下降，其下降多少将随着其功率控制精度的高低而变化。另外CDMA系统容量的计算与某些参数的选取有关，对于不同的参数值得出的系统容量也有所不同。当前比较普遍的看法是，CDMA数字蜂窝移动通信系统的容量是模拟FDMA系统的8~10倍。

2.6 数字蜂窝移动通信的交换技术

数字蜂窝移动通信网总是通过移动业务交换中心（MSC）与公用电话网互联互通的，因此数字蜂窝移动通信网也是一种交换式通信网。

通信网上两个终端每次成功的通信都包括三个阶段，即呼叫建立、消息传输和释放，数字蜂窝移动通信的交换技术也包括这三个过程。但是数字蜂窝移动通信网的用户是移动的，所以在呼叫建立过程中应首先确定用户所在位置，在每次通话过程中，系统还得一直跟踪每个移动用户位置的变化。另外数字蜂窝移动通信网为了扩大系统的通信容量，采用小区制组网技术和频率复用技术，因此在跟踪用户移动的过程中，必然会从一个无线小区越过多个无线小区，要发生多次越区信道切换问题，以及不同网络间切换或不同系统间的切换问题。这些技术问题也称为用户移动性管理和网络移动性管理问题。数字蜂窝移动通信的MSC除具备公网交换设备外还要增加用户移动性管理设备，如用户位置登记（不是一次性位置登记，而是每次开机后根据网络管理的要求进行许多次登记），越区切换和网络移动性管理，如网内位置区划分、用户位置更新、用户定位、越区切换和漫游切换等。

下面主要介绍呼叫建立过程和越区切换。

2.6.1 数字蜂窝移动通信呼叫建立过程

2.6.1.1 移动台主呼

移动台首先搜索专用控制信道，当获悉控制信道空闲时，即可通过此信道发出呼叫信号（包括其自身的识别号码、被呼用户号码等）。基站收到这些信号后转送至移动控制交换中心，经识别后即为移动台指配一个基站，此时空闲的信道给移动用户使用，这些信息由基站

转发给移动台。同时，控制交换中心对基站的有线线路进行导通试验，若试验良好，即可进行其他交换处理。若被呼用户为本移动局内的用户，则直接进行交换处理；若为固定网的用户，则接入固定网，以后的处理与固定网的处理相同。

2.6.1.2　移动台被呼

移动控制交换中心收到受呼信号之后，经识别并确认被呼用户此时不在通话，则在该中心控制区的所有基站，通过专用控制信道一起发出呼叫信号（包括被呼移动台的识别号码和信道指配代号等）。有时可能移动台暂时未收到这个呼叫信号，因此当没有收到移动台的应答时，基站应在一段时间内多次重复发送此呼叫信号。不在通话的移动台是锁定在专用控制信道上的，当收到此呼叫信号后即判别是否呼叫本机，若判定为呼叫本机，则发出应答信号，并转入所指配的语音信道。交换控制中心收到某一基站转来的应答信号之后即停止发送呼叫信号，接通线路，开始计费。若多次呼叫仍无应答（可能被叫用户离开本服务区或未开机等），则通知主呼用户此次呼叫失败，不能建立通信。

2.6.1.3　位置登记

呼叫移动用户时，应当根据被呼用户的位置进行，以免无效的呼叫。为此，可将整个业务区划分为若干个位置登记区。每一用户在某一位置登记区登记，称为它的归属区。各位置登记区中，都在其专用控制信道中发出地区识别号。移动台也存有其归属区的识别号。移动台进入新的基站控制区，首先要检测基站发出的地区识别号，与本机存有的地区识别号相对照，若发现自己已越区，应立即向基站发出包含有本机识别号码和归属区识别号码的位置登记信号。基站收到这个位置登记信号后即转送控制交换中心，让其在中心存储器中改写该移动台的位置信息，并通知移动台也改写其存储的地区识别号。

2.6.1.4　通话过程中的越区信道切换

通话中，基站不断对移动台的通话信道进行监测。当移动台逐渐接近该无线小区的边缘时，基站可检测到接收电平下降，当即上报移动交换控制中心，中心立即指令周围基站开始检测该移动台信号的接收电平并上报。交换控制中心判定接收电平最高的基站为移动台进入的小区，随机选取该小区的空闲无线信道，经试验确认线路良好之后，则令移动台从原小区的无线语音信道切换到新小区的无线语音信道进行通信，同时原小区的通话信道切断，转为空闲信道，新小区的指配信道供移动用户使用。这样就完成了通话中的信道切换，全部操作是在移动台用户毫无觉察、不影响正常通话的情况下完成的。

2.6.2　越区切换

越区（过区）切换（Hand - over 或 Hand - off）是指将当前正在进行的移动台与基站之间的通信链路从当前基站转移到另一个基站的过程。该过程也称为自动链路转移 ALT（Automatic Link Transfer）。

越区切换通常发生在移动台从一个基站覆盖的小区进入到另一个基站覆盖的小区的情况下，为了保持通信的连续性，将移动台与当前基站之间的链路转移到移动台与新基站之间的链路上。

研究越区切换算法所关心的主要性能指标包括：越区切换的失败概率、因越区失败而使通信中断的概率、越区切换的速率、越区切换引起的通信中断的时间间隔以及越区切换发生的时延等。

越区切换分为两大类：一类是硬切换，另一类是软切换。硬切换是指在新的连接建立以前，先中断旧的连接。而软切换是指既维持旧的连接，又同时建立新的连接，并利用新、旧链路的分集合改善通信质量，当与新基站建立可靠连接之后再中断旧链路。

在越区切换时，可以仅以某个方向（上行或下行）的链路质量为准，也可以同时考虑双向链路的通信质量。

2.6.2.1 越区切换的准则

在决定何时需要进行越区切换时，通常是根据移动台处接收的平均信号强度来确定，也可以根据移动台处的信噪比（或信号干扰比）、误比特率等参数来确定。

假定移动台从基站1向基站2运动，其信号强度的变化如图2-20所示。判定何时需要越区切换的准则如下。

（1）相对信号强度准则（准则1） 在任何时间都选择具有最强接收信号的基站，如图2-20中的A处将要发生越区切换。这种准则的缺点是，在原基站的信号强度仍满足要求的情况下，会引发太多不必要的越区切换。

（2）具有门限规定的相对信号强度准则（准则2） 仅允许移动用户在当前基站的信号足够弱（低于某一门限），且新基站的信号强于本基站的信号情况下，才可以进行越区切换。如图2-20所示，在门限为Th_2时，在B点将会发生越区切换。

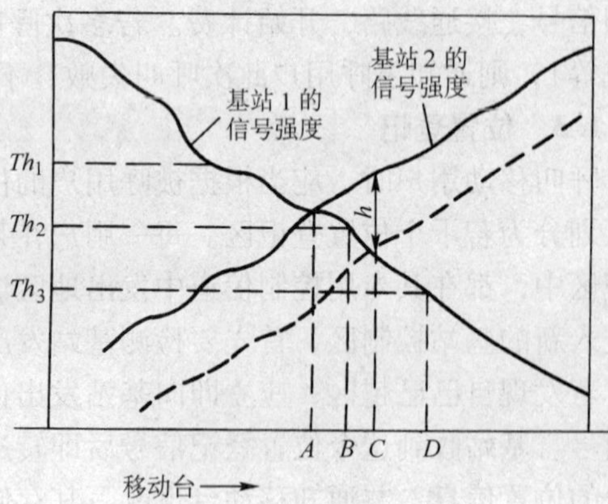

图2-20 越区切换示意图

在该方法中，门限选择具有重要作用。例如在图2-20中，如果门限太高，取为Th_1，则该准则与准则1相同。如果门限太低，取为Th_3，则会引起较大的越区时延。此时，一方面可能会因链路质量较差而导致通信中断，另一方面会引起对同道用户的额外干扰。

（3）具有滞后余量的相对信号强度准则（准则3） 仅允许移动用户在新基站的信号强度比原基站信号强度强很多（即大于滞后余量 Hysteresis Margin）的情况下进行越区切换。例如图2-20中的C点。该技术可以防止由于信号波动引起的移动台在两个基站之间的来回重复切换，即“乒乓效应”。

（4）具有滞后余量和门限规定的相对信号强度准则（准则4） 仅允许移动用户在当前基站的信号电平低于规定门限，并且新基站的信号强度高于当前基站一个给定滞后余量时进行越区切换。

2.6.2.2 越区切换的控制策略

越区切换控制包括两个方面：一方面是越区切换的参数控制，另一方面是越区切换的过程控制。参数控制在上面已经提到，这里主要讨论过程控制。

在移动通信系统中，过程控制的方式主要有以下三种。

（1）移动台控制的越区切换 在该方式中，移动台连续监测当前基站和几个越区时的候选基站的信号强度和质量。当满足某种越区切换准则后，移动台选择具有可用业务信道的最佳候选基站，并发送越区切换请求。

（2）网络控制的越区切换　在该方式中，基站监测来自移动台的信号强度和质量，当信号低于某个门限后，网络开始安排向另一个基站的越区切换。网络要求移动台周围的所有基站都监测该移动台的信号，并把测量结果报告给网络。网络从这些基站中选择一个基站作为越区切换的新基站，把结果通过旧基站通知移动台并通知新基站。

（3）移动台辅助的越区切换　在该方式中，网络要求移动台测量其周围基站的信号质量并把结果报告给旧基站，网络根据测试结果决定何时进行越区切换以及切换到哪一个基站。

2.6.2.3　越区切换时的信道分配

越区切换时的信道分配是解决当呼叫要转换到新小区时，新小区如何分配信道使得越区失败的概率尽量小的问题。常用的做法是在每个小区预留部分信道专门用于越区切换。这种做法的特点是：因新呼叫使可用信道数减少的，虽增加了呼损率，但减少了通话被中断的概率，从而符合人们的使用习惯。

习　题

2-1　什么是大区制移动通信系统？有何特点？

2-2　小区制移动通信系统有何特点？

2-3　什么是带状服务区，它主要应用在哪些方面？

2-4　什么叫中心激励及顶点激励？

2-5　移动通信系统组网时，在什么情况下会出现盲区？怎样消除盲区？

2-6　什么是多信道共用？有何特点？

2-7　移动通信网的某个小区共有 100 个用户，平均每用户 $C=5$ 次/天，$T=180$s/次，$K=15\%$。问为保证呼损率小于 5%，需共用的信道数是几个？若允许呼损率达 20%，共用信道数可节省几个？

2-8　基站共有 10 个信道，现容纳 300 个用户，每用户忙时话务量为 0.03Erl，问此时的呼损率为多少？如用户数及忙时话务量不变，使呼损率下降为 5%时，求所需增加的信道数？

2-9　什么叫越区切换？越区切换包括哪些主要问题？

第 3 章　TDMA 数字蜂窝移动通信系统

20 世纪 80 年代初，欧洲经历了移动通信的飞速发展，网络覆盖面积不断扩大。但由于各国网络增长情况各不相同，使用的频段也不相同，技术上又互不兼容，使用户无法实现跨国界漫游，这就需要一个中心组织来协调发展。

1982 年欧洲 26 个国家的电信官员在欧洲邮政电信管理委员会的组织下举行会议，决定建立名为“移动特别小组（GSM）”组织。该组织的宗旨就是为未来泛欧无线网提供一系列公共标准。该组织决定为该系统推荐 900MHz 的两组频段。由于容量问题已成为模拟系统的关键问题，GSM 小组决定将新的标准建立在数字技术上。数字技术可以提供更好的频谱利用率、通信质量，业务种类及保密性和安全性均得到了极大的提高，并使生产的手机更轻、更小、更便宜。英国后来要求 GSM 应适应工作于 1800MHz 频段，频段间隔为 95MHz，即 1800MHz 的数字蜂窝系统（DCS1800）。

1988 年，18 个欧洲国家达成了 GSM 谅解备忘录，颁布 GSM 标准，即泛欧蜂窝网通信标准，它包括 GSM900 和 DCS1800 两个并行的系统。这两个系统功能相同，其差别只是工作频段不同。

泛欧 GSM 数字蜂窝移动通信系统是在频分多址下的时分多址，当它工作在跳频方式时，又引入了码分多址。数字移动通信系统也是蜂窝系统，即蜂窝区群结构和频率复用。蜂窝区群小区数的多少以及小区半径的大小，取决于数字系统保证正常通信所需载干比和本地区业务量的分布和大小。构成区群的小区数目越少，半径越小，系统的频谱效率就越高。由于在相同服务质量条件下，数字系统允许比模拟系统有更低的载干比要求，所以可采用更小的区群结构，从而提高频谱的利用率。

GSM 移动通信系统是基于 TDMA 的数字蜂窝移动通信系统，它是世界上第一个对数字调制、网络层结构和业务作了规范的蜂窝系统。GSM 是目前世界上较先进的公开技术规范，内容全面详尽，版本也在不断修改升级。

3.1　GSM 数字蜂窝移动通信系统的电信业务

GSM 小组在概念上受到无线网向 ISDN 发展的强烈影响，为发展与有线标准相兼容的无线数字标准，小组决定 GSM 标准将尽可能地接近 ISDN 标准。因此，GSM 系统定义的所有业务是建立在综合业务数字网（ISDN）概念基础上的，并考虑移动性特点作了必要修改。这意味着 GSM 与 ISDN 将使用相同的信令方案和信号特性。这一决定使得有线与无线需建立统一的接入平台和统一的业务特性。

GSM 按照 ISDN 对业务的分类方法对其业务进行了分类，即分为基本业务（Basic Services）和补充业务（Supplement Aryservices）。基本业务按功能又可分为电信业务（Teleservices，又称用户终端业务）和承载业务（Bearer Services）。这两种业务是独立的通信业务。GSM 系统业务分类示意图如图 3－1 所示。GSM 支持的基本业务示意图如图 3－2 所示。

3.1.1　承载业务

这类业务主要是保证用户在两个接入点之间传输有关信号所需的带宽容量，使用户之间能实时可靠地传递信息（语音、数据等）。这类业务与 OSI 参考模型的低三层有关。承载业务定义了对网络功能的需求。

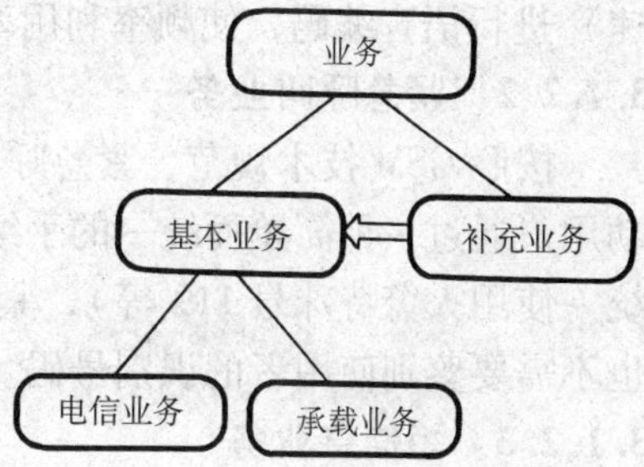

图 3－1　GSM 系统业务分类

为了提供各种承载业务（Bearer Services），GSM 用户应能够发送和接收速率高达 9.6kbit/s 的数据。由于 GSM 是数字网，所以在用户和 GSM 网络之间不需 Modem，但在 GSM 和 PSTN 接口方面仍然需要语音 Modem。表 3－1 列出了 GSM 的承载业务。

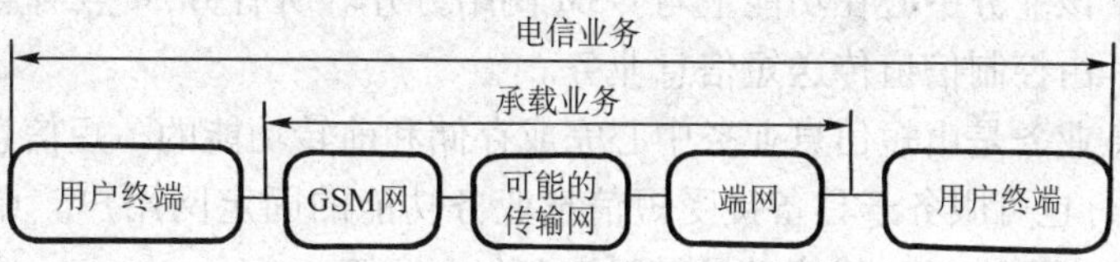

图 3－2　GSM 支持的基本业务

表 3－1　GSM 的承载业务

业　务	内　容
异步数据	300～9600bit/s
同步数据	1200～9600bit/s
PAD 接入	300～9600bit/s，分组打包和拆包，为 GSM 用户接入分组网提供一个异步连接。该业务只能由移动台主叫发起
分组接入	2400～9600bit/s，为 GSM 用户接入分组网提供一个同步连接。该业务只能由移动台主叫发起
语音/数据交替	在呼叫过程中，提供语音和数据的交替
语音后数据	先语音连接，而后进入数据连接

3.1.2　电信业务

这类业务主要是提供用户足够的容量（包括终端设备功能），和与其他用户之间的通信。它们结合了与信息处理功能相关的传输功能，使用承载业务来传送数据及提供更高层的功能。这些更高层的功能与 OSI 参考模型中的 4～7 层相对应。电信业务包括网络及终端容量，如电话、传真等。而承载业务将用于携带包括语音的数据传给终端，电信业务将它转换成用户可以听到的声音。

3.1.2.1　电话业务

在 GSM 系统所提供的业务中，最重要的业务是电话业务，它为数字移动通信系统的用户和其他所有与其联网的用户之间提供了双向电话通信。

语音编码可以以 64kbit/s 速率进行传输，但频率利用率低。为提高频率利用率，GSM 采用 13kbit/s（全速）语音编码器来进行语音编码传输。GSM 还可采用接近 6.5kbit/s（半速）进行语音编码，使频率利用率更高。

3.1.2.2 紧急呼叫业务

按照 GSM 技术规范，紧急呼叫是由电话业务引申出来的一种特殊业务。此业务可使移动用户通过一种简单而统一的手续接到就近的紧急业务中心（在欧洲统一使用 112，在我国统一使用火警特殊号 119 等），紧急呼叫业务优先于其他业务。使用紧急业务可以不收费，也不需要鉴别使用者的识别号码。我国暂不提供紧急呼叫业务。

3.1.2.3 短信息业务

GSM 可以提供给用户短消息业务，允许移动用户发送短消息，即开展双向短消息业务。短信息业务包括移动台之间点对点短信息业务，以及小区广播式短信息业务。业务中心是作为存储转发中心，该业务中心在功能上与 GSM 网络分开。所有 GSM 点对点短消息都来自或去向该业务中心，由控制信道传送短信息业务。

点对点短信息业务是由短信息业务中心完成存储和前转功能的。短信息业务中心不仅可服务于 GSM 用户，也可服务于具备接受短信息业务功能的固定网用户。点对点信息的发送或接受应在空闲状态下进行，其信息量限制为 160 个字符。

小区广播式短信息业务是 GSM 移动通信网以有规则的间隔向移动台广播具有通用意义的短信息，例如道路交通信息等。移动台连续不断地监视广播信息，并能在显示器上显示广播信息。移动台只有在空闲状态下可接受广播信息，其信息量限制为 93 个字符。

3.1.2.4 可视图文接入业务

可视图文接入是一种通过网络完成文本、图形信息检索和电子函件功能的业务。

3.1.2.5 传真业务

传真业务有两类：①交替语音和三类传真；②自动三类传真。

交替语言和三类传真是指语音与三类传真交替传送的业务；自动三类传真是指使用户经 GSM 网络以传真编码信息文件的形式自动交换各种函件的业务。

3.1.3 补充业务

补充业务（Supplementary Services）是对基本业务的改进和补充，它不能单独向用户提供，而必须与基本业务一起提供。同一补充业务可应用到若干个基本业务中。前向呼叫是补充业务的一个例子，对于该业务的预要求是电话或传真业务。如果用户要求，前向呼叫业务能在电话和传真呼叫中应用。表 3-2 给出了 GSM 支持的补充业务。

表 3-2 GSM 支持的补充业务

业 务	内 容
号码识别	主叫号码显示（CLIP） 主叫线号码限制（CLIR） 连接线显示（CoLP） 连接线限制（CoLR）

（续）

业　务	内　容
呼叫服务	前向呼叫无条件转移（CFU） 移动台忙时前向呼叫（CFB） 无应答前向呼叫（CFNRy） 移动用户未能达到前向呼叫（CFNRc）
呼叫完成	呼叫保持（HOLD） 呼叫等待（CW）
多方	多方业务（MPTY）
兴趣群体	密切用户群（CUG）
计费	计费信息提示（AoCI） 计费费用提示（AoCC）
呼叫限制	所有呼叫禁止（BAOC） 国际呼出禁止（BOIC） 除拨向归属国家的国际呼出禁止（BOIC - exHC） 所有呼入禁止（BAIC） 漫游出归属国家呼入禁止（BIC - Roam）
无结构化	无结构化补充业务数据
营运者确定限制	由营运者确定的不同呼叫/业务限制

3.2　GSM 数字蜂窝通信系统的无线传输方式

3.2.1　TDMA/FDMA 接入方式

3.2.1.1　时隙

GSM 蜂窝系统采用时分多址、频分多址和频分双工（TDMA/FDMA/FDD）制式。在 25MHz 的频段中共分 125 个信道，信道间隔 200kHz。每个载波含 8 个（以后可扩展为 16 个）时隙，时隙宽为 0.577ms。8 个时隙构成一个 TDMA 帧，帧长为 4.615ms，如图 3 - 3 所示。对双工载波各用一个时隙构成一个双向物理信道，这种物理信道共有 125 × 8 = 1000 个，根据需要分配给不同的用户使用。移动台在特定的频率上和特定的时隙内，以猝发方式向基站传输信息，基站在相应的频率上和相应的时隙内，以时分复用的方式向各个移动台传输信息。

数字蜂窝系统和模拟蜂窝系统一样也包括若干个小区，这些小区互相邻接，呈蜂窝状。几个小区（比如 4 个）构成一个区群。各小区均分配一组信道，相邻小区不使用相同的信道，但相邻区群允许信道重复使用。

各用户在通信时所占用的信道和时隙是在呼叫建立阶段由网络动态分配的。各小区要在其分配的信道中，指配一个专门的信道作为所有移动用户的公用信道，用于基站广播通用（控制）信息和移动台发送入网申请，其余信道用于各类业务信息的传输。移动台除了在指配的信道和时隙中发送和接收与自己有关的信息外，还可以在其他时隙检测或接收周围基站发送的广播信息，因而移动台可随时了解网络的运行状态和周围基站的信号强度，以判断何时需要进行过境切换和应该向哪一个基站进行过境切换。

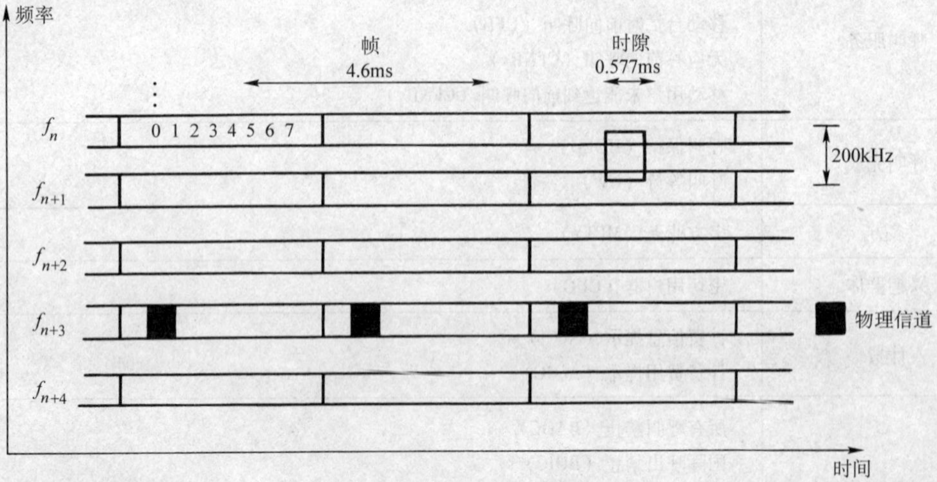

图3－3　TDMA/FDMA 接入方式

3.2.1.2　频率与信道序号

GSM 系统工作在以下射频频段：

上行（移动台发、基站收）为 890～915MHz；

下行（基站发、移动台收）为 935～960MHz；

收、发频率间隔为 45MHz。

移动台采用较低频段发射，传播损耗较低，有利于补偿上、下行功率不平衡的问题。由于载频间隔是 0.2MHz，因此 GSM 系统整个工作频段分为 124 对载频。其信道序号用 n 表示，则上、下两频段中序号为 n 的载频（MHz）可用下式计算：

下频段　　　　　　　　$f_1(n)=(890+0.2n)$

上频段　　　　　　　　$f_h(n)=(935+0.2n)$

式中，$n=1\sim124$。例如，$n=1$，$f_1(1)=890.2\text{MHz}$，$f_h(1)=935.2\text{MHz}$。其他序号的载频依次类推。

前已指出，每个载频有 8 个时隙，因此 GSM 系统总共有 $124\times8=992$ 个物理信道，有的书籍中简称 GSM 系统有 1000 个物理信道。

3.2.1.3　调制方式

GSM 的调制方式是高斯型最小移频键控（GMSK）方式。矩形脉冲在调制器之前先通过一个高斯滤波器。这一调制方案由于改善了频谱特性，从而能满足 CCIR 提出的邻信道功率电平小于 －60dBW 的要求。高斯滤波器的归一化带宽 $BT=0.3$。基于 200kHz 的载频间隔及 270.833kbit/s 的信道传输速率，其频谱利用率为 1.35(bit/s)/Hz。

3.2.1.4　载频复用与区群结构

GSM 系统中，基站发射功率为每载波 500W，每时隙平均为（500/8）W＝62.5W。移动台发射功率分为 0.8W、2W、5W、8W 和 20W 五种，可供用户选择。小区覆盖半径最大为 35km，最小为 500m。前者适用于农村地区，后者适用于市区。

由于系统采取了多种抗干扰措施（如自适应均衡、跳频和纠错编码等），同信道射频防护比可降到 $C/I=9\text{dB}$，因此在业务密集区，可采用 3 小区 9 扇区的区群结构。

3.2.2　信道及其组合

蜂窝通信系统要传输不同类型的信息。按逻辑功能而言，可分为业务信息和控制信息。因而在时分、频分复用的物理信道上要安排相应的逻辑信道。在时分多址的物理信道中，帧的结构（或组成）是基础，为此下面先讨论 GSM 的帧结构。

3.2.2.1　帧结构

图 3-4 给出了 GSM 系统各种帧及时隙的格式。

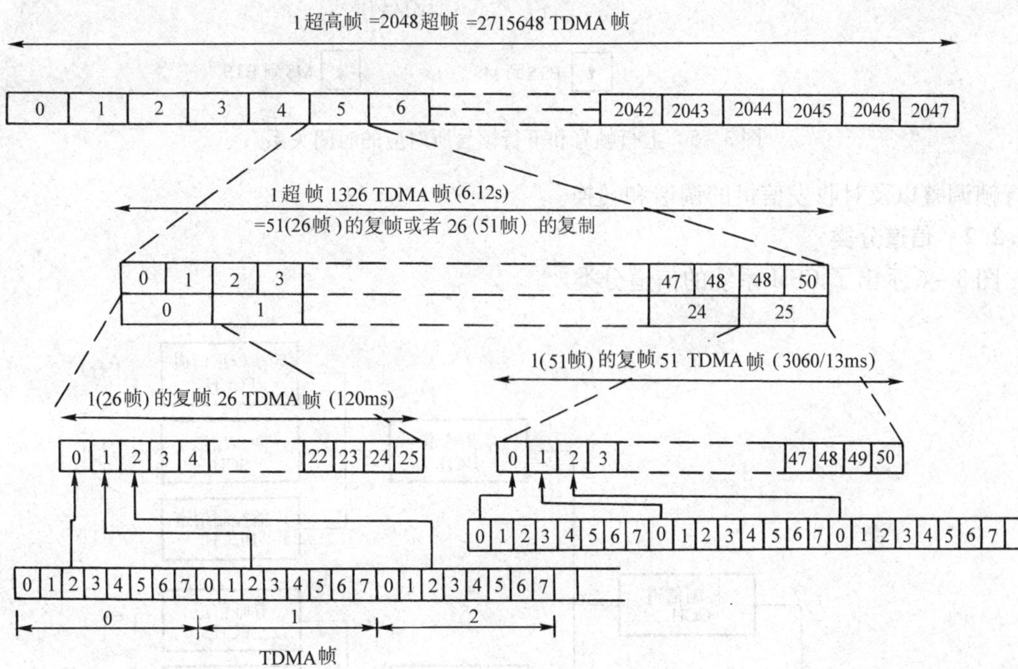

图 3-4　GSM 系统各种帧及时隙的格式

每一个 TDMA 帧分为 0～7 共 8 个时隙，帧长度为（120/26）ms = 4.615ms。每个时隙含 156.25 个码元，码长度为（15/26）ms≈0.577ms。

由若干个 TDMA 帧构成复帧，其结构有两种：一种是由 26 帧组成的复帧，这种复帧长 120ms，主要用于业务信息的传输，也称作业务复帧；另一种是由 51 帧组成的复帧，这种复帧长（3060/13）ms = 235.385ms，专用于传输控制信息，也称作控制复帧。

由 51 个业务复帧或 26 个控制复帧均可组成一个超帧，超帧的周期为 1326 个 TDMA 帧，超帧长 $51\times26\times4.615\times10^{-3}\text{s}\approx6.12\text{s}$。

由 2048 个超帧组成超高帧，超高帧的周期为 2048 × 1326 = 2715648 个 TDMA 帧，即 12533.76s，即 3 小时 28 分 53 秒 760 毫秒。

帧的编号（FN）以超高帧为周期，从 0～2715647。

GSM 系统上行传输所用的帧号和下行传输所用的帧号相同，但上行帧相对于下行帧来说，在时间上推后 3 个时隙，如图 3-5 所示。这样安排允许移动台在这 3 个时隙的时间内，

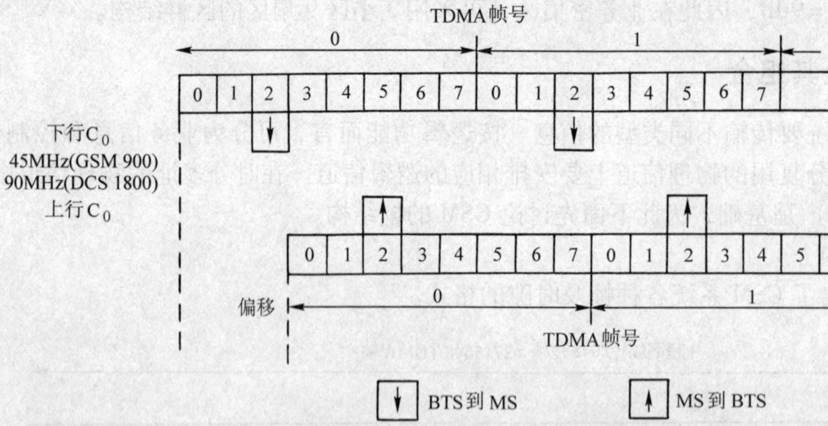

图 3-5　上行帧号和下行帧号所对应的时间关系

进行帧调整以及对收发信机的调谐和转换。

3.2.2.2　信道分类

图 3-6 示出了 GSM 系统的信道分类。

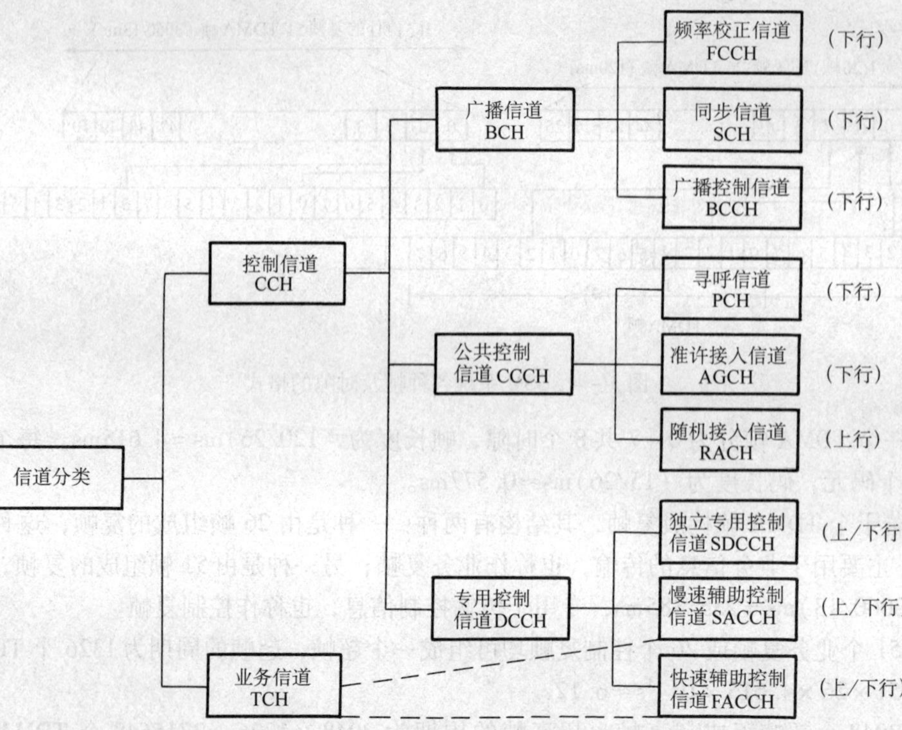

图 3-6　GSM 系统的信道分类

1. 业务信道

业务信道 TCH 主要传输数字语音或数据，其次还有少量的随路控制信令。业务信道有全速率业务信道（TCH/F）和半速率业务信道（TCH/H）之分。半速率业务信道所用时隙是全速率业务信道所用时隙的一半。目前使用的是全速率业务信道，将来采用低比特率语音编码器后可使用半速率业务信道，从而在信道传输速率不变的情况下，信道数目可加倍。

（1）语音业务信道　载有编码语音的业务信道分为全速率语音业务信道（TCH/FS）和半速率语音业务信道（TCH/HS），两者的总速率分别为22.8kbit/s和11.4kbit/s。

对于全速率语音编码，语音帧长20ms，每帧含260bit语音信息，提供的净速率为13kbit/s。

（2）数据业务信道　在全速率或半速率信道上，通过不同的速率适配和信道编码，用户可使用下列各种不同的数据业务：

9.6kbit/s，全速率数据业务信道（TCH/F 9.6）；

4.8kbit/s，全速率数据业务信道（TCH/F 4.8）；

4.8kbit/s，半速率数据业务信道（TCH/H 4.8）；

≤2.4kbit/s，全速率数据业务信道（TCH/F 2.4）；

≤2.4kbit/s，半速率数据业务信道（TCH/H 2.4）；

此外，在业务信道中还可安排慢速辅助控制信道或快速辅助控制信道，它们与业务信道的连接在图3-6中用虚线表示。

2. 控制信道

控制信道（CCH）用于传送信令和同步信号。它主要有三种：广播信道（BCH）、公共控制信道（CCCH）和专用控制信道（DCCH）。

（1）广播信道（BCH）　广播信道是一种“一点对多点”的单方向控制信道，用于基站向移动台广播公用的信息，传输的内容主要是移动台入网和呼叫建立所需要的有关信息。其中又分为：

1）频率校正信道（FCCH）：传输供移动台校正其工作频率的信息；

2）同步信道（SCH）：传输供移动台进行同步和对基站进行识别的信息，因为基站识别码是在同步信道上传输的；

3）广播控制信道（BCCH）：传输系统公用控制信息，例如公共控制信道（CCCH）号码以及是否与独立专用控制信道（SDCCH）相组合等信息。

（2）公共控制信道（CCCH）　CCCH是一种双向控制信道，用于呼叫接续阶段传输链路连接所需要的控制信令。其中又分为：

1）寻呼信道（PCH）：传输基站寻呼移动台的信息；

2）随机接入信道（RACH）：这是一个上行信道，用于移动台随机提出的入网申请，即请求分配一个独立专用控制信道（SDCCH）；

3）准许接入信道（AGCH）：这是一个下行信道，用于基站对移动台的入网申请做出应答，即分配一个独立专用控制信道。

（3）专用控制信道（DCCH）　这是一种“点对点”的双向控制信道，其用途是在呼叫接续阶段以及在通信进行当中，在移动台和基站之间传输必需的控制信息。其中又分为：

1）独立专用控制信道（SDCCH）：用于在分配业务信道之前传送有关信令。例如，登记、鉴权等信令均在此信道上传输，经鉴权确认后，再分配业务信道（TCH）。

2）慢速辅助控制信道（SACCH）：在移动台和基站之间，需要周期性传输一些信息。例如，移动台要不断地报告正在服务的基站和邻近基站的信号强度，以实现“移动台辅助切换功能”。此外，基站对移动台的功率调整、定时调整命令也在此信道上传输，因此SACCH

是双向的点对点控制信道。SACCH 可与一个业务信道或一个独立专用控制信道联用。SACCH 安排在业务信道时，以 SACCH/T 表示；安排在控制信道时，以 SACCH/C 表示。

3）快速辅助控制信道（FACCH）：传送与 SDCCH 相同的信息，只有在没有分配 SDCCH 的情况下，才使用这种控制信道。使用时要中断业务信息，把 FACCH 插入业务信道，每次占用的时间很短，约 18.5ms。

由上可见，GSM 通信系统为了传输所需的各种信令，设置了多种控制信道。这样除了因数字传输而设置多种逻辑信道外，主要是为了增强系统的控制功能，同时也为了保证语音通信质量。在模拟蜂窝系统中，要在通信进行过程中进行控制信令的传输，必须中断语音信息的传输，一般为 100ms 左右，这就是所谓的“中断 - 猝发”的控制方式。

如果这种中断过于频繁，会使语音产生可以听到的“喀喇”声，势必明显地降低语音质量。因此，模拟蜂窝系统必须限制在通话过程中传输控制信息的容量。与此不同，GSM 系统采用专用控制信道传输控制信令，除 FACCH 外，不会在通信过程中中断语音信号，因而能保证语音的传输质量。其中，FACCH 虽然也采取“中断 - 猝发”的控制方式，但使用机会较少，而且占用的时间较短（约 18.5ms），其影响程度明显减小。GSM 系统还采用信息处理技术，以估计并补偿这种因为插入 FACCH 而被删除的语音。

3.2.3 时隙的格式

在 GSM 系统中，每帧含 8 个时隙，时隙的宽度为 0.577ms，其中包含 156.25bit。TDMA 信道上一个时隙中的信息格式称为突发脉冲序列。

根据所传信息的不同，时隙所含的具体内容及其组成的格式也不相同。

3.2.3.1 常规突发（NB，Normal Burst）脉冲序列

常规突发脉冲序列亦称普通突发脉冲序列，用于业务信道及专用控制信道，其组成格式如图 3 - 7 所示。信息位占 116bit，分成两段，各 58bit。其中，57bit 为数据（加密比特），另用 1bit 表示此数据的性质是业务信号或控制信号。这两段信息之间插入 26bit 训练序列，用作自适应均衡器的训练序列，以消除多径效应产生的码间干扰。GSM 系统共有 8 种训练序列，可分别用于邻近的同频小区。由于选择了互相关系数很小的训练序列，因此接收端很容易辨别各自所需的训练序列，产生信道模型，作为时延补偿的参照。考虑到信道会快速发生变化，将训练序列放在两段信息的中间位置，可以使前后两部分信息比特和训练序列所受信道变化的影响不会有太大的差别。

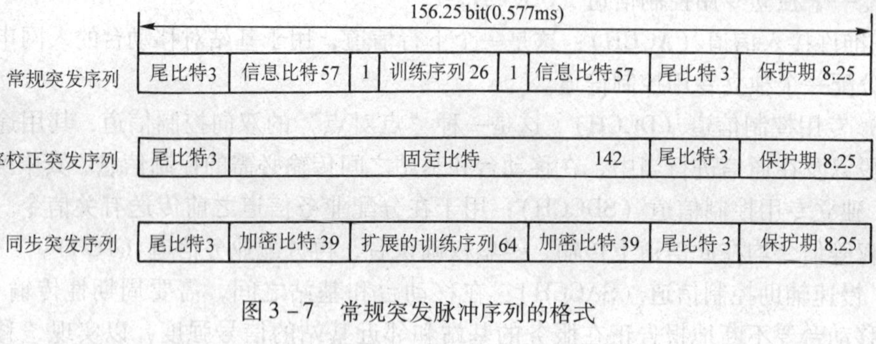

图 3 - 7 常规突发脉冲序列的格式

8 个训练序列相互间的相关性很低，它们的自相关函数具有特殊的形状，以缓和对解

调技术的要求。这 8 个训练序列中，每个序列的自相关函数如图 3－8 所示，这是从中央的 16bit 和整个 26bit 序列之间的计算而得来的。所有 8 个序列，中央为相关峰，两边为 5 个“0”。

有关各突发序列的时间－振幅图也已有明确的规定。常规突发序列的振幅如图 3－9 所示。图中给出了常规突发序列（例如用于业务信道）在其发射窗期间的振幅图，同时还给出了规范所明确的时间框，它表明了可接受的限制范围，振幅图必须落入该限制范围，恒幅部分持续 147bit，即携带信息的 142bit 及其两边的 2.5bit 。

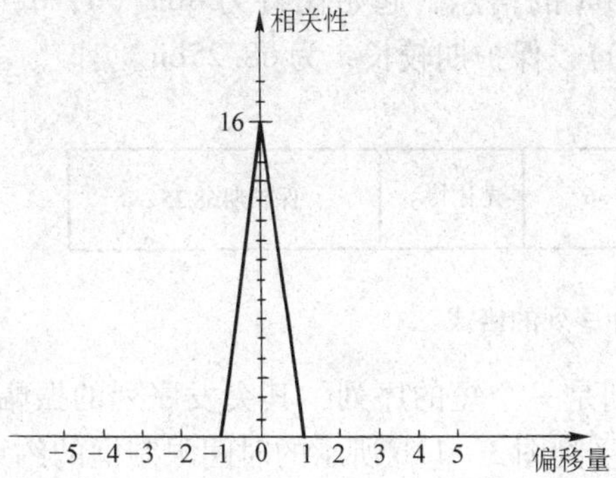

图 3－8　GSM 训练序列的自相关函数

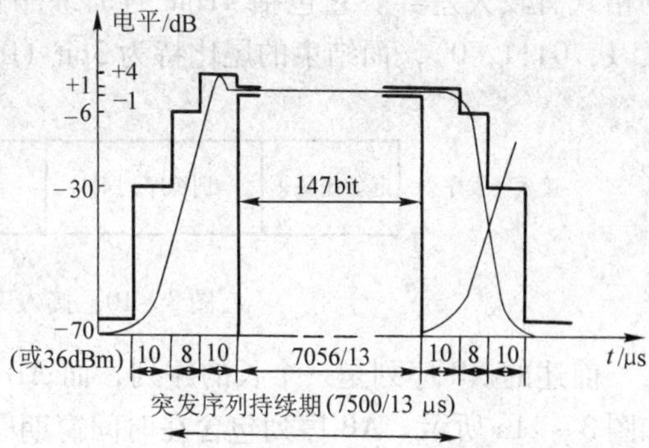

图 3－9　常规突发序列在其发射窗期间的振幅图

为实现信号的调制，在突发序列的前、后都设计了一串很长的“1”比特序列，而突发序列开始和结束的尾比特（TB）不取“1”而采用“0”，这是为了使传输从“1”到突发序列的第 1 个“0”比特和从突发序列最后的“0”比特到“1”能正确地落到突发序列振幅图的斜坡部分。

尾比特 TB（0，0，0），置于起始时间和结束时间，也称为功率上升时间和拖尾时间，各占 3bit（约 11μs）。因为在无线信道上进行突发传输时，起始时载波电平必须从最低值迅速上升到额定值；突发脉冲序列结束时，载波电平又必须从额定值迅速下降到最低值（例如－70dB）。有效的传输时间是载波电平维持在额定值的中间一段，在时隙的前、后各设置 3bit，允许载波功率在此时间内上升和下降到规定的数值。

保护时间 GP，占用 8.25bit（约 30μs）。这是为了防止不同移动台按时隙突发的信号，因传播时延不同而在基站发生前后交叠。

3.2.3.2　频率校正突发（FCB，Frequency Correction Burst）脉冲序列

频率校正突发脉冲序列用于校正移动台的载波频率，其格式比较简单，如图 3－7 所示。起始和结束的尾比特各占 3bit，保护时间 8.25bit，它们均与普通突发脉冲序列相同，其余的 142bit，均置成“0”，发送的射频是一个与载频有固定偏移（频偏）的纯正弦波，以便于调整移动台的载频。

3.2.3.3　同步突发（SB，Synchronization Burst）脉冲序列

同步突发脉冲序列用于移动台的时间同步。其格式参见图 3－7，主要组成包括 64bit 的同步信号（扩展的训练序列）以及两段各 39bit 数据，用于传输 TDMA 帧号和基站识别码（BSIC）。

前已指出，GSM 系统中每一帧都有一个帧号，帧号是以 3.5h 左右为周期循环的。GSM 的特性之一是用户信息具有保密性，它是通过在发送信息前进行加密实现的，其中加密序列

的算法是以 TDMA 帧号作为一个输入参数，因此在同步突发脉冲序列中携带 TDMA 帧号，为移动台在相应帧中发送加密数据是必需的。

基站识别码（BSIC）用于移动台进行信号强度测量时，区分使用同一个载频的基站。

3.2.3.4 接入突发（AB，Access Burst）脉冲序列

接入突发脉冲序列用于上行传输方向，在随机接入信道（RACH）上传送，用于移动用户向基站提出入网申请。

接入突发脉冲序列的格式如图 3－10 所示。由图可见，AB 序列的格式与前面三种序列的格式有较大差异。它包括 41bit 的训练序列，36bit 的信息，起始比特为 8bit（0，0，1，1，1，0，1，0），而结束的尾比特为 3bit（0，0，0），保护期较长，为 68.25bit。

接入突发序列	起始比特8	训练序列41	加密比特36	尾比特3	保护期68.25

图 3－10 接入突发脉冲序列的格式

前述的 NB 序列是一个长的序列，而 AB 序列则是一个短的序列，其突发序列的振幅图如图 3－11a 所示。AB 序列包含在时间窗期间内，受到图 3－11b 所示的时间限制框的约束。AB 序列的斜坡部分与 NB 序列的相同，只是有用部分的持续时间要短得多，以适应远距离移动台传播时间的需要。

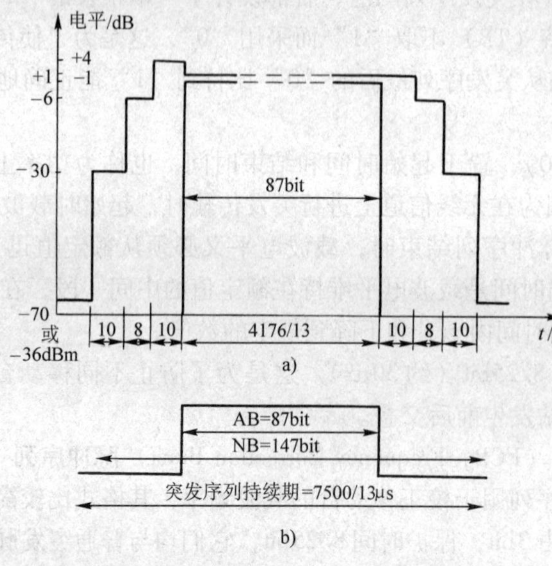

图 3－11 接入突发序列的时间限制框

a）AB 突发序列的振幅图 b）AB 受到的时间限制框

当移动台在 RACH 信道上首次接入时，接收机开始接收的状况往往带有一定的偶然性，它既不知道接收电平、频率误差、MS 和 BS 间的传播时延，也不知道确切的接收时间，因此在技术要求上比较苛刻。为此，与 NB 序列相比，AB 序列的训练序列和始端尾比特皆选择得比较长，目的就是为了提高解调的成功率。

AB 序列采用单个训练序列，其抵触的概率很小，这也表明复式训练序列的附加复杂性是合理的。

在使用 AB 序列时，由于移动台和基站之间的传播时间是不知道的，因此该 AB 序列到达基站时，与接收窗相比较已带有两次传播时延的时间误差，如图 3-12 所示。若移动台离基站很远，AB 序列就不能与接收窗相吻合。为补偿这种不利影响，AB 序列有用部分的持续时间选得很短，而防护段相应地选得很长，称为扩展的保护期。移动台在丢失目标之前，可移离基站直至 35km。

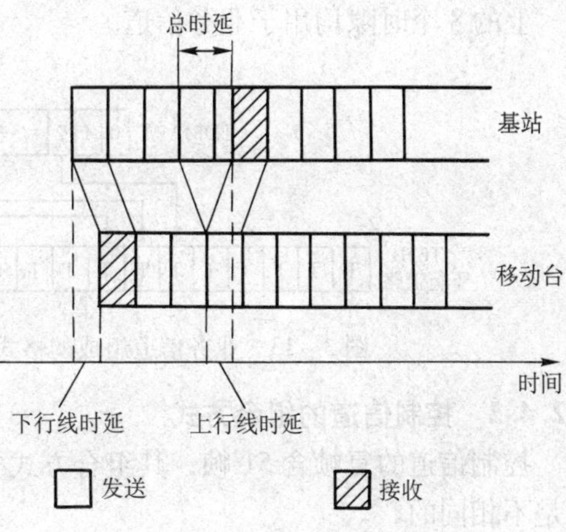

图 3-12　接入序列突发的时延

顺便指出，增加保护期实际上是增加了开销，降低了信息传输速率。在业务信道上不适宜采用过长的保护时间。GSM 系统中采用自适应的帧调整。一旦移动台和基站建立了联系，基站便连续地测试移动台信号到达的时间，并根据下行、上行两次传播时延，在慢速辅助控制信道上每秒钟两次向各移动台提供所需的时间超前量，其值可取 0 ~ 233μs。移动台按这个超前量进行自适应的帧调节，使得移动台向基站发送的时间与基站接收的时间相一致。

除了上述四种格式之外，还有一种不发送实际信息的时隙格式，称为“虚设时隙”格式，用于填空，其结构和 NB 格式相同，但只发送固定的比特序列。

3.2.4　信道的组合方式

逻辑信道组合是以帧为基础的，所谓“组合”，实际上是将各种逻辑信道装载到物理信道上去。也就是说，逻辑信道与物理信道之间存在着映射关系。信道的组合形式与通信系统在不同阶段（接续或通话）所需要完成的功能有关，也与传输的方向（上行或下行）有关，除此之外，还与业务量有关。

3.2.4.1　业务信道的组合方式

业务信道有全速率和半速率之分，下面只考虑全速率情况。业务信道的复帧含 26 个 TDMA 帧，其组成的格式和物理信道（一个时隙）的映射关系如图 3-13 所示。图中给出了时隙 2（即 TS_2）构成一个业务信道的复帧，共占 26 TDMA 帧，其中 24 帧 T（即 TCH），用于传输业务信息。1 帧 A，代表随路的慢速辅助控制信道（SACCH），传输慢速辅助信道的信息（例如功率调整的信令），还有 1 帧 I 为空闲帧（半速率传输业务信息时，此帧也用于传输 SACCH 的信息）。

上行链路与下行链路的业务信道具有相同的组合方式，唯一的差别是有一个时间偏移，即相对于下行帧，上行帧在时间上推后 3 个时隙。

一般情况下，每一基站有 n 个载频（双工），分别用 C_0、C_1、…、C_{n-1} 表示。其中，C_0 称为主载频，每个载频有 8 个时隙，分别用 TS_0、TS_1、…、TS_7 表示。C_0 上的 TS_2 ~ TS_7，用于业务信道，而 C_0 上的 TS_0 用于广播信道和公共控制信道，C_0 上的 TS_1 用于专用控制信道。（在小容量地区，基站仅有一套收发信机，这意味着只有 8 个物理信道，这时 TS_0 既可用于公共控制信道又可用于专用控制信道，而把 TS_1 ~ TS_7 用于业务信道。）其余载频 C_1 ~

C_{n-1}上的8个时隙均用于业务信道。

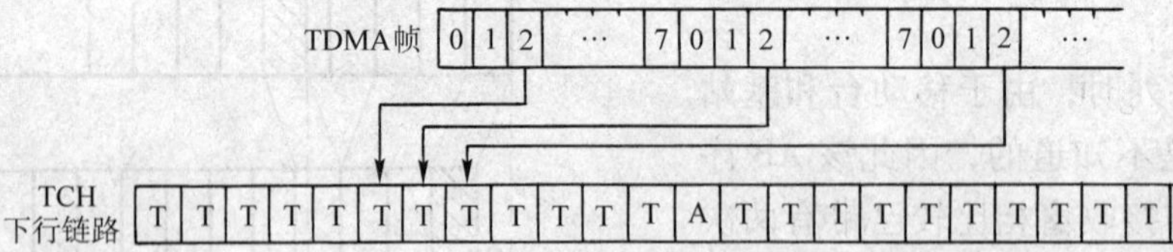

图3-13 业务信道组成的格式和物理信道（一个时隙）的映射关系

3.2.4.2 控制信道的组合方式

控制信道的复帧含51帧，其组合方式类型较多，而且上行传输和下行传输的组合方式也是不相同的。

1. BCH和CCCH在TS_0上的复用

广播信道（BCH）和公共控制信道（CCCH）在主载频（C_0）的TS_0上的复用（下行链路），如图3-14所示。

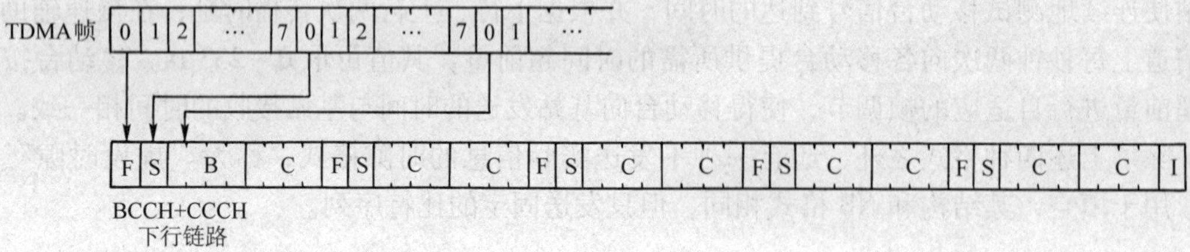

图3-14 BCH和CCCH在主载频的TS_0上的复用

图中，F（FCCH）为用于移动台校正频率；S（SCH）为移动台据此读TDMA帧号和基站识别码BSIC；B（BCCH）为移动台据此读有关小区的通用信息；I（IDEL）为空闲帧。

由图可见，控制复帧共有51个TS。值得指出，此序列是以51个帧为循环周期的，所以，虽然每帧只用了TS_0，但从时间长度上讲，序列长度仍为51个TDMA帧。

如果没有寻呼或接入信息，F、S及B总在发射，以便使移动台能够测试该基站的信号强度，此时C（即CCCH）用空位突发脉冲序列代替。

对于上行链路而言，TS_0只用于移动台的接入，即51个TDMA帧均用于随机接入信道（RACH），TS_0上RACH的复用如图3-15所示。

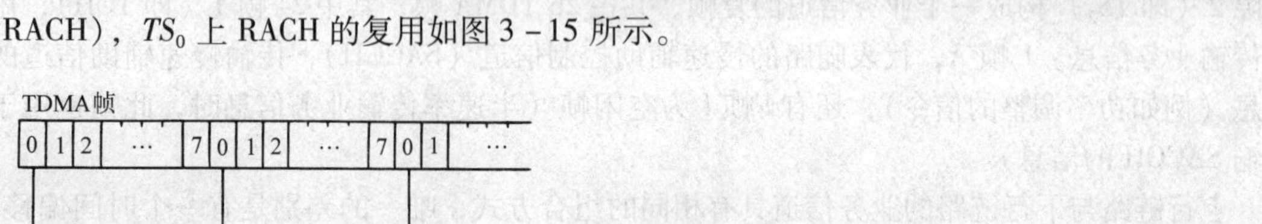

图3-15 TS_0上RACH的复用

2. SDCCH 和 SACCH 在 TS_1 上的复用

主载频 C_0 上的 TS_1 可用于独立专用控制信道和慢速辅助控制信道。

SDCCH 和 SACCH（下行）在 TS_0 上的复用如图 3-16 所示。下行链路占用 102 个 TS_1，从时间长度上讲是 102 个 TDMA 帧。

由于在呼叫建立及入网登记时所需比特率较低，因而可在这些 TS（TS_1）上放置 8 个 SDCCH（共有 64 个 TS_1），图 3-16 中用 D_0，D_1，…，D_7 表示，每个 D_x 占 8 个 TS。D_x 只在移动台建立呼叫时使用，在移动台转到 TCH 上开始通话或登记完毕后，可将 D_x 用于其他移动台。慢速辅助控制信道（SACCH）占 32 个 TS，用 A_0，A_1，…，A_7 表示，每个 A_x 占 4 个 TS。A_x 是用于传输必需的控制信令，例如功率调整命令。图 3-16 中，I 表示空闲帧，占 6 个 TS。

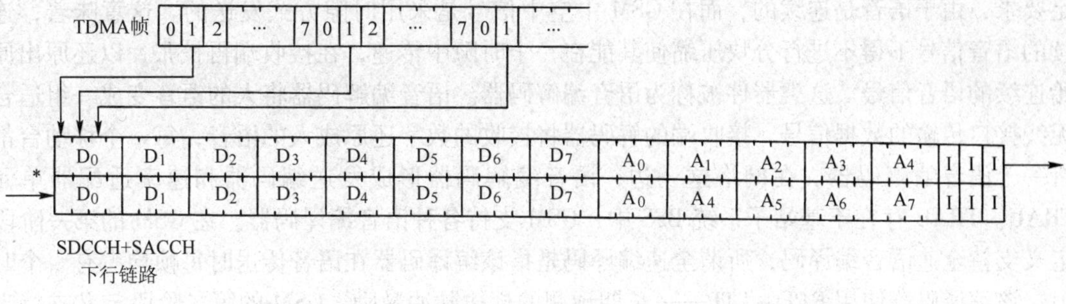

图 3-16　SDCCH 和 SACCH（下行）在上 TS_0 的复用

由于是专用控制信道，因此上行链路 C_0 上 TS_1 组成的结构与上述下行链路的结构是相同的，但在时间上有一个偏移。

3. 公共控制信道和专用控制信道均在 TS_0 上复用

在小容量地区或建站初期，小区可能仅有一套收发单元，这意味着只有 8 个 TS（物理信道）。TS_1 ~ TS_7 均用于业务信道，此时 TS_0 既用于公共控制信道（包括 BCH，CCCH），又用于专用控制信道（SDCCH，SACCH），其组成格式如图 3-17 所示。图中，下行链路包括 BCH（F，S，B）、CCCH（C），SDCCH（D_0 ~ D_3），SACCH（A_0 ~ A_3）和空闲帧 I，共占 $102TS$，从时间长度上讲是 102 个 TDMA 帧。

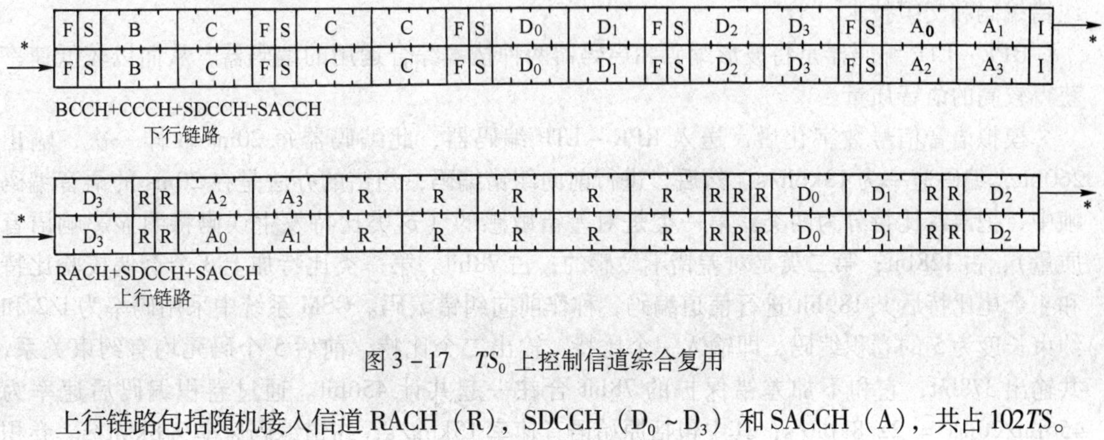

图 3-17　TS_0 上控制信道综合复用

上行链路包括随机接入信道 RACH（R），SDCCH（D_0 ~ D_3）和 SACCH（A），共占 $102TS$。

从上述分析可知，如果小区只有一对双工载频（C_0），那么TS_0用于控制信道，TS_1～TS_7用于业务信道，即允许基站与7个移动台可同时传输业务。在多载频小区内，其中C_0的TS_0用于公共控制信道，TS_1用于专用控制信道，TS_2～TS_7用于业务信道。每另加一个载频，其8个TS全部可用作业务信道。

3.3 GSM数字蜂窝通信系统的主要技术

3.3.1 语音和信道编码技术

GSM网络提供给GSM用户最重要的电信业务是电话（即语音业务），语音质量必须满足要求，由于语音是连续的，而在GSM中空中信号是采用时隙方式发送的。这意味着，连续的语音信号不得不进行分块压缩使其能在一个时隙中传递，在接收端再扩张，以还原出原始连续的语音信号。这类器件被称为语音编解码器。语音编解码器将人的语音变成一组适合无线接口传输的数据信号，接收端的解码器将接收的数字还原成人的语音，每一个移动台都有一个语音编解码器。在网络这一边，语音编解码器形成发送编码器和速率适配器单元TRAU。TRAU存在于基站子系统BSS中，GSM支持各种语音编译码器。在GSM的第一阶段定义支持全速语音编译码，所谓全速编译码是指该编译码器在语音传送时每帧均占有一个时隙。该编译码器使用RPE－LTP——长期预测的规律脉冲激励。GSM的第二阶段定义支持半速编译码。半速编译码器每隔两帧使用一个TDMA时隙。由于无线信道有着严格的传输容量，人们总希望用最小的容量并且语音质量尽可能高，全速编译码器速度是13kbit/s，EFR输出也为13kbit/s，但具有更高的语音质量。半速编译码输出6.5kbit/s，采用半速编译码可以支持两倍的全速编译码用户。另一方面，半速的语音质量差一些。

数字化语音信号在无线传输时主要面临三个问题：一是选择低速率的编码方式，以适应有限带宽的要求；二是选择有效的方法减少误码率，即信道编码问题；三是选用有效的调制方法，减小杂波辐射，降低干扰。下面着重讨论GSM系统中语音编码和信道编码的主要特点。

图3－18示出了GSM系统的语音编码和信道编码的组成框图。语音编码主要由规则脉冲激励长期预测编码（RPE－LTP编译码器）组成，而信道编码归入无线子系统，主要包括纠错编码和交织技术。

RPE－LTP编码器是将波形编码和声码器两种技术综合运用的编码器，从而以较低速率获得较高的语音质量。

模拟语音信号数字化后，送入RPE－LTP编码器，此编码器每20ms取样一次，输出260bit，编码速率为13kbit/s。然后，进行前向纠错编码，纠错的办法是在20ms的语音编码帧中，把语音比特分为两类：第一类是对差错敏感的（这类比特发生误码将明显影响语音质量），占128bit；第二类是对差错不敏感的，占78bit。第一类比特加上3个奇偶校验比特和4个尾比特后共189bit进行信道编码，称作前向纠错编码。GSM系统中采用码率为1/2和约束长度为5的卷积编码，即输入一个比特，输出二个比特，前后5个码元均有约束关系，共输出378bit，它和不加差错保护的78bit合在一起共计456bit。通过卷积编码后速率为456bit/20ms ＝22.8kbit/s，其中包括原始语音速率13kbit/s，纠错编码速率9.8kbit/s。卷积编码后数据再进行交织编码，以对抗突发干扰。交织的实质是将突发错误分散开来。显然，交织深度越深，抗突发错误的能力越强。本系统采用的交织深度为 8，GSM 编码流程如图 3-19 所示。即把 40ms 中的语音比特（2×456bit=912bit）组成 8×114 矩阵，按水平写入、垂直读出的顺序进行交织（如图 3-20 所示），获得 8 个 114bit 的信息段，每个信息段要占用一个时隙且逐帧进行传输。可见每 40ms 的语音需要用 8 帧才能传送完毕。

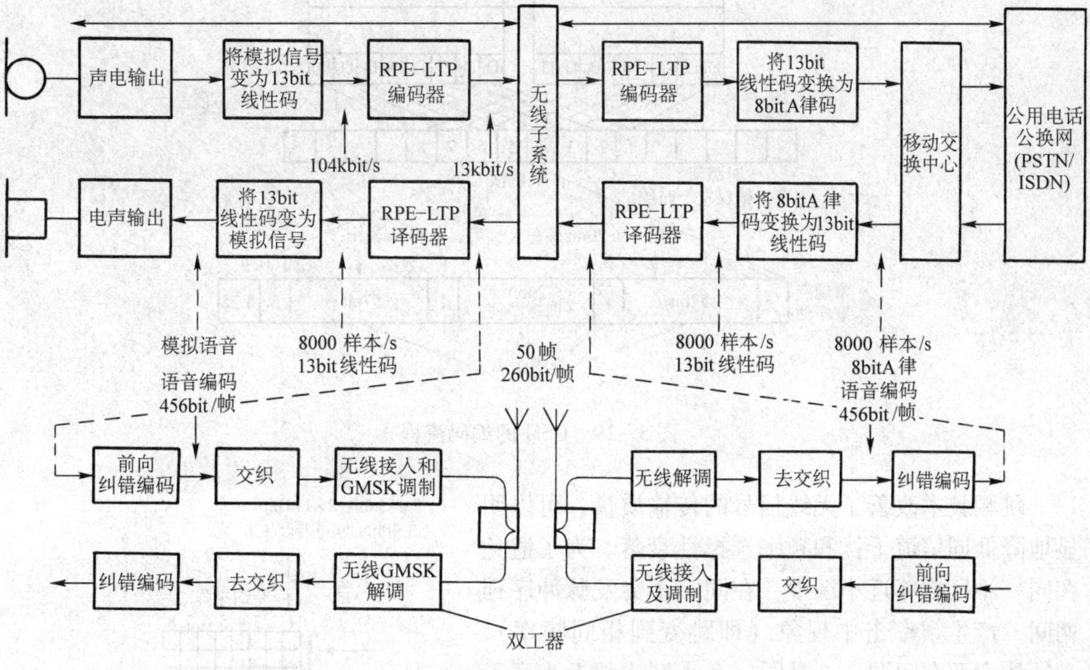

图 3-18　GSM 系统的语音编码和信道编码的组成框图

3.3.2　跳频和间断传输技术

3.3.2.1　跳频

前已指出，在 GSM 系统中，采用自适应均衡抵抗多径效应造成的时散现象，采用卷积编码纠错随机干扰，采用交织编码对抗突发干扰，此外，还可采用跳频技术进一步提高系统的抗干扰性能。

跳频是指载波频率在很宽频率范围内按某种图案（序列）进行跳变。图 3-21 为 GSM 系统的跳频示意图。采用每帧改变频率的方法，即每隔 4.615ms 改变载波频率，亦即跳频速率为 1/(4.615ms)=217 跳/s。

跳频系统的抗干扰原理与直接序列扩频系统是不同的。直扩是靠频谱的扩展和解扩处理来提高抗干扰能力的，而跳频是靠躲避干扰来获得抗干扰能力的。抗干扰性能用处理增益 G_P（dB）表示，G_P 的表达式为

$$G_P = 10\lg \frac{B_w}{B_c}$$

式中，B_w 是跳频系统的跳变频率范围；B_c 是跳频系统的最小跳变的频率间隔（GSM 的 B_c 是 200kHz）。若 B_w 取 15MHz，则 G_P = 18dB。

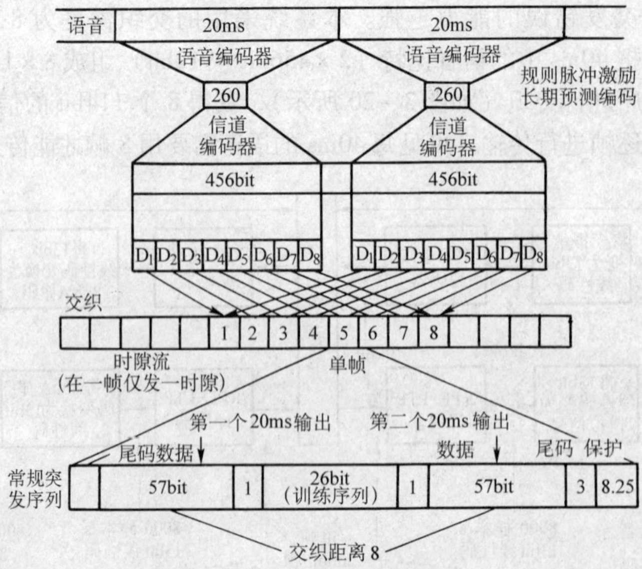

图3-19 GSM的编码流程

跳频技术改善了无线信号的传输质量，可以明显地降低同信道干扰和频率选择性衰落。为了避免在同一小区或邻近小区中，在同一个突发脉冲序列期间，产生频率击中现象（即跳变到相同频率），必须注意两个问题：一是同一个小区或邻近小区不同的载频应采用相互正交的伪随机序列；二是跳频的设置需根据统一的超帧序列号以提供频率跳变顺序和起始时间。

顺便指出，跳频虽是可选项，但随着时间推移，跳频的使用定将增加，并且BCCH和CCCH信道没有采用跳频。

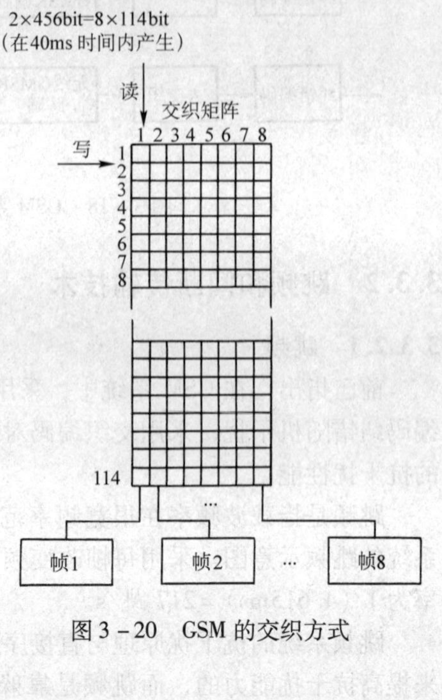

图3-20 GSM的交织方式

3.3.2.2 间断传输

为了提高频谱利用率，GSM系统采用了语音激活技术。这个被称为间断传输（DTx）技术的基本原则是只在有语音时才打开发射机，这样可以减小干扰，提高系统容量。采用DTx技术，对移动台来说更有意义，因为在无信息传输时立即关闭发射机，可以减少电源消耗。

GSM中，语音激活技术采用一种自适应门限语音检测算法。当发端判断出通话者暂停通话时，立即关闭发射机，暂停传输；在接收端检测出无语音时，在相应空闲帧中填上轻微的“舒适噪声”，以免收听者造成通信中断的错觉。

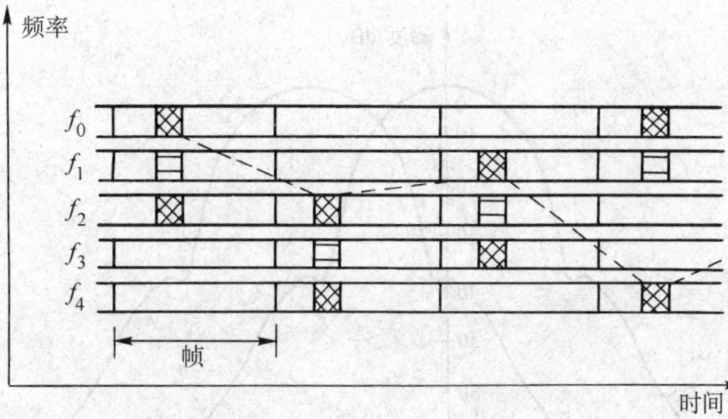

图 3－21　GSM 系统的跳频示意图

3.3.3　调制与解调技术

GSM 采用 GMSK（高斯最小移频键控）调制。GMSK 具有每符号 1bit 的有效性，由于这种调制技术有个很窄的功率谱，因而与 IS－54 不同，不需要采用线性功率放大器。

3.3.3.1　调制技术

调制器接收来自加密单元的比特流，并产生射频信号。

调制方式为 GMSK（高斯滤波最小移频键控），其归一化带宽 $BT = 0.3$。

调制速率为 $1/T = (1625/6)$ kbit/s，即近似为 270.833kbit/s。

GMSK 调制是下述两者之间的折中选择：相当高的无线频谱效率（1bit/Hz 数量级）和合理的解调复杂性。图 3－22 示出了理论上的调制频谱。需要指出的是，200kHz 信道间隔的选择会导致两个相邻频率调制频谱之间不可忽视的交叠，这已超出了通常无线通信所容许的范围，因此在频率规划中必须考虑邻道干扰的影响，在地理位置上避开邻道频率的使用。

3.3.3.2　解调技术

解调器对所收的失真信号，必须作调制数据序列估计。为使解调器完成此项工作，在每个突发脉冲序列中都含有一个接收机能识别的预定序列（如训练序列），以便接收机能估计出由传播引起的信号失真。

现有的解调算法很多，GSM 规范也没有规定必须采用哪一种算法，但对信道译码纠错以后所测的总性能是有要求的。一个重要的限制是算法必须能应付在 1.6μs（约 4 个 bit 的持续时间）间隔中接收两条路径的等功率信号。这种情况下的字符干扰与调制本身引入的字符间干扰相比较，其干扰有了惊人的增加。简单的解调技术克服不了这样严重的字符间干扰，所以采用均衡是必不可少的。

3.3.4　鉴权与加密技术

由于空中接口极易受到侵犯，GSM 系统为了保证通信安全，采取了特别的鉴权与加密措施。鉴权是为了确认移动目的合法性，防止未授权或非法用户使用网络。而加密是为了防止第三者窃听，这对于用户通信保密也是需要的。GSM 的加密过程是通过利用滑动门（Trapdoor）功能来完成鉴权和加密过程的。这些功能让计算机找出密钥十分困难，即使与明文（Plaintext）相关的加密信息和用于加密的算法全都知道，找出密钥也十分困难。

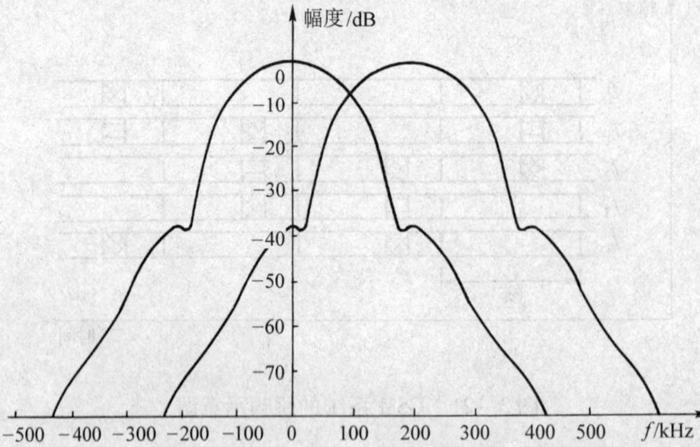

图3－22 GMSK理论上的调制频谱

鉴权中心（AUC）为鉴权与加密提供了三参数组（RAND、SRES和K_c），在用户入网签约时，用户鉴权键K_i连同IMSI一起分配给用户，每一个用户均有唯一的K_i和IMSI，它们存储于AUC数据库和SIM用户识别卡中。根据HLR的请求，AUC按下述步骤产生三个参数组（参见图3－23）。

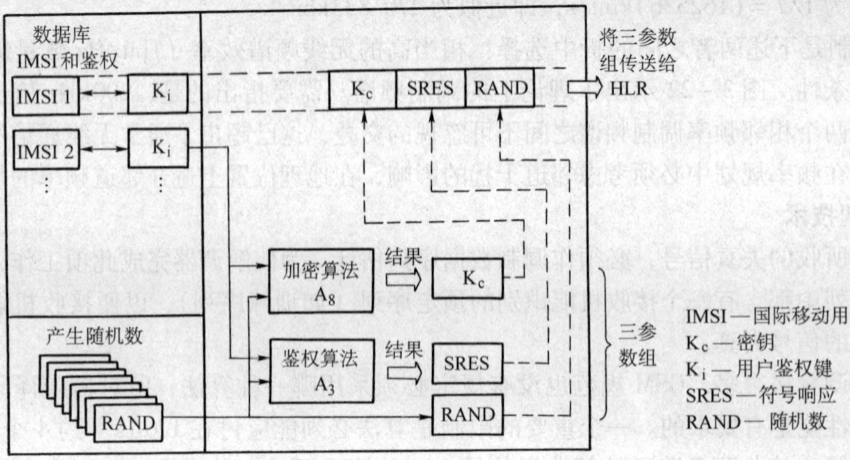

图3－23 AUC产生三个参数组

首先，产生一个随机数（RAND）。再通过密钥算法（A_8）和鉴权算法（A_3），用RAND和K_i分别计算出密钥（K_c）和符号响应（SRES）。最后，RAND、SRES和K_c作为一个三参数组一起送给HLR。

3.3.4.1 鉴权

无论是移动台主呼或被呼，都有鉴权过程，鉴权程序如图3－24所示。

鉴权过程主要涉及AUC、HLR、MSC/VLR和MS，它们均各自存储着与用户有关的信息或参数。

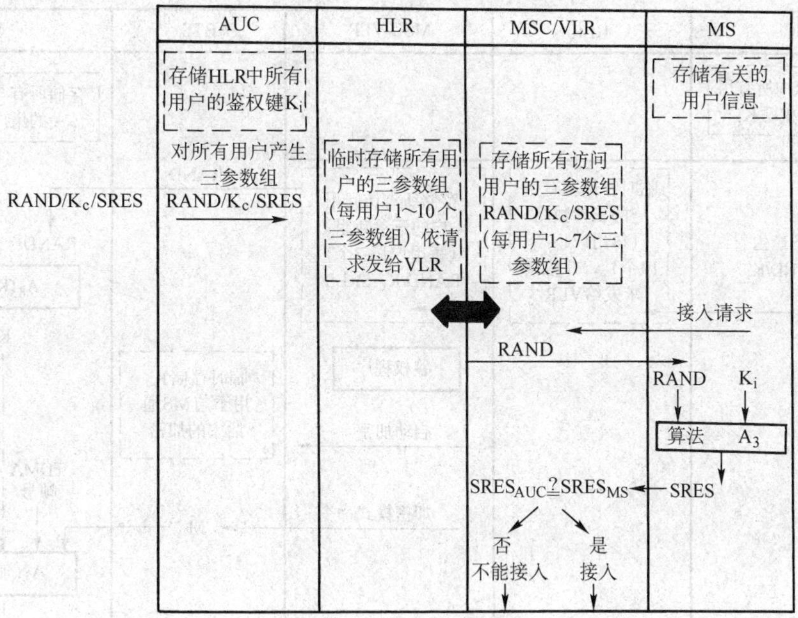

图 3－24　鉴权程序

当 MS 发出入网请求时，MSC/VLR 就向 MS 发送 RAND，MS 使用该 RAND 以及与 AUC 内相同的鉴权键 K_i 和鉴权算法 A_3，计算出符号响应 SRES，然后把 SRES 回送给 MSC/VLR，验证其合法性。

3.3.4.2　加密

GSM 系统为确保用户信息（语音或非语音业务）以及与用户有关信令信息的私密性，在 BTS 与 MS 之间交换信息时专门采用了一个加密程序，如图 3－25 所示。

在鉴权程序中，当计算 SRES 时，同时用另一个算法（A_8）计算出密钥 K_c，并在 BTS 和 MSC 中均暂存 K_c。当 MSC/VLR 把加密模式命令（M）通过 BTS 发往 MS，MS 根据 M、K_c 及 TDMA 帧号通过加密算法 A_5，产生一个加密消息，表明 MS 已完成加密，并将加密消息回送给 BTS。BTS 采用相应的算法解密，恢复消息 M，如果无误则告知 MSC/VLR，表明加密模式完成。

3.3.4.3　设备识别

每一个移动台设备均有一个唯一的移动台设备识别码（IMEI）。在 EIR 中存储了所有移动台的设备识别码，每一个移动台只存储本身的设备识别码。设备识别的目的是确保系统中使用的设备不是盗用的或非法的设备。为此，EIR 中使用如下三种设备清单：

白名单——合法的移动设备识别号；

黑名单——禁止使用的移动设备识别号；

灰名单——是否允许使用由运营者决定，例如有故障的或未经型号认证的移动设备识别号。

设备识别程序如图 3－26 所示。

设备识别在呼叫建立尝试阶段进行。例如，当 MS 发起呼叫，MSC/VLR 要求 MS 发送其 IMEI，MSC/VLR 收到后，与 EIR 中存储的名单进行检查核对，决定是继续还是停止呼叫建立程序。

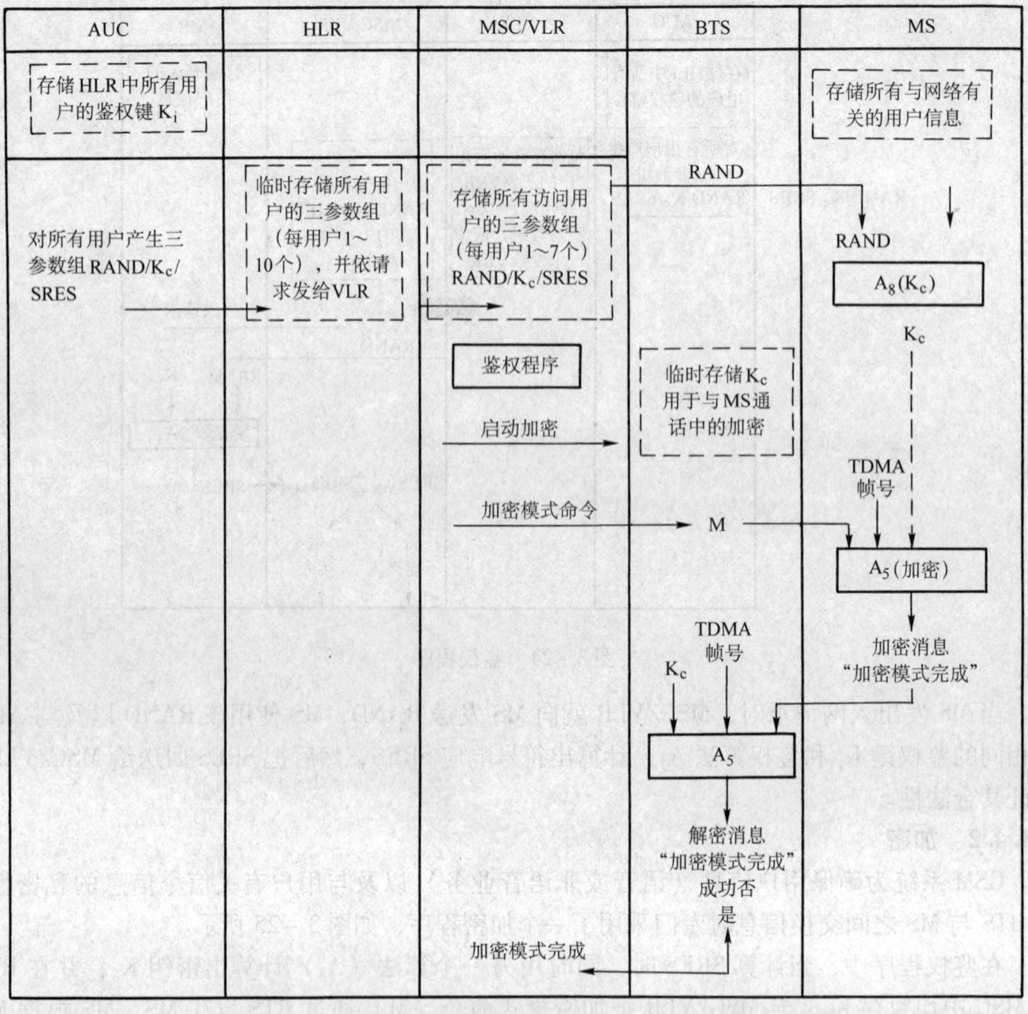

图 3－25　加密程序

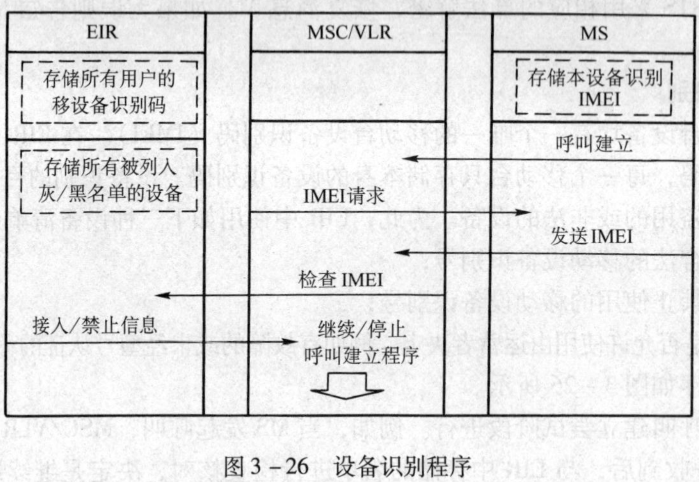

图 3－26　设备识别程序

3.3.4.4　用户识别码（IMSI）保密

为了防止非法监听进而盗用 IMSI，在无线链路上需要传送 IMSI 时，均用临时移动用户识别码（TMSI）代替 IMSI。仅在位置更新失败或 MS 得不到 TMSI 时，才使用 IMSI。

MS 每次向系统请求一种程序，如位置更新、呼叫尝试等，MSC/VLR 将给 MS 分配一个新的 TMSI。图 3-27 示出了位置更新时使用的新的 TMSI 程序。

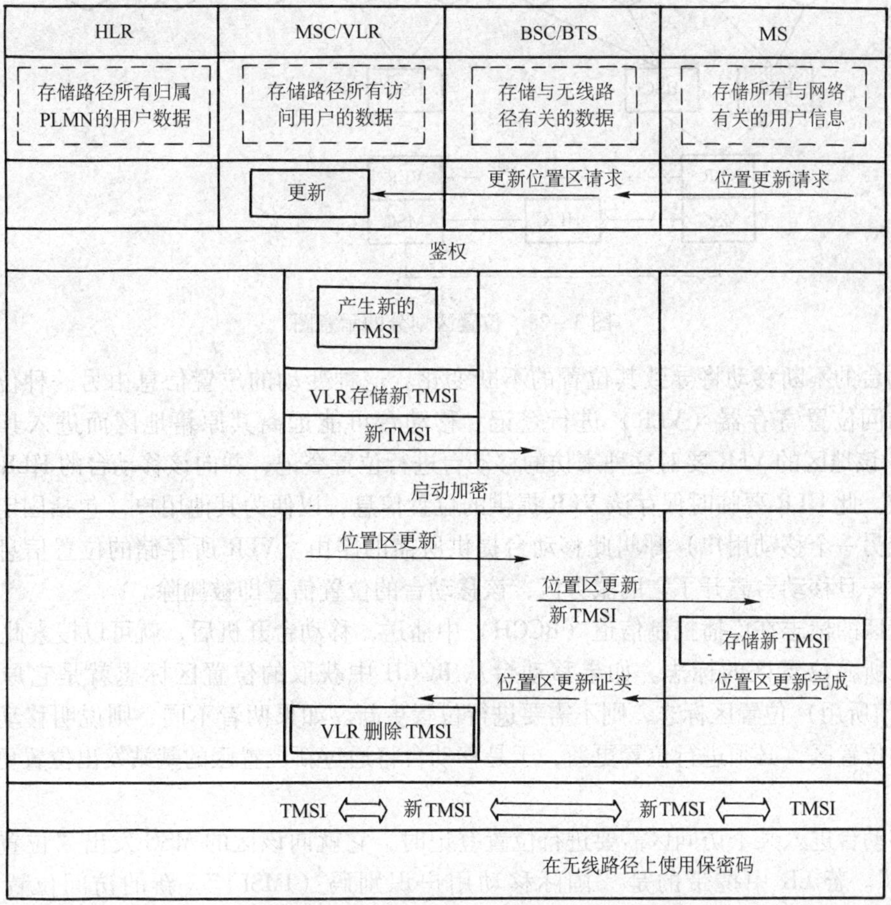

图 3-27　位置更新时使用的新的 TMSI 程序

3.3.5　位置登记

所谓位置登记（或称注册）是通信网为了跟踪移动台的位置变化，而对其位置信息进行登记、删除和更新的过程。由于数字蜂窝网的用户密度大于模拟蜂窝网，因而位置登记过程必须更快、更精确。

位置信息存储在原籍位置寄存器（HLR）和访问位置寄存器（VLR）中。

GSM 蜂窝通信系统把整个网络的覆盖区域划分为许多位置区，并以不同的位置区标志进行区别，如图 3-28 中的 LA_1、LA_2、LA_3、LA_4、…。

当一个移动用户首次入网时，它必须通过移动交换中心（MSC），在相应的位置寄存器（HLR）中登记注册，把其有关的参数（如移动用户识别码、移动台编号及业务类型等）全部存放在这个位置寄存器中，于是网络就把这个位置寄存器称为原籍位置寄存器。

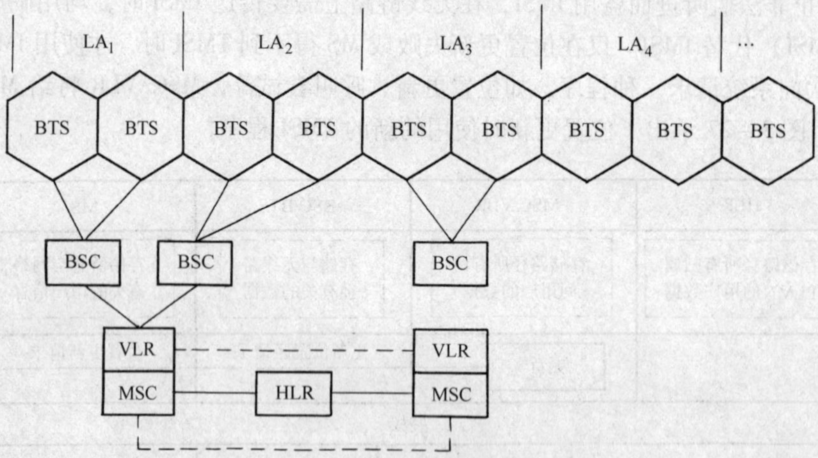

图3-28 位置区划分的示意图

移动台的不断移动将导致其位置的不断变化。这种变动的位置信息由另一种位置寄存器，即访问位置寄存器（VLR）进行登记。移动台可能远离其原籍地区而进入其他地区“访问”，该地区的VLR要对这种来访的移动台进行位置登记，并向该移动台的HLR查询其有关参数。此HLR要临时保存该VLR提供的位置信息，以便为其他用户（包括固定的市话网用户或另一个移动用户）呼叫此移动台提供所需的路由。VLR所存储的位置信息不是永久性的，一旦移动台离开了它的服务区，该移动台的位置信息即被删除。

位置区的标志在广播控制信道（BCCH）中播送，移动台开机后，就可以搜索此BCCH，从中提取所在位置区的标志。如果移动台从BCCH中获取的位置区标志就是它原来用的（上次通信所用）位置区标志，则不需要进行位置更新。如果两者不同，则说明移动台已经进入新的位置区，必须进行位置更新，于是移动台将通过新位置区的基站发出位置更新的请求。

当移动台进入某个访问区需要进行位置登记时，它就向该区的MSC发出“位置登记请求（LR）”。若LR中携带的是“国际移动用户识别码（IMSI）”，新的访问位置寄存器$(VLR)_n$在收到MSC“更新位置登记”的指令后，可根据IMSI直接判断出该移动台（MS）的原籍位置寄存器（HLR）。$(VLR)_n$给该MS分配漫游号码（MSRN），并向该HLR查询“MS的有关参数”，获得成功后，再通过MSC和BS向MS发送“更新位置登记”的确认信息。HLR要对该MS原来的移动参数进行修改，还要向原来的访问位置寄存器（VLR）发送“位置信息注销”指令。

如果MS是利用“临时用户识别码（TMSI）”（由VLR分配的）发起“位置登记请求”的$(VLR)_n$收到后，必须先向$(VLR)_0$询问该用户的IMSI，如询问操作成功，$(VLR)_n$再给该MS分配一个新的TMSI，接下去的过程与上面相同。

如果MS因故未收到“确认”信息，则此次申请失败，可以重复发送三次申请，每次间隔至少是10s。

移动台可能处于激活（开机）状态，也可能处于非激活（关机）状态。移动台转入非激活状态时，要在有关的VLR和HLR中设置一特定的标志，使网络拒绝向该用户呼叫，以免在无线链路上发送无效的寻呼信号，这种功能称之为“IMSI 分离”。当移动台由非激活状态转为激活状态时，移动台取消上述分离标志，恢复正常工作，这种功能称为“IMSI 附着”。两者统称为“IMSI 分离/附着”。

若 MS 向网络发送“IMSI 附着”消息时，因无线链路质量很差，有可能造成错误，即网络认为 MS 仍然为分离状态。反之，当 MS 发送“IMSI 分离”消息时，因收不到信号，网络也会错认为该 MS 处于“附着”状态。

为了解决上述问题，系统采取周期性登记方式，例如要求 MS 每 30min 登记一次。这时，若系统没有收到某 MS 的周期性登记信息，VLR 就以“分离”作标记，称作“隐分离”。

网络通过 BCCH 通知 MS 其周期性登记的时间周期。周期性登记程序中有证实消息，MS 只有接收到此消息后才停止发送登记消息。

3.3.6　GSM 的区域与号码

3.3.6.1　区域定义

GSM 系统属于小区制大容量移动通信网。在它的服务区间设置有很多基站，移动通信网在此服务区内具有控制、交换功能，以实现位置更新、呼叫接续、过区切换及漫游服务等功能。

在由 GSM 系统组成的移动通信网络结构中，其相应的区域定义如图 3－29 所示。

（1）GSM 服务区　服务区是指移动台可获得服务的区域，即不同通信网（如 PSTN 或 ISDN）用户无需知道移动台的实际位置而可与之通信的区域。

一个服务区可由一个或若干个公用陆地移动通信网（PLMN）组成。从地域而言，可以是一个国家或是一个国家的一部分，也可以是若干个国家。

（2）公用陆地移动通信网（PLMN）　一个公用陆地移动通信网（PLMN）可由一个或若干个移动交换中心组成。在该区内具有共同的编号制度和共同的路由计划。PLMN 与各种固定通信网之间的接口是 MSC，由 MSC 完成呼叫接续。

（3）MSC 区　MSC 区指一个移动交换中心所控制的区域，通常它连接一个或若干个基站控制器，每个基站控制器控制多个基站收发信机。从地理位置来看，MSC 包含多个位置区。

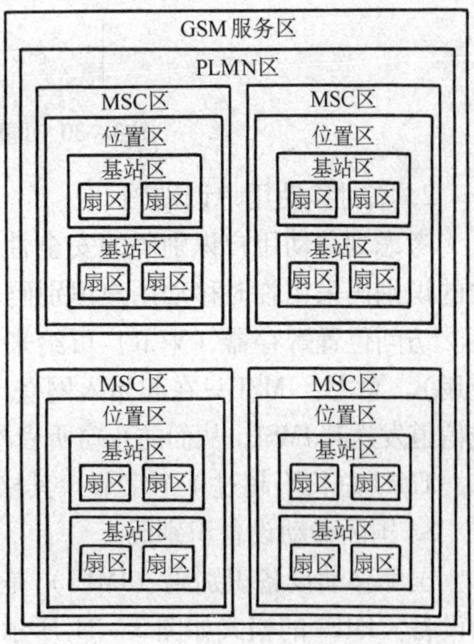

图 3－29　GSM 的区域定义

（4）位置区　位置区一般由若干个小区（或基站区）组成，移动台在位置区内移动无需进行位置更新。通常呼叫移动台时，向一个位置区内的所有基站同时发寻呼信号。

（5）基站区　基站区系指基站收发信机有效的无线覆盖区，简称小区。

（6）扇区　当基站收发信机天线采用定向天线时，基站区分为若干个扇区。如采用 120°定向天线时，一个小区分为 3 个扇区；若采用 60°定向天线时，一个小区分为 6 个扇区。

3.3.6.2 号码与识别

GSM网络是比较复杂的，它包含无线信道、有线信道，并与其他网络如PSTN、ISDN、公用数据网或其他PLMN网互相连接。为了将一次呼叫接续传至某个移动用户，需要调用相应的实体。因此，正确地寻址非常重要，各种号码是用于识别不同的移动用户、不同的移动设备以及不同的网络。

各种号码的定义及用途如下：

1. 移动用户识别码

在GSM系统中，每个用户均分配一个惟一的国际移动用户识别码（IMSI）。此码在所有位置（包括在漫游区）都是有效的。通常在呼叫建立和位置更新时，需要使用IMSI。

IMSI的格式如图3－30所示。IMSI的总长不超过15位数字，每位数字仅使用0～9的数字。图中：

MCC——移动用户所属国家代号，占3位数字，中国的MCC规定为460；

MNC——移动网号码，最多由两位数字组成，用于识别移动用户所归属的移动通信网；

MSIN——移动用户识别码，用于识别某一移动通信网（PLMN）中的移动用户。

由MNC和MSIN两部分组成为国内移动用户识别码（NMSI）。

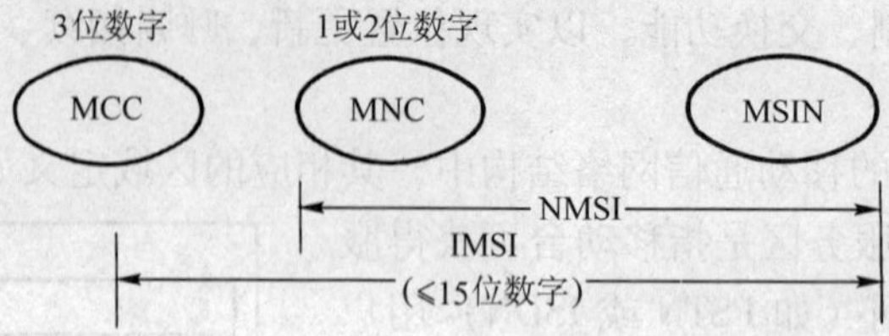

图3－30 国际移动用户识别码（IMSI）的格式

2. 临时移动用户识别码

考虑到移动用户识别码的安全性，GSM系统能提供安全保密措施，即空中接口无线传输的识别码采用临时移动用户识别码（TMSI）代替IMSI。两者之间可按一定的算法互相转换。访问位置寄存器（VLR）可给来访的移动用户分配一个TMSI（只限于在该访问服务区使用）。总之，IMSI只在起始入网登记时使用，在后续的呼叫中，使用TMSI，以避免通过无线信道发送其IMSI，从而防止窃听者检测用户的通信内容，或者非法盗用合法用户的IMSI。

TMSI总长不超过4个字节，其格式可由各运营部门决定。

3. 国际移动设备识别码

国际移动设备识别码（IMEI）是区别移动台设备的标志，可用于监控被窃或无效的移动设备。IMEI的格式如图3－31所示。图中：

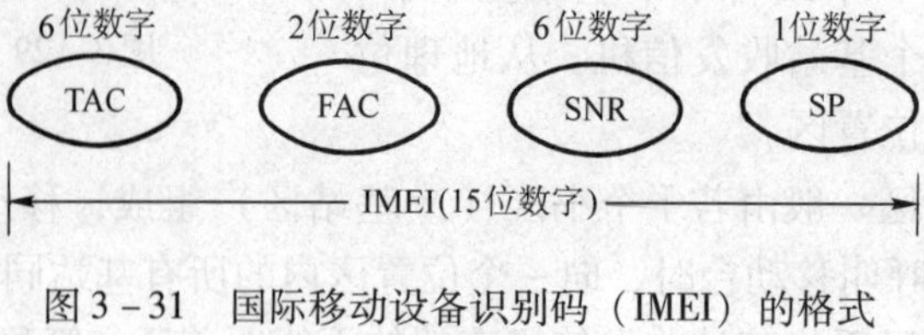

图3－31 国际移动设备识别码（IMEI）的格式

TAC——型号批准码，由欧洲型号标准中心分配；

FAC——装配厂家号码；

SNR ——产品序号，用于区别同一个 TAC 和 FAC 中的每台移动设备；

SP ——备用。

4. 移动台的号码

移动台的号码类似于 PSTN 中的电话号码，在呼叫接续时所需拨的号码，其编号规则应与各国的编号规则一致。

移动台的号码有下列两种

（1）移动台国际 ISDN 号码（MSISDNP）　MSISDN 为呼叫 GSM 系统中的某个移动用户所需拨的号码。一个移动台可分配一个或几个 MSISDN 号码，其格式如图 3 – 32 所示。图中：

CC ——国家代号，即移动台注册登记的国家代号，中国为 86；

NDC ——国内地区码，每个 PLMN 有一个 NDC；

SN ——移动用户号码。

由 NDC 和 SN 两部分组成国内 ISDN 号码，其长度不超过 13 位数。国际 ISDN 号码长度不超过 15 位数字。

（2）移动台漫游号码（MSRN）　当移动台漫游到一个新的服务区时，由 VLR 给它分配一个临时性的漫游号码，并通知该移动台的 HLR，用于建立通信路由。一旦该移动台离开该服务区，此漫游号码立即被收回，并可分配给其他来访的移动台使用。

漫游号码的组成格式与移动台国际（或国内）ISDN 号码相同。

图 3 – 32　移动台国际 ISDN 号码的格式

5. 位置区和基站的识别码

（1）位置区识别码（LAI）　在检测位置更新和信道切换时，要使用位置区识别标志（LAI），LAI 的格式如图 3 – 33 所示。图中，MCC 和 MNC 均与 IMSI 的 MCC 和 MNC 相同。

（2）位置区码（LAC）　用于识别 GSM 移动通信网中的一个位置区，最多不超过两个字节，采用十六进制编码，由各运营部门自定。在 LAI 后面加上小区的标志号码，还可以组成小区识别码。

（3）基站识别色码（BSIC）　基站识别色码（BSIC）用于移动台识别相同载频的不同基站，特别用于区别在不同国家的边界地区采用相同载频且相邻的基站。BSIC 为一个 6bit 编码，其格式如图 3 – 34 所示。图中：

NCC —— PLMN 色码，用来识别相邻的 PLMN 网；

BCC —— BTS 色码，用来识别相同载频的不同的基站。

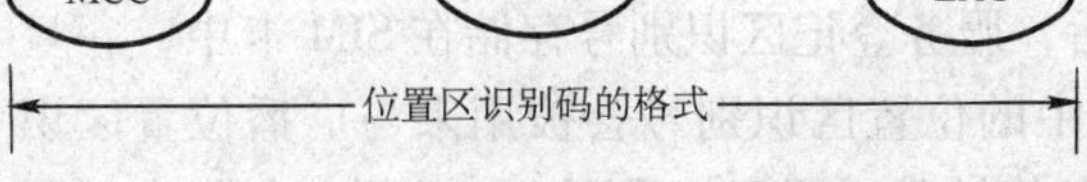

图 3 – 33　位置区识别码的格式

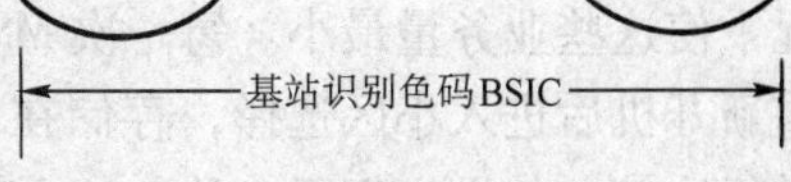

图 3 – 34　基站识别色码（BSIC）的格式

3.4 GSM数字蜂窝通信系统的接续流程

3.4.1 移动台开机后的工作

当MS开机后，它将在GSM网中对自己进行初始化。由于MS对自身的位置、小区配置、网络情况，接入条件均不清楚，因此这些信息都要从网络中获得。为了获得这些必要的信息，MS首先必须确定BCCH频率，以获得操作必需的系统参数。在GSM900中，有124个无线频率，在DCS1800中有接近375个无线频率。要确定BCCH频率须搜索和对所有这些频率进行解码，这将花费许多时间。为了帮助MS完成这一任务，GSM允许在SIM中存储一张频率表，这些频率是前一次小区登录上的BCCH频率，以及在该BCCH广播的邻近小区的频点，MS上电后就开始搜索这些频率。GSM所有的BCCH均满功率工作，即BCCH不进行功率控制，BTS在BCCH信道上所有的空闲时隙发空闲标志，这两点保证了BCCH频率有比小区其他频率有更大的功率密度。MS搜索无线频率查找一个比其他功率大的频率较简单。在找到无线频点以后，MS下一步要确定FCCH。使用同样的原理，由于FCCH功率密度大于BCCH频率，在找到FCCH之后，MS通过解码使自身与系统的主频同步。一旦MS确定了FCCH并同步后，它可以正确地确定时隙和帧的边界，至此，它便取得了时间同步。MS知道在相同的频率上FCCH的第8个时隙后是同步信道SCH，它只需简单等待8个时隙，便可对SCH解码获得时间同步。至此，MS已可对BCCH上的其他数据进行解码了。

3.4.2 小区选择（Cell Selection）

在选择MS所在的小区之前，MS不得不确定它能否从网络中获得服务。BCCH携带了GSM网络有关该小区的识别号。MS可以手工或自动（存储在用户识别模块SIM中的GSM表中）确定有效GSM网。如果当前小区不是有效GSM网络部分，MS只能寻找其他BCCH。

一旦选择了有效的GSM网，MS就可选择登录的小区，MS有一个小区选择算法，用于确定最好的有效小区。MS根据收到的信号强度、位置区域和MS的功率等级等参数来确定小区的选择。

MS收到信号强度是MS从该区的BTS收到信号好坏的指示。很明显，如果该指示器太低，MS则可以知道在以后建立的通信线路将不会十分好。我们知道在小区BCCH频率是以最大允许的功率发送的，由MS建立起来的任何专用信道，功率控制在BCCH频率的功率级以下。实际上，由BCCH发射的参数之一是MS允许接入系统的最小接收信号电平。如果接收信号电平在该值之下，MS将禁止在该小区登录。

用于小区选择过程的第二个标准是位置区域。每一次来自MS的位置区更新，使用了大量的信令带宽。为了减少MS和网络间的信令流量，每一个网络营运者都试图在不影响性能的情况下使这些业务量最小。每一次MS关机后，服务登记区识别号存储在SIM卡中，一旦手机重新开机后进入小区选择，存储在SIM卡中的位置区识别号会被用来与广播位置区识别号进行比较，如果它们不一致，这个特别小区将被某一因素权重下来。这样，如果在不同登记区有两个识别小区，可由MS视无线信号优劣等因素来选择，不选用需进行位置更新的小区。

用于小区选择过程的第三个标准是移动台功率等级，特别是 MS 的最大发射功率，即使 MS 可能相当好地接收 BTS 信号，而 BTS 能否接收 MS 信号并无担保。例如，如果一个小区被设计成功率等级 1，GSM900MS 的最大发射功率为 20W，等级 5 的 GSM900 只能最大发射 0.8W，这个 MS 如果在小区边缘，就不能保证它的发送能被 BTS 在可接收的功率电平上接收。这一点非常重要，小区范围不是固定的，而是随 MS 按它的功率等级不同而变化的。

使用小区选择标准和算法，MS 扫描它附近小区的 BCCH 信道，给出一张所有通过选择标准的小区表，在表中最好的小区，被 MS 选择为工作小区，如果所选小区是在一个新的位置区域，则必须进行位置更新。在 MS 进行小区选择时，网络无需意识到 MS 在一个指定小区的存在，所有 BTS 做的是以被动方式提供信息，为所有在 BCCH 接收的 MS 的利益广播必需的系统参数，接下去网络将起更主动的作用——与 MS 交换信息。

3.4.3　位置登记和位置更新（Location Registration and Location Updating）

一旦 MS 选择好了工作小区，下一步就是确定 MS 是位置登记（Location Registration）还是位置更新（Location Updating）。

如果是位置登记，MS 以它的 IMSI 等数据向 GSM 网络请求位置登记，网络经过验证后会分派一个 TMSI 代码给 MS。MS 得到 TMSI 后，会将 TMSI 代码存储在 SIM 卡中，以后不论是手机关机还是重新开启，TMSI 都存储在手机的 SIM 卡中。

如果是位置更新，MS 首先确定该工作小区是否是以前登记过的位置区。它从 BCCH 获得位置区信息并将它与存储在 SIM 卡原先登记的位置区进行比较，如果位置区是同一个，MS 就进入空闲模式等待用户发起呼叫或接收来自网络的寻呼。如果位置区不一致，那么它将通知网络数据库存放的该 MS 的位置信息不再正确需要更新。在这期间任何对该 MS 的呼叫都不会获得成功，因为网络会在该 MS 原先登记的小区中发寻呼，由于该 MS 不在原先小区，呼叫自然不会成功。这样 MS 必须把它的新位置区尽可能快地通知网络，使网络能够更新它的数据库，在以后将呼叫成功地接到该 MS。一旦确认需位置更新，MS 应立即进行位置更新。

需要强调的是，在位置登记中，MS 是以 IMSI 向网络更新位置，而在位置更新中，MS 是以 TMSI 向网络回报信息的。

3.4.4　建立通信链路（Esrablishing Communication Link）

在 MS 进行位置登记之前，首先必须建立与网络的通信链路。有了通信链路才能进行位置更新信息的变换，通信链路的建立程序由 MS 调谐到随机接入信道 RACH 上发出信道请求信息，然后转到接入许可信道 AGCH，等待来自网络的响应。BTS 收到信道请求后，便增加有关传输时延的信息一起传输给 BSC。BSC 能够通过比较时延进行赋值。MS 送出信道请求信息后有一个长的保护周期，因为这是 MS 第一次发送的信息，网络和 MS 对时延的大小都没有认识，长的保护周期可以保证即使该信息与下一个时隙的信息重叠，在 BTS 接收时，信息内容也不会丢失。BSC 选择一个有效信道（典型的 SDCCH），计算赋值的定时延迟，并通知 BTS 激活信道，然后它送一个信道分配信息给 BTS，该信息携带一个参数，使接收端

MS 能够相关地得到分配的信道。这使 MS 得知该信道的定时前置、MS 起初发射功率电平大小等参数。

3.4.5 起初信息过程（Initial Message Procedure）

MS 在接收到信道分配信息，调谐到分配信道上发送一个业务请求信息（在独立专用控制信道 SDCCH 上送出），这个信息指明 MS 从网络请求什么业务。在位置更新情况下，请求是一个位置更新请求，这个信息有关于 MS 识别码的详细信息，（这是第一次网络开始了解 MS 的识别码，直到现在网络还不知该用户是否有权从网络中得到该服务），包括有关移动识别码（如 TMSI）的信息、功率级、频率容量、MS 支持的保密算法（如 A_5）等。这些信息由 BSC 送给 MSC 通过 A 接口作进一步处理，MSC 然后通过 B 接口将信息传给 VLR。

3.4.6 鉴权（Authentication）

一旦当前的 VLR 成功地接收到适当原因（位置更新，呼叫建立等等）的起始信息，它将启动鉴权和保密程序。鉴权程序的目的有两个：第一是允许网络检查 MS 提供的识别号是否可接收，第二是提供让 MS 计算新加密钥。鉴权过程总是由网络发起。正像前面讨论过的，鉴权算法驻留在网侧的鉴权中心 AUC 和 MS 的 SIM 用户卡中。AUC 对应各用户，选择一个随机数并连同用户的唯一码将它输入 A_3/A_8 算法，输出就是在 GSM 术语中称为三体联合（Triplet），即 RAND、SRES 和 K_c。正像我们前面解释的，这一计算花费 CPU 的时间很长，为了节省时间，AUC 在一个时间计算几个 Triplets 并提供给原籍位置存器 HLR。在一个发送的参数信息中，VLR 请求这些 Triplets，并由 HLR 提供它们作为响应。

一旦 VLR 完成鉴权，它通过 SDCCH 送一个鉴权请求给 MS。这一信息包含随机询问（即 RAND）。RAND 的值从几个 Triplets 中得到一个。VLR 存储起来用来对付这一特定的用户。本质上，VLR 询问 MS 是为了证明它要求是什么，MS 在 SIM 卡的帮助下产生一个反应 SRES，把它送给 VLR，它同时产生一个新的保密密钥 K_c，VLR 收到 SRES 与内部存储的值进行比较，如果匹配，用户被认为是合法的。

3.4.7 加密（Ciphering）

VLR 开始加密过程，它通知 MSC，MSC 接着按所使用的密钥送一个信息给 BSC。BSC 通过 BTS 通知 MS 在以后的传输过程中开始加密。在这之前，BTS 同样被通知使用加密的信息并得到密钥，这样它能对信息进行解密。BTS 将信息进行解密后送给 BSC，并送一个指令通知 VLR 加密过程已经开始。

3.4.8 位置更新过程（Location Updating Procedure）

位置更新呼叫流程如图 3-35 所示。位置更新过程通常会有如下几种情况出现，第一种，如果移动台当前所在的位置区由收到这一信息的 VLR（当前 VLR）控制，那么意味着 VLR 已经得到了该用户的所有信息，它能够顺利完成位置更新的过程。

另外一种出现在 VLR 没有该用户的以前记录，在这种情况下，当前 VLR 不得不求助于用户的原籍位置寄存器 HLR，要求提供用户的信息。VLR 发送一个 MAP-D 位置更新信息给 HLR。该信息有移动识别号，在移动用户被叫时按 VLR 的地址使 HLR 可查询 VLR。HLR

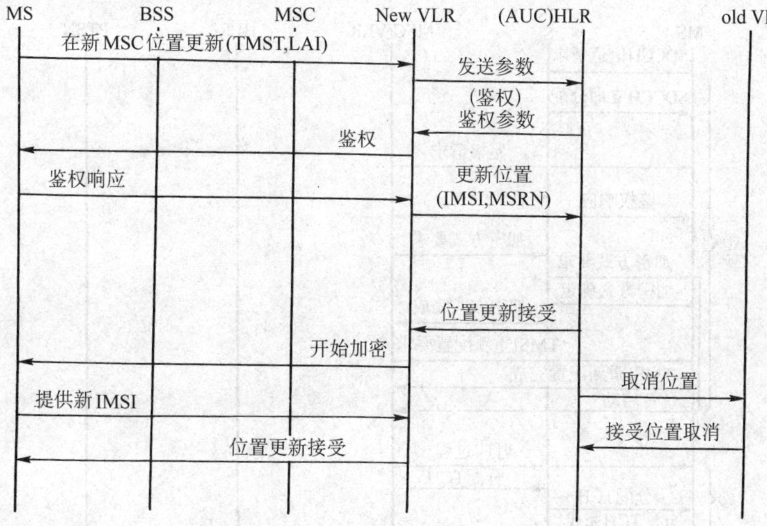

图 3-35 位置更新呼叫流程

在它的内部数据库记录中查找用户的描述，确认该用户是否在当前的 VLR 中具有该业务。这一决定按照用户的描述完成。如果该用户在 VLR 区具有该业务权限，那么 HLR 就返回一个成功的信息给 VLR。如果用户在该 VLR 区无该业务权限，那么 HLR 就返回一个失败的结果给 VLR。HLR 如发现当前的 VLR 与前次登记的 VLR 不一致，HLR 送一个删除位置信息给前次登记的 VLR，以删除该 VLR 中的记录，然后，HLR 将用户数据送给当前的 VLR，即提供所有信息给为用户提供业务的 VLR。

如果 VLR 对于 MS 的位置更新请求发送一个成功的结果，那么它还有一件事要关心——有关移动台的临时移动用户识别号 TMSI。TMSI 来自前一次的位置更新请求。由于位置区已改变，不得不安排给移动台一个新的 TMSI，这个新的 TMSI 由 VLR 安排并反馈一个成功的位置更新指示给 MS，MS 在收到 TMSI 以后，改写以前的值并且将它存入 SIM 卡。该值将用于所有以后发生的位置更新。

3.4.9 通信链路的释放（Release of Communication Link）

一旦位置更新过程成功完成，移动台 MS 与 BTS、BSC 和 MSC 的通信链路也结束了。移动台返回空闲模式等待用户发生主叫及等待来自网络的寻呼。

3.4.10 移动台主叫（Mobile Origination）

移动台主叫的呼叫流程如图 3-36 所示。移动台主叫过程与位置更新过程极为相似，移动台主叫呼叫建立过程需先有通信链路建立过程、原始信息过程、鉴权和加密过程。一旦这些过程成功完成，移动台在建立的链路上（SDCCH）发送启动信息①，这一信息有被叫部分的号码和其他一些网络在建立与公共交换电话网 PSTN 联系所需的信息。承载要求表明呼叫是进行通话还是数据呼叫，是电路呼叫还是分组呼叫，同步还是异步，以及提供用户数据速率（可在 300～9600bit/s 范围内变化）等信息。MSC 利用这一信息确认承载要求是否能得到支持，MSC 同时通过 MAP-B 信息查询 VLR，确认是否有任何提供业务方面的限制。

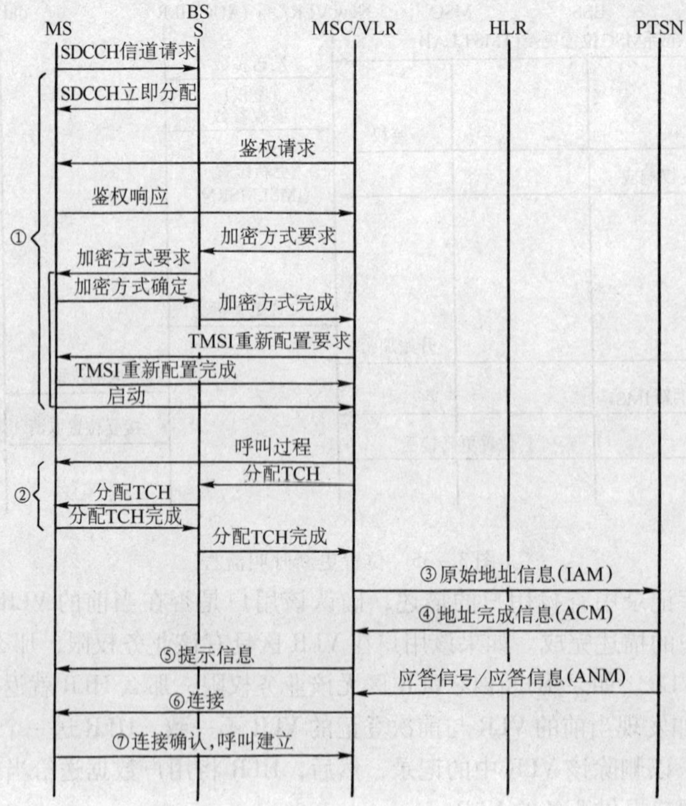

图3-36 移动台主叫的呼叫流程

如果MS送出的被叫部分是密切用户群码（CUG），在这种情况下，它要求VLR翻译并检查用户限制以确认这种呼叫能否被允许。如果对用户有呼叫发起限制，但若VLR确认这次呼叫不违反有关限制，则这时呼叫有效并被允许进行，MSC发出呼叫继续信息给MS，通知它建立信息已经收到并处理，网络试图接入本次呼叫。

如果用户要求进行语音连接，系统安排业务信道（TCH）（全速或半速取决于MS和网络是否支持半速）。BSC通知BTS新的信道，BTS激活新的信道。然后BSC为语音编码分配TRAU（发送编码器和速率适配器单元）资源。在网络方所有的资源全部被安排用于处理业务信道，BSC送一个分配命令信息给MS，通知它在下一步传输中使用的新信道。MS调谐到新无线信道上并在该信道上开始发送。它发送一个分配结束信号，指示它已成功调谐到新信道上，BSC即可释放旧信道②。同时，MSC通过网络启动呼叫建立过程，例如，如果连接到PSTN交换是通过ISUP（ISDN用户部分），则送一个IAM（原始地址信息）给PSTN（公共交换电话网）③。接入交换机返回一个ACM（地址完成信息）给MSC，表明被叫正在振铃④，当MSC收到ACM，它送一个振铃信息给MS，MS在收到这一信息后就产生一个提示音通知用户已经联络被叫，电话正在振铃⑤。当被叫应答（摘机），ANM（应答信息）通过网络送给MSC通知MS已连接⑥至此，两部分呼叫已连接可以交换信息了⑦。

3.4.11 移动台被呼（Mobile Termination）

不管是从无线移动电话或有线电话系统拨号呼叫GSM移动台，拨号时都只有输入GSM移动台用户的 MSISDN 号码，MSISDN 号码并不包含目前移动台用户的位置信息，因此 GSM 网络必须询问 HLR 有关移动台的 MSRN 代码，才能得知移动台用户目前所在的 LA 区域与负责该区域的交换机 MSC。MSRN 代码是当移动台在进行位置更新时由当地的 VLR 负责产生的。

有线电话拨号呼叫 GSM 移动台时的整个信号交换流程如图 3-37 所示。当拨号者输入移动台的 MSISDN 号码时，有线电话 PSTN 的交换机从 MSISDN 号码中标识出是呼叫移动电话的移动台后，依照 MSISDN 上的 CC 及 NDC 将信号传递到负责该移动台服务区域内的关口 MSC（GMSC）。

如果在 PSTN 中使用 ISUP，这必将是一个原始地址信息（IAM，Initial Area Message）。在 IAM 中的被叫部分号码将是 MSISDN 码。这一语音呼叫在 GMSC 试图确定用户的位置，使用 MAP-C 信令过程从用户的 HLR 寻找路由信息。GMSC 能够确定用户的 HLR，因为它有一张与 MSISDN 相关的 HLR 翻译表①。HLR 在收到请求后，借助于内部表格将提供的 MSISDN 变换一个 IMSI 码（国际移动用户识别码），然后查询与 IMSI 码相关的用户概貌，按照用户特性激活相关事件。

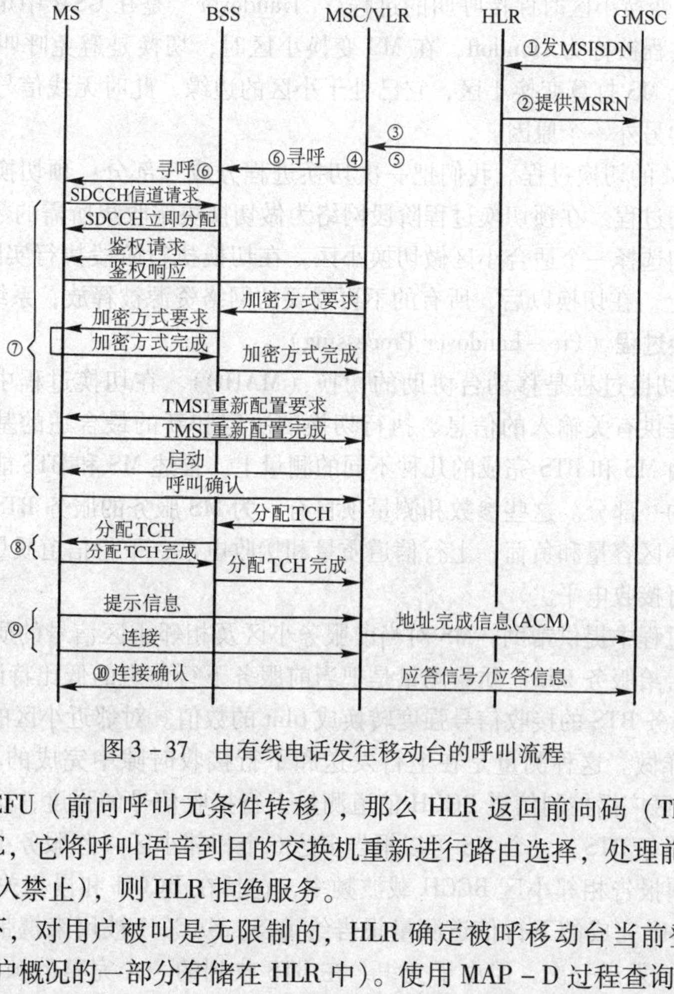

图 3-37 由有线电话发往移动台的呼叫流程

如果用户是 CFU（前向呼叫无条件转移），那么 HLR 返回前向码（The Forwarded-To Number）到 GMSC，它将呼叫语音到目的交换机重新进行路由选择，处理前向码。如果用户是 BAIC（所有呼入禁止），则 HLR 拒绝服务。

在正常情况下，对用户被叫是无限制的，HLR 确定被呼移动台当前登记的 VLR 地址（VLR 地址作为用户概况的一部分存储在 HLR 中）。使用 MAP-D 过程查询 VLR 有关路由号码，即 MS 漫游号码（MSRN），HLR 返回该 MSRN 给 GMSC②。GMSC 经过 MSRN 的指示将信号传递到当地的交换机 MSC③，MSC 根据 MSRN 询问 VLR④，VLR 在 MSRN 基础上查询用户记录并确定当前的登记区，返回 TMSI 等信息给 MSC⑤。MSC 通知该位置登记区所在的所有 BSC，BSC 轮流送出寻呼命令给 BTS，命令它们通过寻呼信道送出寻呼用户的指令⑥。

MS 在收到它的寻呼后，启动通信链路建立与初始化信息过程，鉴权和加密过程，无论是否必要都进行 TMSI 重新配置，建立的原因将打上作为响应寻呼的标记。MSC 是来话停留的网络实体，一旦它确定收到一个有效的寻呼响应，它就通过建立的通信链路发送一个启动信息。MS 收到这一信息，就发送出一个呼叫确认信息给网络，通知网络启动信息已经收到⑦。网络开始安排一个业务信道（TCH）给 MS⑧。在成功完成这一步之后，MS 开始提供一个音频提示音给用户，它同时送一个提示信息给 MSC⑨，MSC 接着送一个 ACM 信息给 PSTN 用户，这个信息告诉 PSTN 用户移动用户已有效并得到通知，MS 在提供振铃声时，作为可选功能，可显示主叫号码。当 MS 应答，就发送出一个连接信息给 MSC。MSC 接着发送一个 ANS 给 PSTN 用户，双方通信开始⑩。

3.4.12 切换（Handover）

切换是当 MS 变换小区时保持呼叫的过程。"Handover" 是在 GSM 中定义的，在北美蜂窝系统中相同的过程被称为 Handoff，在 MS 变换小区时，切换是避免呼叫损失所必不可少的步骤。如果一个 MS 打算变换小区，它已处于小区的边缘，此时无线信号电平必然不十分好，这是要切换的另外一个原因。

为了了解 GSM 的切换过程。我们把一次切换进程分成三部分：预切换过程、切换执行过程和切换以后的过程。在预切换过程阶段网络为做切换决定收集所需的数据。如果切换被认为是需要的，则选择一个适合小区做切换小区，在切换执行阶段执行实际的切换，MS 被连接到新的 BTS 上。在切换以后，所有的不再需要的网络资源被释放，系统返回稳定阶段。

3.4.12.1 预切换过程（Pre-handover Processing）

在 GSM 中的切换过程是移动台协助的切换（MAHO）。在切换过程中 MS 扮演主要角色。为切换算法提供有关输入的信息、执行切换的决定和新的最合适的基站收发信机 BTS 的选取均建立在由 MS 和 BTS 完成的几种不同的测量上。描述 MS 和 BTS 能力的参数同样形成切换算法输入的一部分。这些参数和测量项目有：为 MS 服务的服务 BTS、邻近 BTS 的最大的发射功率、小区容量和负荷；上行信道质量和接收电平；下行信道质量和接收电平；来自邻近小区的下行接收电平。

为了在切换过程中提供帮助，MS 对当前服务小区及相邻小区信号的质量和强度进行测量，并将它们报告给服务 BTS。质量测量是把当前服务下行信道的低比特误码率转换成 0 ~ 7 中的一个值。服务 BTS 的接收信号强度转换成 6bit 的数值。对邻近小区的接收信号强度的测量同样可以这样做。这种测量是在上行发送和下行接收时隙中完成的。在这一时隙中，MS 转到相邻的小区广播控制信道 BCCH 信道测量下行接收信号的强度，这些包括 BCCH 频率的测量被送往服务 BTS。一个 MS 可以报告多达 6 个相邻小区（除服务小区测量外）的情况。一个 MS 必须报告相邻小区 BCCH 载波频率，包括在 BCCH 和慢相关控制信道 SACCH 的发射信息。由 MS 完成的下行信道测量报告给 BTS，SACCH 被用来携带这一信息。一个 SACCH 帧每 120ms 发送一次，但由于交织，在 BTS 收到的一个完整的帧要有 480ms 延时。同样为了克服短期影响，瞬时无线链路使测量的降级在 MS、BTS 和 BSC 被平均化。由服务 BTS 完成上行信道测量，它包括质量和接收信号强度测量。服务 BTS 把以上测量和接收到的 MS 测量结果一起送给 BSC。

3.4.12.2　切换执行（Handover Execution）

MSC 之间的切换流程如图 3－38 所示。一旦决定启动切换，最适合的新小区应该得到认定。MS 和网络进入切换执行阶段，与当前服务的 BTS 连接中断，在新小区与新的 BTS 建立连接。切换执行过程和所包含的信令一起依赖于新小区的选择。如果新小区由同一个 BSC 控制，那么切换被认为是 BSC 内部切换，信令限制在 BSC 内部而不用包含 MSC。如果新的 BTS 属同一 MSC 内不同的 BSC，我们称之为 MSC 内部切换。如果这两个 BSC 由不同的 MSC 控制，我们称之为 MSC 之间切换。

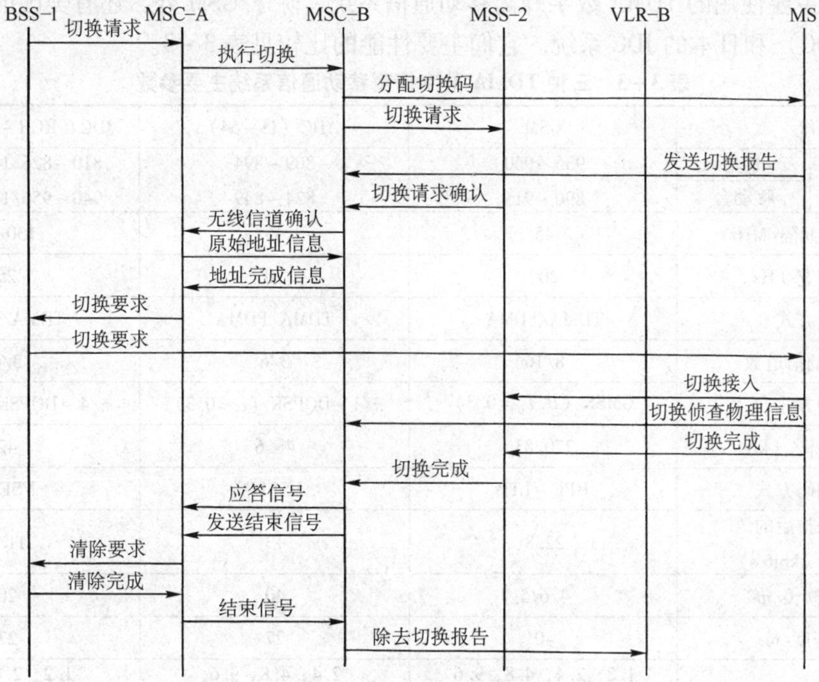

图 3－38　MSC 之间的切换流程

上述三种不同情况的切换对信令的要求有所不同。MSC 之间切换用 MAP－E 消息实现。切换阶段的第一步由 BSC 将其切换请求通知新 BSC。除了新老 BTS 由同一个 BSC 控制之外，请求信息均通过 MSC 到达新的 BSC。在新的 MSC 相同的情况下，通信线路的建立要花费 A 接口的资源。如果新老 MSC 不同，它将包含两个 MSC 之间的资源，一旦通知新的 BSC 切换，它将在新的 BTS 安排一个信道。一旦成功，发送出有关新安排信道信息给老 BSC（如果新 BSC 与老 BSC 不相同），产生一个切换信息，通过旧 BTS 发送给移动台。这条信息包括有关新信道、切换码和时间同步信息等。MS 重新调整到新的 BTS 的频率上并开始发送与接收。

3.4.12.3　切换后处理（Posthandover Processing）

一旦 MS 与新网络同步上以后，它送出一个切换完成消息给新的 BTS。这消息通过网络送给老 BSC。该 BSC 释放原来占用无线资源，以及所有在 Abis 和 A 接口安排给该 MS 的资源。

GSM 是当今应用较普及的数字移动通信技术，它已经被全球大多数国家所接受，用在不同的频段（900MHz、1800MHz、1900MHz）。由于 GSM 的分层结构和网络实体间的标准接口，使营运者可以从不同的设备供应商那儿选择配件，也允许设备制造商们只制造某专用部分，而不需要制造整个系统。

3.5　三种 TDMA 数字蜂窝移动通信系统的比较

3.5.1　三种 TDMA 数字蜂窝移动通信系统的主要性能

目前，主要使用的 TDMA 数字蜂窝移动通信系统，除了 GSM 外，还有美国的 D－AMPS（也称为 ADC）和日本的 JDC 系统。它们主要性能的比较见表 3－3。

表 3－3　三种 TDMA 数字蜂窝移动通信系统主要参数

系统		GSM	ADC（IS－54）	JDC（RCR－STD－27B）
发送频段/MHz	基站	935～960	869～894	810～826/1477～1501
	移动台	890～915	824～849	940～956/1429～1453
双工频率间隔/MHz		45	45	130/48
频道带宽/kHz		200	30	25
多址方式		TDMA/FDMA	TDMA/FDMA	TDMA/FDMA
每载频的信道数		8/16	3/6	3/6
调制方式		GMSK（$B_bT_b=0.3$）	π/4－DQPSK（$\alpha=0.35$）	π/4－DQPSK（$\alpha=0.5$）
信道传输速率/（kbit/s）		270.83	48.6	42
语音编码方式		RPE－LTP	VSELP	VSELP
加差错保护后的语音速率/（kbit/s）		22.8	13	11.2
TDMA 帧长/ms		4.615	40	20
交织跨度/ms		40	27	27
数据速率/（kbit/s）		1.2，2.4，4.8，9.6 及更高	2.4，4.8，9.6 及更高	1.2，2.4，4.8 及更高
过区切换方式		移动台辅助切换	移动台辅助切换	移动台辅助切换
小区最小半径/km		0.5	0.5	0.5

3.5.2　美国数字蜂窝移动通信系统（D－AMPS）的特征

美国数字蜂窝移动通信系统（D－AMPS）采用美国电子工业协会（EIA）制定的 IS－54 标准。标准规定的信道间隔（30kHz）与 AMPS 一致，而且移动台的工作模式是数/模兼容的，或称双模方式。因此 D－AMPS 和 AMPS 可以在同样的无线电环境中并存，有利于逐步扩大数字用户，以实现模拟通信系统向数字通信系统的平滑过渡。

1. 工作频段

移动台发送频段：824～849MHz；

基站发送频段：869～894MHz；

信道间隔：30kHz；

双工频率间隔：45MHz。

2. 多址方式

采用时分多址/频分多址/频分双工（TDMA/FDMA/FDD）制式。时分多址的帧长为 40ms，每帧分 6 个时隙。和 GSM 通信系统一样，D－AMPS 也定义了全速率与半速率两种逻辑信道，初期的全速率逻辑信道占 2 个时隙，相当于每载波含 3 个信道，进而开发的半速率逻辑信道只占一个时隙，相当于每载波含 6 个信道。每个时隙含 324bit，即系统的信道传输速率为 324×6bit/40ms ＝ 48.6kbit/s，其帧格式和时隙格式如图 3－39 所示。图中：

G ——保护时间；

R ——功率上升时间；

SACCH ——慢速辅助控制信道；

SYNC ——同步信道；

DATA ——业务信道和快速辅助控制信道 SACCH；

DVCC ——数字识别色码；

RSVD ——保留（备用）时间。

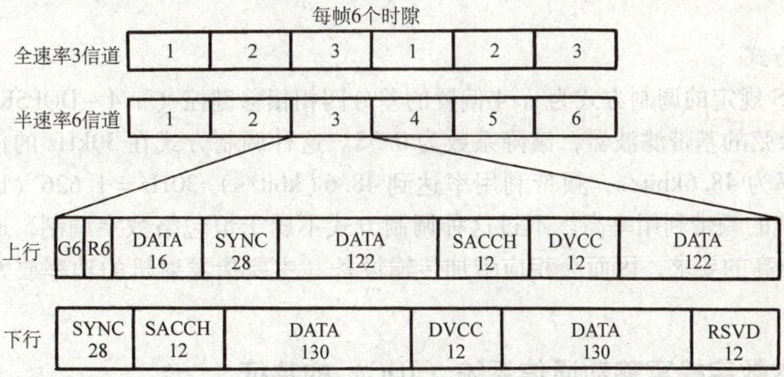

图 3－39　D－AMPS 的帧格式和时隙格式

由图 3－39 可见，SACCH 是安排在各个业务时隙之中，不同于 GSM 蜂窝系统那样在业务复帧中另外安排 1 帧或 2 帧。同步信道传输的信息用于时隙同步、均衡训练和时隙识别。为此，同步序列应具有良好的相关特性。IS－54 定义了 6 种同步序列，可分别指配给不同的时隙，使接收机可以锁定在指定的时隙上。数字识别色码用作不同基站的标志，用 8bit 可编成 256 个不同的码字。为了防止传输时发生错误，8bit 的码字采用缩短汉明码（1，8）形成 12bit 的数字识别色码。这些色码分别分配给不同的基站，可以避免接收机错误地锁定在邻近小区的基站上。

此外，上行时隙的格式与下行时隙的格式有所不同，其主要原因是下行传输时，可不设保护时间与功率上升时间。

3. 语音编码

D－AMPS 蜂窝系统采用矢量和激励线性预测（VSELP）编码，编码速率为 795kbit/s。在 20ms 的语音编码帧中，共有 159 个信息比特，分为两类：一类是对差错敏感的 77bit；二类是对差错不敏感的 82bit。一类比特加上 CRC 校验位（7bit）和尾比特（5bit），进行码率为 1/2 和约束长度为 5 的卷积编码，变成 178 个传输比特；二类比特不进行差错保护。两类比特之和为 260bit，相应的语音速率为 260bit/20ms＝13kbit/s。为防止突发性错误的影响，这些传输比特在发送之前还要在40ms的时间间隔中进行交织编码。

4. 控制信道

双模系统的移动台因为要与模拟系统相通，因而系统中必须保留AMPS原有的控制信道，但为了对数字传输进行必要的控制，就必须在业务信道中设置必需的专用控制信道，如图3-40所示。和GSM蜂窝系统相似，IS-54标准也设置了慢速辅助控制信道（SACCH）和快速辅助控制信道（FACCH）。

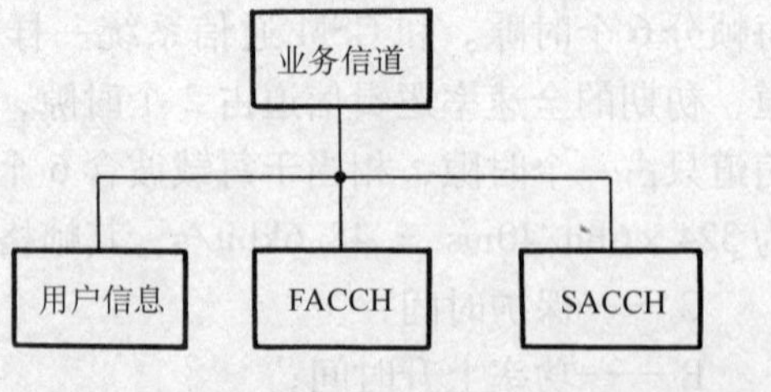

图3-40 D-AMPS蜂窝系统的专用控制信道示意图

SACCH传输的信息在每一时隙中含12bit，它是经码率为1/2和约束长度为6的卷积编码后所得到的传输比特数，编码前的实际控制信息速率为12×2bit/40ms = 0.6kbit/s（全速率传输，每帧用2时隙）。FACCH同样采用占用业务信道的办法，即通常所说的中断-猝发模式，占用一个时隙中的260个业务比特，可传输FACCH的实际控制信息为260bit/4 = 65bit。

5. 调制方式

D-AMPS规定的调制方式为π/4偏置的差分四相相移键控（π/4-DQPSK），并规定采用平方根升余弦的基带滤波器，滚降系数为0.35。这种调制方式在30kHz的信道间隔中信息的传输速率为48.6kbit/s，频带利用率达到48.6(kbit/s)/30Hz = 1.626（bit/s）Hz^{-1}比GSM蜂窝系统的频带利用率高。不过这种调制方式不属于恒包络数字调制，通常对传输信道的线性有较高的要求，因而会相应增加传输设备（主要指发射机的功率放大器）的复杂度和成本。

3.5.3 日本数字蜂窝移动通信系统（JDC）的特征

日本对数字蜂窝通信系统的研究起步较晚，在1990年开始制订有关蜂窝通信系统的标准，经过几次修订，1993年完成了RCR-STD-27B标准。这种标准没有考虑双模制式，但在无线传输方面，采取了和IS-54相似的技术，而在网络管理和控制方面，采取了和GSM相似的办法。可以说，RCR-STD-27B标准是在GSM标准和IS-54标准的基础上制订出来的。

1. 工作频段

移动台发送频段：940~956MHz/429~1453MHz；

基站发送频段：810~826MHz/1477~1501MHz；

收发双工频率间隔：130MHz/48MHz；

信道间隔：25kHz（交错信道）。

2. 多址方式

采用TDMA/FDMA/FDD制式，每载频分3个时隙（全速率）或6个时隙（半速率），信道传输速率42kbit/s。

3. 信道分类

RCR-STD-27B定义了两类信道，即业务信道（TCH）和控制信道（CCH）。其分类方法如图3-41所示。

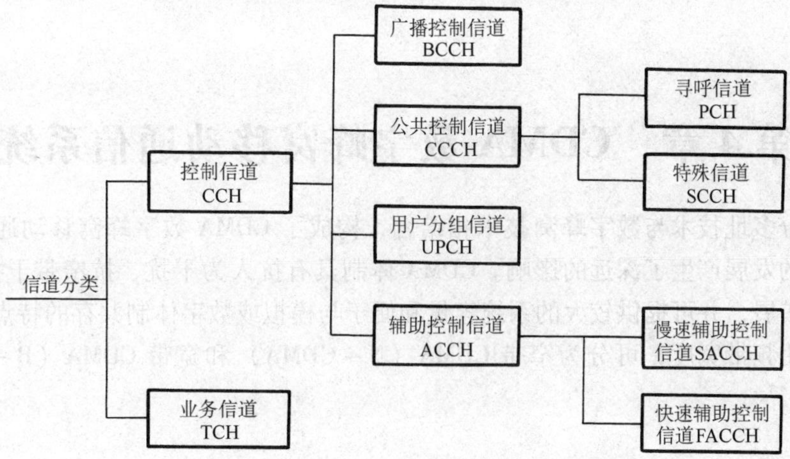

图 3－41　日本数字蜂窝移动通信系统的信道分类

4. 语音编码

采用 VSELP 语音编码技术。语音传输速率为 11.2kbit/s，其中，语音编码比特率为 6.7kbit/s，差错保护比特率为 4.5kbit/s。

5. 调制方式

日本数字蜂窝通信系统采用的调制方式为 π/4－DPSK（平方根升余弦基带滤波器，滚降系数 0.5）。

上述三种 TDMA 数字蜂窝移动通信系统在开发背景、开发时间和开发要求等方面都不相同，因而在技术性能和服务功能上各有差异，但都代表了第二代数字蜂窝移动通信系统的技术水平。

习　题

3－1　GSM900 系统中移动台的功率等级共分为几级？最大为多少瓦？最小为多少瓦？

3－2　GSM 的公共控制信道（CCCH）支持 MS 和 BS 之间专用通信路径的建立，它有哪三种类型信道？

3－3　GSM 的专用控制信道有哪三种类型？

3－4　试画出 GSM 系统位置更新工作流程。

3－5　试说明 MSISDN、MSRN、IMSI、TMSI 的不同含义及各自的作用。

3－6　试述 GSM 系统的鉴权流程和加密过程。

3－7　试画出 GSM 系统的漫游接续流程。

3－8　何谓 TDMA 系统的物理信道和逻辑信道？多种逻辑信道又是如何组合到物理信道之中传输的？举例说明。

第 4 章　CDMA 数字蜂窝移动通信系统

扩频码分多址技术与数字蜂窝技术相结合，构成了 CDMA 数字蜂窝移动通信系统，这对移动通信的发展产生了深远的影响。CDMA 体制具有抗人为干扰、抗窄带干扰、抗衰落、抗多径时延扩展，并可提供较大的系统容量和便于与模拟或数字体制共存的特点。CDMA 蜂窝系统按占用频带宽度，可分为窄带 CDMA（N－CDMA）和宽带 CDMA（B－CDMA）系统。

4.1　扩频通信的基本概念

扩展频谱（SS，Spread Spectrum）通信简称为扩频通信。扩频通信技术是一种信息传输方式，在发送端采用扩频码调制，使信号所占的频带宽度远大于所传信息所需的带宽。在接收端采用相同的扩频码进行相关解调来解扩以恢复所传信息数据。

4.1.1　扩频通信的理论基础

4.1.1.1　香农公式

长期以来，人们总是想方设法使信号所占频谱尽量窄，以充分提高频率资源的利用率。考虑到通信的安全可靠，可采用宽频带信号来传输窄带信息。

香农（Shannon）在其信息论中得出了带宽与信噪比互换的关系式，即香农公式

$$C = B\log_2\left(1 + \frac{S}{N}\right) \tag{4-1}$$

式中，C 为信道容量，单位为 bit/s；B 为信号频带宽度，单位为 Hz；S 为信号平均功率，单位为 W；N 为噪声平均功率，单位为 W。

由香农公式可知，在给定信号功率 S 和白噪声功率 N 的情况下，只要采用某种编码系统，就能以任意小的差错概率，以接近于 C 的传输速率来传送信息。在保持信息传输速率 C 不变的条件下，频带 B 和信噪比是可以互换的。也就是说，如果增加信号频带宽度，就可以在较低的信噪比的条件下以任意小的差错概率来传输信息。甚至在信号被噪声淹没的情况下，即 $S/N<1$ 或 $10\log_2(S/N)<0$，只要相应地增加信号带宽，也能进行可靠的通信。

4.1.1.2　差错概率公式

柯捷尔尼可夫在其抗干扰性理论中得到如下关于信息传输差错概率的公式

$$P_e \approx f\left(\frac{E}{n_o}\right) \tag{4-2}$$

式（4－2）指出，差错概率 P_e 是信号能量 E 与噪声功率谱密度 n_o 之比的函数。设信息持续时间为 T，或数字信息的码元宽度为 T，则信息带宽 B_m 为

$$B_m = \frac{1}{T} \tag{4-3}$$

信号功率 S 为

$$S=\frac{E}{T} \tag{4-4}$$

已调（或已扩频）信号的带宽为 B，则噪声功率为

$$N=n_oB \tag{4-5}$$

将式（4-3）～式（4-5）代入式（4-2），可得

$$P_e\approx f\left(\frac{ST}{N}B\right)=f\left(\frac{S}{N}\frac{B}{B_m}\right) \tag{4-6}$$

由式（4-6）可见，差错概率 P_e 是输入信号与噪声功率之比 S/N 和信号带宽与信息带宽之比 B/B_m 二者乘积的函数，信噪比与带宽是可以互换的。用增加带宽的方法可以换取信噪比上的好处。

4.1.2　处理增益和抗干扰容限

各种扩频系统的抗干扰能力大体上都与扩频信号带宽 B 与信息带宽 B_m 之比成正比。工程上常以分贝（dB）表示，即

$$G_p=10\lg\frac{B}{B_m} \tag{4-7}$$

G_p 称作扩频系统的处理增益，是扩频系统一个重要的性能指标。它表示了扩频系统信噪比改善的程度。

仅仅知道扩频系统的处理增益，还不能充分说明系统在干扰环境下的工作性能。因为通信系统要正常工作，还需要保证输出端有一定的信噪比，并需扣除系统内部信噪比的损耗，因此需引入抗干扰容限 M_j，其定义如下：

$$M_j=G_p-[(S/N)_o+L_s] \tag{4-8}$$

式中，$(S/N)_o$ 为输出端的信噪比；L_s 为系统损耗。

例如，一个扩频系统的 G_p 为 30dB，$(S/N)_o$ 为 10dB，L_s 为 2dB，则 M_j 为 18dB。它表明干扰功率超过信号功率 18dB 时，系统就不能正常工作。

4.1.3　直接序列扩频

4.1.3.1　直接序列扩频的原理

所谓直接序列扩频（DS-SS，Direct Sequence-Spread Spectrum），简称直扩，就是直接用具有高速率的扩频码序列在发送端去扩展信号的频谱，而接收端用相同的扩频码序列进行解扩，把扩频信号还原成原始信息。图 4-1 示出了直扩通信系统原理及有关波形和相位关系。

在发送端输入信息码元 $m(t)$，它是二进制数据，图中为 0、1 两个码元，其码元宽度为 T_b，加入扩频调制器，图中为一个模 2 加法器，扩频码为一个伪随机码（PN 码），记作 $p(t)$，伪码的波形如图 4-1b 中第（2）个波形，其码元宽度为 T_p，且取 $T_b=16T_p$。通常在 DS 系统中，伪码的 R_p 速率远远大于信码速率 R_m，即 $R_p \gg R_m$，也就是说，伪码的宽度 T_p 远远小于信码的宽度，即 $T_p \ll T_b$，这样才能展宽频谱。模 2 加法器运算规则可用下式表示

$$c(t)=m(t)\oplus p(t) \tag{4-9}$$

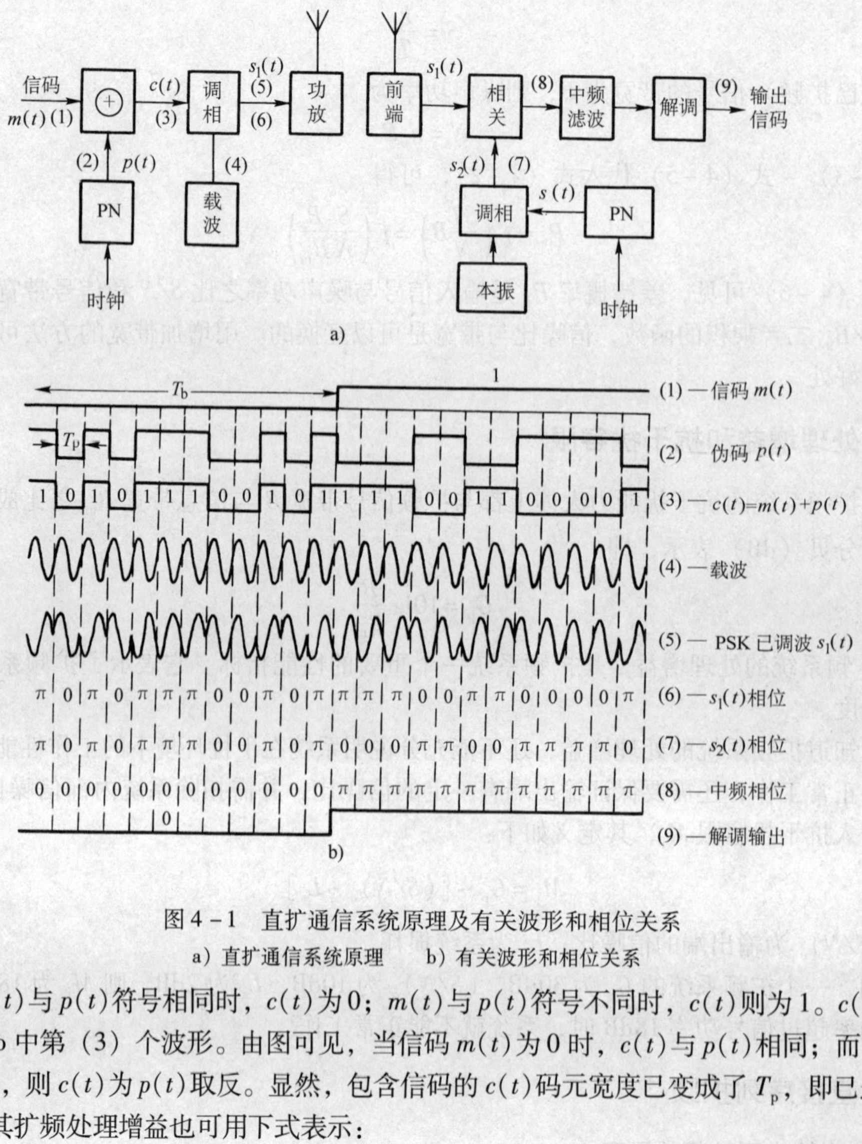

图 4－1　直扩通信系统原理及有关波形和相位关系

a）直扩通信系统原理　b）有关波形和相位关系

当 $m(t)$ 与 $p(t)$ 符号相同时，$c(t)$ 为 0；$m(t)$ 与 $p(t)$ 符号不同时，$c(t)$ 则为 1。$c(t)$ 的波形如图 4－1b 中第（3）个波形。由图可见，当信码 $m(t)$ 为 0 时，$c(t)$ 与 $p(t)$ 相同；而当信息 $m(t)$ 为 1 时，则 $c(t)$ 为 $p(t)$ 取反。显然，包含信码的 $c(t)$ 码元宽度已变成了 T_p，即已进行了扩展频谱。其扩频处理增益也可用下式表示：

$$G_p = 10\lg \frac{T_b}{T_p} \tag{4－10}$$

在 T_b 一定的情况下，若伪码速率越高，即伪码宽度（码片宽度）T_p 越窄，则扩频处理增益越大。

经过扩频，信号还要进行载频调制，以便在信道上有效地传输。图中采用二相相移键控方式。调相器可由环形调制器完成，即将 $c(t)$ 与载频 $A\cos\omega_1 t$ 相乘，输出为 $s_1(t)$，即

$$s_1(t) = c(t)A\cos\omega_1 t \tag{4－11}$$

式中

$$c(t) = \begin{cases} 1 & ，当二进制序列为 0 码 \\ -1 & ，当二进制序列为 1 码 \end{cases}$$

因此，经过扩频和相位调制后的信号 $s_1(t)$ 为

$$s_1(t)=Ac(t)\cos\omega_1 t=\begin{cases}A\cos\omega_1 t\\ -A\cos\omega_1 t\end{cases} \tag{4-12}$$

由上面讨论可知，经过扩频调制的信号 $c(t)$ 可看作只取 ±1 的二值波形，然后对载频进行调制，这里是采用调相（BPSK）。这里假定平衡调制器是理想对称、码序列取 +1、-1 的概率相同，即调制信号无直流分量，平衡调制器输出的已调波中，无载波分量。$s_1(t)$ 通过发射机中推动级、功放和输出电路加至天线发射出去。

4.1.3.2　接收端工作原理

假设发射的信号经过信道传输，经过接收机前端电路（包括输入电路、高频放大器等），输出仍为 $s_1(t)$，相关器完成相干解调和解扩。接收机中的本振信号频率与载频相差为一个固定的中频。假定接收端的伪码（PN）与发送端的 PN 码相同，且已同步。接收端本地调相情况与发送端相类似，调制信号是 $p(t)$，调相器输出信号 $s_2(t)$ 的相位取决于 $p(t)$，当 $p(t)=1$ 时，$s_2(t)$ 的相位为 π；当 $p(t)=0$ 时，$s_2(t)$ 相位为 0。$s_2(t)$ 的相位如图 4-1b 中 (7) 所示。

相关器在这里可等效为对输入相关器的 $s_1(t)$、$s_2(t)$ 相位进行模 2 加。对二元制的 0、π 而言，同号模 2 加为 0，异号模 2 加为 π。因此相关器输出的中频相位如图 4-1b 中（8）所示，然后通过中频滤波器，滤除不相关的各种干扰，经解调恢复出原始信息。

4.2　CDMA 数字蜂窝移动通信系统

4.2.1　CDMA 数字蜂窝移动通信系统的网络结构与组成

CDMA 数字蜂窝移动通信系统的网络结构如图 4-2 所示，它与 GSM 数字蜂窝移动通信系统的网络相类似，主要由网络子系统、基站子系统和移动台三部分组成。图 4-2 中已表

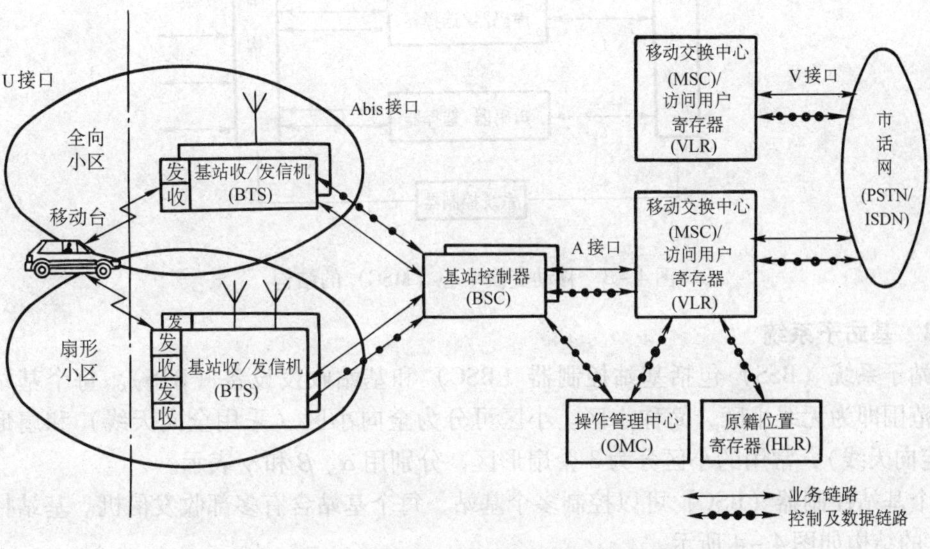

图 4-2　CDMA 数字蜂窝移动通信系统的网络结构

明了各部分之间以及与市话网（PSTN 或 ISDN）之间的接口关系。其中小区分为全向小区和扇形小区两种类型。下面对各部分功能及主要组成作扼要说明。

4.2.1.1 网络子系统

网络子系统处于市话网与基站控制器之间，它主要由移动交换中心（MSC）组成。此外，还有原籍位置寄存器（HLR）、访问用户位置寄存器（VLR）、操作管理中心（OMC）以及鉴权中心（图中未画）等设备。移动交换中心的其他功能与 GSM 的移动交换中心的功能是类同的。

移动交换中心（MSC）是蜂窝通信网络的核心，其主要功能是对位于本 MSC 控制区域内的移动用户进行通信控制和管理。MSC 的结构如图 4－3 所示。所有基站都有线路连至 MSC，包括业务线路和控制线路。每一基站对每一声码器为 20ms（1 帧）长的数据组信号质量（即信噪比）作出估算，并将估算结果随同声码器输出的数据传送至移动交换中心。由于移动台至相邻各基站的无线链路受到的衰落和干扰情况不同，从某一基站到移动交换中心的信号有可能比从其他基站传到的同一信号质量好。移动交换中心将收到的信息送入选择器和相应的声码器。选择器对两个或更多基站传来的信号质量进行比较，逐帧（20ms 为 1 帧）选取质量最高的信号送入声码器，即完成选择式合并。声码器再把数字信号转换至 64kbis/s 的 PCM 电话信号或模拟电话信号送往公用电话网。在相反方向，公用电话网用户的语音信号送往移动台时，首先是由市话网连至交换中心的声码器，再连至一个或几个基站，再由基站发往移动台。交换中心的控制器确定语音传给哪一个基站或哪一个声码器。

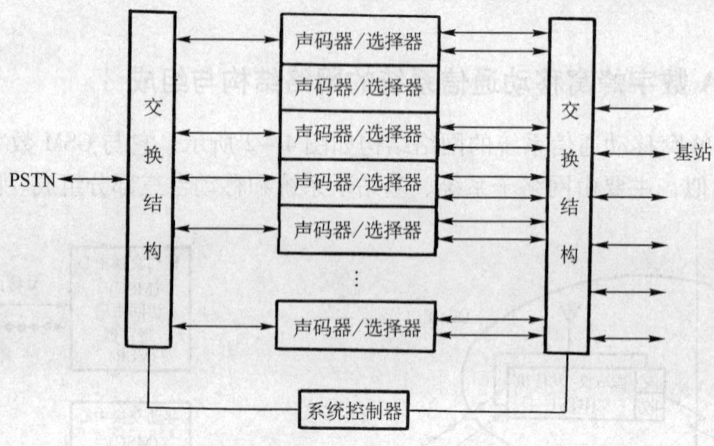

图 4－3 移动交换中心（MSC）的结构

4.2.1.2 基站子系统

基站子系统（BSS）包括基站控制器（BSC）和基站收发设备（BTS）。每个基站的有效覆盖范围即为无线小区，简称小区。小区可分为全向小区（采用全向天线）和扇形小区（采用定向天线），常用的小区分为 3 个扇形区，分别用 α、β 和 γ 表示。

一个基站控制器（BSC）可以控制多个基站，每个基站含有多部收发信机。基站控制器（BSC）的结构如图 4－4 所示。

由图 4－4 可见，它主要包括代码转换器和移动性管理器。

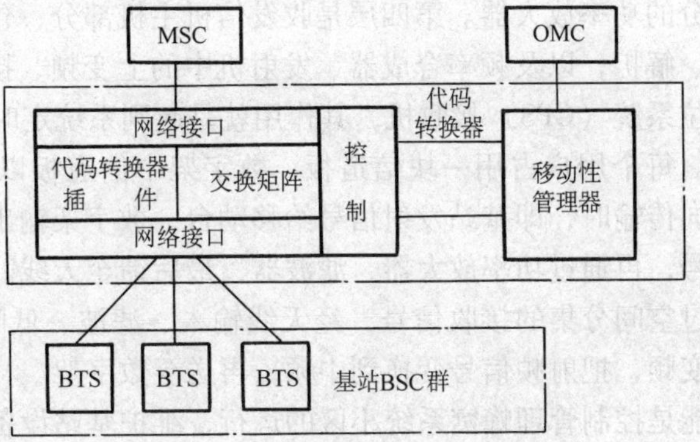

图 4－4　基站控制器（BSC）的结构简化图

移动性管理器负责呼叫建立、拆除、切换无线信道等，这些工作由信道控制软件和 MSC 中的呼叫处理软件共同完成。

代码转换器主要包含代码转换器插件、交换矩阵及网络接口单元。

代码转换功能按 EIA/TIA 宽带扩频标准规定，完成适应地面的 MSC 使用 64kbit/s PCM 语音和无线信道中声码器语音转换，其声码器速率是可变的，有 8kbit/s、4kbit/s、2kbit/s 和 0.8kbit/s 四种。除此之外，代码转换器还将业务信道和控制信道分别送往 MSC 和移动性管理器。

基站控制器无论是与 MSC 还是与 BTS 之间，其传输速率都很高，达 1.544Mbit/s。

基站子系统中，数量最多的是收发信机（BTS）等设备，图 4－5 示出了单个扇形小区的设备组成框图。由于接收部分采用空间分集方式，因此采用两副接收天线（Rx），一副发射天线（Tx）。顶端为滤波器和线性功率放大器，即接收部分输入电路，选取射频信号，滤除带外干扰。接收部分的前置低噪声放大器（LNA）也置于第一层中，其主要作用是为了改善信噪比。

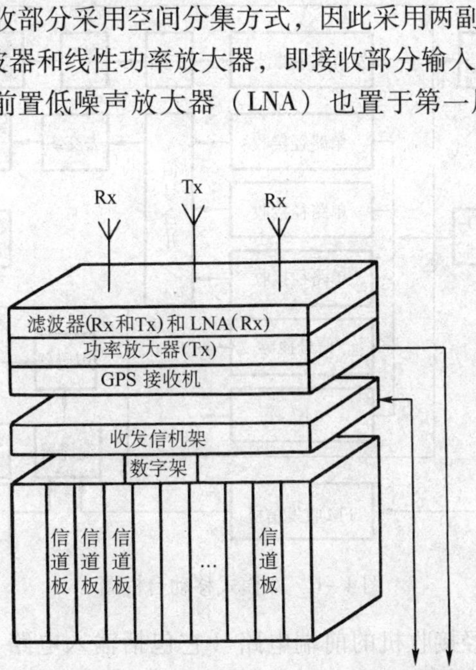

图 4－5　单个扇形小区的设备组成框图

第二层是发射部分的功率放大器。第四层是收发信机主机部分，包括发射机中扩频、调制，接收机中的解调、解扩，以及频率合成器、发射机中的上变频、接收机中的下变频等。

第三层是全球定位系统（GPS）接收机，其作用就是起到系统定时作用。最底层是数字机，装有多块信道板。每个用户占用一块信道板。数字架中信道板以中频与收发信机架连接。具体而言，在正向传输时，即基站发射信号给移动台，数字架输出的中频信号经收发信机架上变频到射频信号，再通过功率放大器、滤波器，最后馈至天线。在反向传输信道，基站处于接收状态，通过空间分集的接收信号，经天线输入、滤波、低噪声放大（LNA），然后通过收发信机架下变频，把射频信号变换到中频，再送至数字架。

基站控制器的功能是控制管理蜂窝系统小区的运行，维护基站设备的硬件和软件，为建立呼叫、接入、信道分配等正常运行收集有关的统计信息，监测设备故障、分配定时信息等。数字架和收发信机架均受基站（小区）控制器控制。

4.2.1.3 移动台

IS－95标准规定的双模式移动台，必须与原有的模拟蜂窝系统（AMPS）兼用。

双模式移动台与原有模拟蜂窝移动台之间的差别是增加了数字信号处理部分，如图4－6所示。

发送时，由送话器输出语音信号，经编码输出PCM信号，经声码器输出低速率语音数据，经数据速率调节、卷积编码、交织、扩频、滤波后送至射频前端（含上变频、功效、滤波等），馈至天线。

收、发合用一副无线，由天线共用器进行收、发隔离，收、发频差为45MHz。

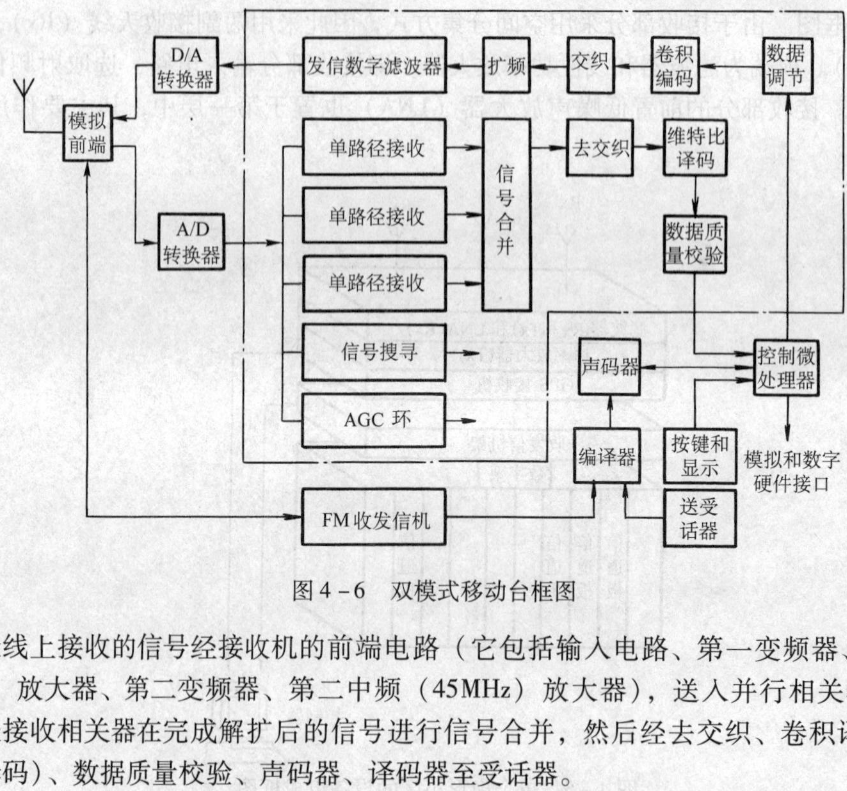

图4－6 双模式移动台框图

从天线上接收的信号经接收机的前端电路（它包括输入电路、第一变频器、第一中频（86MHz）放大器、第二变频器、第二中频（45MHz）放大器），送入并行相关器。其中3个单路径接收相关器在完成解扩后的信号进行信号合并，然后经去交织、卷积译码器（即维持比译码）、数据质量校验、声码器、译码器至受话器。

信号搜寻相关器用于搜索和估算基站的导频信号强度。不同的基站具有不同的引导 PN 码偏置系数，移动台据此判断不同的基站。

第二中频放大器输出电平，为接收机自动增益控制（AGC）电路提供电平，以减小信号强度起伏。

4.2.1.4　CDMA 系统接口与信令协议

1. 系统接口

CDMA 系统有如下主要接口（参见图 4-7）：

MS 与 BS 间的接口—— Um　　MSC 与 EIR 间的接口—— F

BS 与 MSC 间的接口—— A　　VLR 与 VLR 间的接口—— G

MSC 与 VLR 间的接口—— B　　HLR 与 AUC 间的接口—— H

MSC 与 HLR 间的接口—— C　　MSC 与 PSTN 间的接口—— A_i

VLR 与 HLR 间的接口—— D　　MSC 与 PSPDN 间的接口—— P_i

MSC 与 MSC 间的接口—— E　　MSC 与 ISDN 间的接口—— D_i

图中 MC 为短报文中心，是存储和转发短报文的实体。短报文实体（SM）是合成和分解短报文的实体。它们之间的接口为 M。

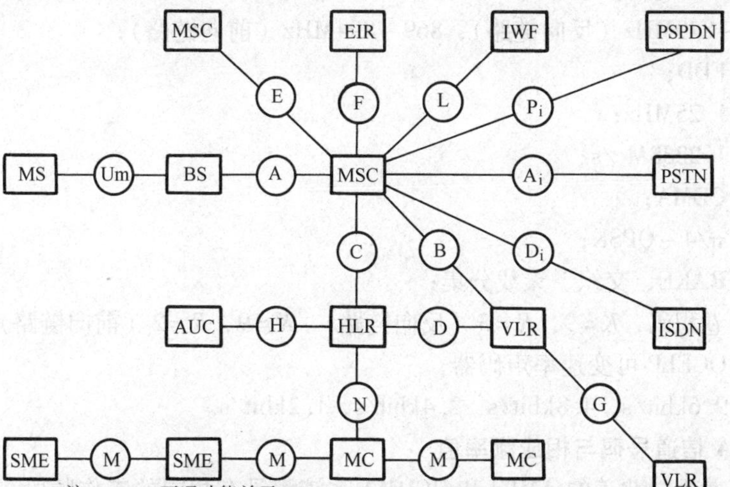

注：IWF —互通功能单元

图 4-7　CDMA 系统的主要接口

2. 信令协议

CDMA 系统信令协议应包括各个接口间的信令协议。这里，仅介绍空中接口（Um）的信令协议。CDMA 系统中，所有信道上的信令都使用面向比特的同步协议，所有信道上的报文都使用同样的分层格式。最高层的格式是报文囊（Capsule），它包括报文（Message）和填充物（Padding）。次一层的格式是将报文分成报文长度、报文体和 CRC。空中接口的信令协议结构被分作三层，即物理层、链路层和控制处理层，它们是 CDMA 系统的基础。CDMA 系统信令协议的三层结构如图 4-8 所示。

第一层是数据无线信道中的物理层，包括传递比特位的功能，如射频调制、编码、成帧、信道匹配传输等。在第一层和第二层之间包括了一个复用子层。这个复用子层允许用户数据和信令处理通过无线通道实现共享。对于用户数据来说，高于复用子层的协议层与业务

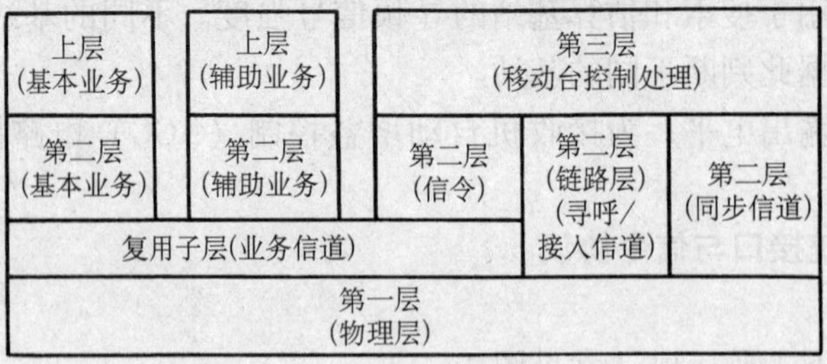

图4-8 CDMA系统信令协议的三层结构

选择无关。在典型的情况下，它有更高两层，即第二层、第三层的协议内容。信令协议第二层是和可靠的信令发送相联系的协议。处于基站和移动台之间的第三层消息包括消息重传和双重检测。信号第三层的协议包括了呼叫流程，无线信道控制和移动台控制（包括呼叫的建立、切换、功率的控制、移动台的注销）。

4.2.2 系统参数与使用频段

4.2.2.1 CDMA系统的参数

频段：824~849MHz（反向链路），869~894MHz（前向链路）；

双工方式：FDD；

载波间隔：1.25MHz；

信道速率：1.2288Mc/s；

接入方式：CDMA；

调制方式：π/4-QPSK；

分集方式：RAKE、交织、天线分集；

信道编码：卷积码，$K=9$，$R=3$（反向链路），$K=9$，$R=2$（前向链路）；

语音编码：QCELP可变速率声码器；

数据速率：9.6kbit/s，4.8kbit/s，2.4kbit/s，1.2kbit/s。

4.2.2.2 CDMA信道号码与相应频率值

由于数、模兼用，北美的AMPS和QCDMA系统都具有相同的工作频段。其中，移动台向基站的传输频段占25MHz，为824~849MHz；基站向移动台的传输频段也占25MHz，为869~894MHz。双工收、发频差为45MHz，信道间隔为30kHz。CDMA信道编号及相应的频率如表4-1所示。表4-1中示出了允许CDMA蜂窝系统使用的频段，如果信道编号以N表示，则对应的中心频率可按表4-2进行计算。

信道号1~666，占20MHz频段，其中1~333属系统A，334~666属系统B。系统A、B分别为两个不同的经营部门，各自组成蜂窝网。A和B是基本的信道。此外，又外加5MHz频带作为A系统的扩展（A′，A″）和B系统的扩展（B′），其信道号码为667~779和991~1023。

4.2.3 CDMA系统的特点

4.2.3.1 CDMA系统的特点

与FDMA和TDMA相比，CDMA具有许多独特的特点。

（1）系统容量大　系统容量大，即频谱利用率高，指的是CDMA在与GSM同样的频段

表 4-1　CDMA 信道编号及相应的频率

系统	CDMA 可用的频率	模拟信道总数	CDMA 信道编号	发射机频率/MHz 移动台	发射机频率/MHz 基站
A″（1MHz）	*	22	991	824.040	869.040
			1012	824.670	869.670
	CDMA	11	1013	824.700	869.700
			1023	825.000	870.000
A（10MHz）	CDMA	311	1	825.030	870.030
			311	834.330	879.330
	*	22	312	834.360	879.360
			333	834.990	879.990
B（10MHz）	*	22	334	835.020	880.020
			355	835.650	880.650
	CDMA	289	356	835.680	880.680
			644	844.320	889.320
	*	22	645	844.350	889.350
			666	844.980	889.980
A′（1.5MHz）	*	22	667	845.010	890.010
			688	845.640	890.640
	CDMA	6	689	845.670	890.670
			694	845.820	890.820
	*	22	695	845.850	890.850
			716	846.480	891.480
B′（2.5MHz）	*	22	717	846.510	891.510
			738	847.140	892.140
	CDMA	39	739	847.170	892.170
			777	848.310	893.310
	*	22	778	848.340	893.340
			799	848.970	893.970

注：“*”表示 CDMA 系统不使用的频段。

下可以允许更多的用户使用。理论上使用相同频率资源的情况下，CDMA 移动网容量是模拟网容量的 20 倍，实际使用中是模拟网的 10 倍，是 GSM 的 4~5 倍。在 CDMA 系统中，由于不同的扇区也可以使用相同频率，当小区使用定向天线（即 120°扇形天线）时，干扰减为 1/3，因为每副天线只收到 1/3 移动台的发射信号。这样，整个系统所提供的容量又可提高约 3 倍，并且小区容量将随着扇区数的增大而增大。但对于其他系统来说，由于不同扇区不能使用同一频率，所以即使分成三扇区也只是频率复用的要求，并没有增加小区容量。

表 4-2　由信道编号计算 CDMA 频率

发射机	CDMA 信道号	CDMA 频率/MHz
移动台	$1 \leqslant N \leqslant 777$	$0.03N + 825.00$
	$1013 \leqslant N \leqslant 1023$	$0.03(N-1023) + 825.00$
基站	$1 \leqslant N \leqslant 777$	$0.03N + 870.00$
	$1013 \leqslant N \leqslant 1023$	$0.03(N-1023) + 870.00$

（2）软容量　在CDMA系统中，用户数和服务级别之间有着更灵活的关系。CDMA系统允许同时通话的用户数超过信道数，使系统的容量与用户数之间存在一种“软”的关系。在业务高峰期间，有可能在一定程度上稍微降低系统的误码性能，稍微降低用户通话质量，以适当增多系统的用户数目，保证通话的继续进行，等到目标小区负荷减轻时，通话质量再恢复正常。反之，系统内同时通话的用户数较少时，由于多址干扰的减少，通话质量会更好。在系统中采用可变速率语音编码器，速率降低时，对其他用户的干扰也将降低，因为速率降低会使处理增益增加，故要求的信干比（C/I）可降低，在干扰（I）一定的情况下，信号功率（C）就可降低，这意味着对其他用户的干扰减小，从而使系统容量增大。

体现软容量的另一种形式是小区呼吸功能。所谓小区呼吸功能是指各个小区的覆盖大小是动态的。当相邻两小区负荷一轻一重时，负荷重的小区通过减少导频发射功率，使本小区的边缘用户由于导频强度不足，切换到相邻小区，使负荷分担，即相当于增加了容量。

（3）通话质量更佳　CDMA系统的声码器可以动态地调整数据传输速率，并根据适当的门限值选择不同的电平级发射。同时门限值根据背景噪声的改变而变化，这样就抑制了背景噪声，因此即使在背景噪声较大的情况下，也可以得到较好的通话质量。

（4）移动台辅助软切换　软切换（Soft Switch）就是当移动台需要跟一个新的基站通信时，CDMA系统采用软切换技术和先进的数字话音编码技术，并使用多个接收机同时接收不同方向的信号。“先通后断（Make Before Break）”，即切换初期，移动台与新、老基站同时保持链路，只有当切换成功后才断开与老基站的链路，以保证通信的畅通。由于过境切换时，只需改变码型，用不着切换频率，相对而言，切换的控制和操作比较简单。软切换在两个基站覆盖区的交界处起到了话务信道的分集作用。这样完全克服了硬切换容易掉话的缺点。软切换的主要优点是：

1）无缝切换，可保持通话的连续性。

2）减少掉话可能性。由于在软切换过程中，在任何时候移动台至少可跟一个基站保持联系，从而减少了掉话的可能性。

3）处于切换区域的移动台发射功率降低。减少发射功率是通过分集接收来实现的，降低发射功率有利于增加反向容量。

但同时，软切换也相应带来了一些缺点，主要有：

1）导致硬件设备（即信道卡）的增加。

2）降低了前向容量。但由于CDMA系统前向容量大于反向容量，所以适量减少前向容量不会导致整个系统容量的降低。

（5）频率规划简单　由于扩频CDMA数字蜂窝系统是频带和时间资源共享的，所以不像FDMA那样需要复杂的频率计划管理和花费保护频带，也不像TDMA那样需要信道均衡、时隙计划管理和花费保护时间。用户按不同的序列码区分，所以不同的CDMA载波可在相邻的小区内使用，网络规划灵活，扩展简单。

（6）建网成本低　CDMA网络覆盖范围大，系统容量高，所需基站少，降低了建网成本。

（7）“绿色手机”　普通的手机（GSM和模拟手机）功率一般能控制在600mW以下，CDMA系统发射功率最高只有200mW，普通通话功率可控制在零点几毫瓦，其辐射作用可以忽略不计，对人体健康没有不良影响，故称之为“绿色手机”。

（8）保密性能好　扩频通信原来就是为了抗干扰和加强保密性而设计的，因此它首先用于军用通信。由于扩频通信系统采用伪随机码进行扩展频谱调制，这样就给信号带上了伪装。如果对方不知道所用的 PN 码，是很难解扩的。即便知道 PN 码，窃听者也必须非常靠近移动台才能收到信号。CDMA 信号的扰频方式提供了高度的保密性，要窃听通话，必须要找到码址。但 CDMA 码址是个伪随机码，而且共有 4.4 万亿种可能的排列，因此，要破解密码或窃听通话内容实在是太困难了。

(9) 抗衰落性能好　移动信道中最严重的问题是多径干扰，分集是对抗多径衰落很有效的办法，主要有三种分集方式：时间分集、频率分集和空间分集。

CDMA 系统采用并联相关器的方法解决了多径问题。移动台和基站分别配备三个和四个相关器。基站和移动台所用的 Rake 接收机，能独立跟踪各个不同路径，将收到的信号强度矢量相加，然后再进行解调。这样，虽然每条路径都有衰落，但彼此各自独立，互不相关，此消彼长，因而基于各信号之和的解调方式就能更可靠地抗衡多径衰落的影响。

(10) CDMA 的功率控制　CDMA 系统的容量主要受限于系统内移动台的相互干扰，所以，如果每个移动台的信号到达基站时都达到最小所需的信噪比，系统容量将会达到最大值。CDMA 功率控制的目的就是既维持高质量通信，又不对占用同一信道的其他用户产生不应有的干扰。

CDMA 系统的功率控制除可直接提高容量之外，同时也降低了为克服噪声和干扰所需的发射功率。这就意味着同样功率的 CDMA 移动台与模拟或 TDMA 移动台相比可在更大范围内工作。

(11) 语音激活　典型的全双工双向通话中每次通话的占空比小于 35%。在 FDMA 和 TDMA 系统里，由于通话停顿时重新分配信道存在一定时延，所以难以利用语音激活技术。CDMA 蜂窝通信系统便于充分利用对话的不连续性，采用可变速率的声码器，CDMA 在不讲话时传输速率降低，减轻了对其他用户的干扰，这就是 CDMA 系统中的话音激活技术。而 CDMA 的容量又直接与所受总干扰功率有关，这样就可以使容量增加一倍左右。

4.2.3.2　CDMA 系统存在的问题

在 CDMA 系统中，由于所有用户均使用相同频段的无线信道和相同的时间，用户间仅靠地址扩频码的不同即靠他们之间互相关特性加以区分。若用户间的地址码互相关不为零，则用户间就存在着干扰，我们称这类干扰为多址干扰。

多址干扰是移动通信中的另一类主要干扰，它与信道的衰落和多径干扰有所不同。它虽然是决定于信道的多址接入特性，然而多址接入却又决定于多个用户要求同时通信，这就是说多址干扰的实质原因是由于多个用户要求同时通信，而又不能完全将他们彼此隔开而引起的干扰。

除了多址干扰本身直接的影响外，在上行链路中，如果保持小区内所有移动台的发射功率相同，由于小区内移动台用户的随机移动，使得移动台与基站间距离是不同的，所以近基站移动台的信号强，远离基站的移动台信号弱，因而会产生以强压弱现象，而设备的非线性就更会加速这一现象的产生，这就是所谓的“远近效应”。在下行链路中，当移动台位于相邻小区的交界处时，收到所属基站的有用信号功率很低，同时还会受到相邻小区基站较强的干扰，这就是所谓的“角效应”。除此之外，电波传播中由于大型建筑物的阻挡形成“阴影效应”而产生慢衰落。这些现象都将会导致系统容量下降和实际通信服务范围缩小等后果。

4.2.4 CDMA 系统的逻辑信道

4.2.4.1 逻辑信道

在 CDMA 系统中，各种逻辑信道都是由不同的码序列来区分的。任何一个通信网络除主要传输业务信息外，还必须传输有关的控制信息。对于大容量系统一般采用集中控制方式，以便加快建立链路的过程。CDMA 蜂窝系统在基站至移动台的传输方向（正向传输）上设置了导频信道、同步信道、寻呼信道和正向业务信道；在移动台至基站的传输方向（反向传输）上设置了接入信道和反向业务信道，如图 4-9 所示。

CDMA 蜂窝系统采用码分多址方式，收、发使用不同载频（收、发频差 45MHz），通信方式是频分双工。一个载频包含 64 个逻辑信道，占用带宽约 1.23MHz。由于正向传输（下行）和反向传输的要求及条件不同，因此逻辑信道的构成及产生方式也不同，下面分别予以说明。

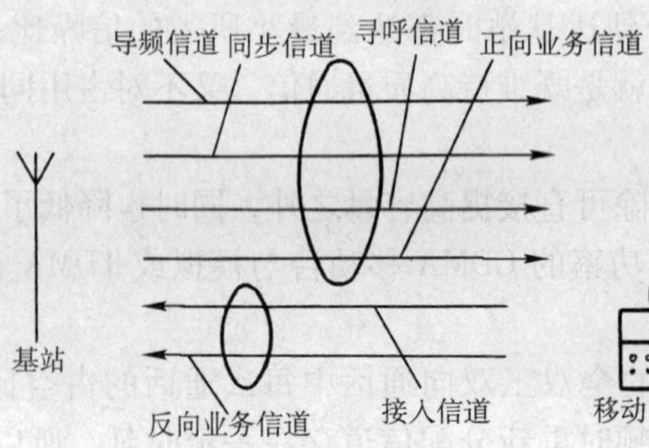

图 4-9 CDMA 蜂窝系统信道分类示意图

4.2.4.2 正向逻辑信道

CDMA 正向传输的逻辑信道的组成如图 4-10 所示。

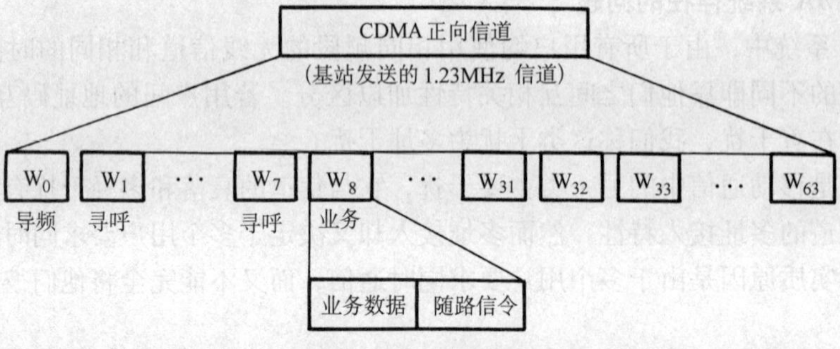

图 4-10 CDMA 正向传输的逻辑信道的组成

正向传输中，采用 64 阶沃尔什函数区分逻辑信道，分别用 W_0，W_1，…，W_{63}表示。其中 W_0 用作导频信道，W_1 是首选的寻呼信道，W_2，…，W_7 也是寻呼信道，即寻呼信道最多可达 7 个。W_8，…，W_{63}用作业务信道（其中 W_{32}为同步信道），共计 55 个。

导频信道用来传送导频信息，由基站连续不断地发送一种直接序列扩频信号，供移动台从中获得信道的信息，并提取相干载波以进行相干解调，还可对导频信号电平进行检测，用以比较相邻基站的信号强度和决定是否需要进行越区切换。为了保证各移动台载波检测和提取的可靠性，导频信道的功率须高于业务信道和寻呼信道的平均功率。例如导频信道可占总功率的 20%，同步信道占 3%，每个寻呼信道占 6%，剩下的功率分配给各业务信道。

同步信道用于传输同步信息，在基站覆盖范围内，各移动台可利用这些信息进行同步捕获。同步信道上载有系统的时间和基站引导 PN 码的偏置系数，以实现移动台接收解调。同步信道在捕捉阶段使用，一旦捕获成功，一般就不再使用。同步信道的数据速率是固定的，为 1200bit/s。

寻呼信道供基站在呼叫建立阶段传输控制信息，每个基站有一个或几个（最多 7 个）寻呼信道，当有市话用户呼叫移动用户时，经移动交换中心（MSC）或移动电话交换局（MTSO）送至基站，寻呼信道上就播送该移动用户识别码。通常，移动台在建立同步后，就在首选的 W_1 寻呼信道（或在基站指定的寻呼信道上）监听由基站发来的信令，当收到基站分配业务信道的指令后，就转入指配的业务信道中进行信息传输。当小区内需要通信的用户数目很多，业务信道不够应用时，某几个寻呼信道可临时用作业务信道。在极端情况下，7 个寻呼信道和一个同步信道都可改作业务信道。这时候，总数为 64 的逻辑信道中，除去一个导频信道外，其余 63 个均用于业务信道。在寻呼信道上的数据速率是 4800bit/s 或 9600bit/s，由经营者自行决定。

业务信道载有编码的语音或其他业务数据，除此之外，还可以插入必需的随路信令，例如必须安排功率控制子信道，传输功率控制指令。又如在通话过程中，发生越区切换时，必须插入过境切换指令等。

在 CDMA 蜂窝系统中，各基站配有 GPS 接收机，保证系统中各基站有统一的时间基准，即 CDMA 蜂窝系统的公共时间基准。小区内所有移动台均以基站的时间基准作为各移动台的时间基准，从而保证全网的同步。

4.2.4.3　反向逻辑信道

CDMA 系统的反向逻辑信道由接入信道和反向业务信道组成，基站接收的反向 CDMA 逻辑信道如图 4-11 所示。

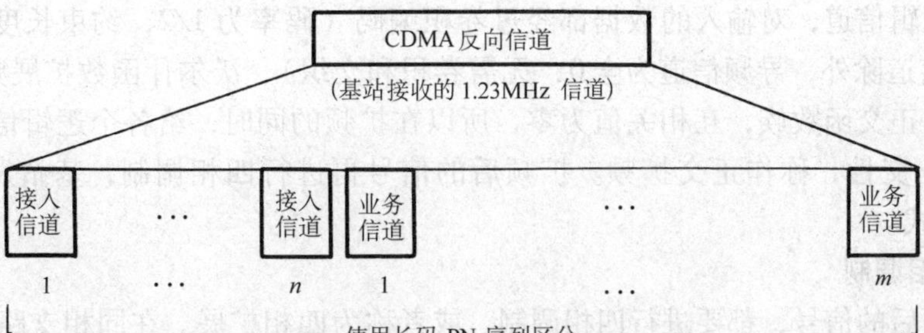

图 4-11　基站接收机的反向 CDMA 信道

在反向传输逻辑信道中，接入信道与正向传输的寻呼信道相对应，其作用是在移动台接续开始阶段提供通路，在移动台没有占用业务信道之前，提供由移动台至基站的传输通路。供移动台发起呼叫或对基站的寻呼进行响应，以及向基站发送登记注册的信息等。接入信道使用一种随机接入协议，允许多个用户以竞争的方式占用。在一个反向信道中，接入信道数 n 最多可达 32 个。在极端情况下，业务信道数 m 最多可达 64 个。每个业务信道用不同的用户长码序列加以识别，每个接入信道也采用不同的接入信道长码序列加以区别。

在反向传输方向上无导频信道，这样，基站接收反向传输的信号时，只能用非相干解调。

4.3 CDMA 正向信道

CDMA 系统中，由基站发往移动台的信道称为 CDMA 正向信道，也称作下行传输或下行链路。它由用于正向控制的广播信道和用于携带用户信息的正向业务信道组成。其中控制信道又分为导频信道、同步信道和寻呼信道。所有这些信道都在同一个 1.23MHz 的 CDMA 载波上。

4.3.1 正向信道组成

4.3.1.1 信道结构

CDMA 系统的正向信道组成框图如图 4-12 所示。

4.3.1.2 信号组成

基站发送的信号带宽约为 1.23MHz，包含相互正交的 64 个逻辑信道。其中导频信道使用沃尔什函数，记作 W_0；寻呼信道可用 $W_1 \sim W_7$；同步信道采用 W_{32}；其他沃尔什函数都用于业务信道。但正向信道的逻辑信道配置并不是固定的，其中导频信道一定要有，其余的逻辑信道可根据具体情况配置。例如，可用业务信道取代寻呼信道和同步信道，成为 1 个导频信道，0 个同步信道，0 个寻呼信道和 63 个业务信道。这种情况发生在基站拥有两个以上的 CDMA 信道（即带宽大于 2.5MHz），其中一个为 CDMA 基本信道（1.23MHz），所有移动台都先集中在该基本信道上工作。此时，若基本 CDMA 业务信道忙，可由基站在基本 CDMA 信道的寻呼信道上发射信道指配消息，将某移动台分配到另一个 CDMA 信道进行业务通信，该 CDMA 信道只需一个导频信道，而不再需要同步信道和寻呼信道。

每一个逻辑信道都先用相应的沃尔什函数作正交扩频，沃尔什函数的码片（或称子码）的速率的 1.2288Mc/s，即子码的码元宽度为 0.8138μs，约 0.814μs。

每一个逻辑信道，对输入的数据都经过卷积编码（码率为 1/2，约束长度为 9）、分组交织（导频信道除外，导频信道为全 0，无需卷积和交织）、沃尔什函数扩展频谱。由于沃尔什函数是一正交函数族，互相关值为零，所以在扩频的同时，给各个逻辑信道（总共 64 个）带上了正交性，称作正交扩频。扩频后的信号再进行四相调制，基站发射信号采用 QPSK 调制方式。

4.3.1.3 四相调制

正交扩频后的信号，都要进行四相调制，或者称为四相扩展。在同相支路（I）和正交支路（Q）引入两个互为准正交的 m 序列，即 I 信道引导 PN 序列和 Q 信道引导 PN 序列，序列周期长度均为 2^{15}（32 768），其构成是以下列生成多项式为基础的：

I 支路 $P_1(x) = x^{15} + x^{13} + x^9 + x^8 + x^7 + x^5 + 1$

Q 支路 $P_Q(x) = x^{15} + x^{12} + x^{11} + x^{10} + x^6 + x^5 + x^4 + x^3 + 1$

上述生成多项式产生的是周期长度为 $2^{15}-1$ 的 m 序列。为了得到周期长度为 2^{15} 的 I 序列和 Q 序列，当生成的 m 序列中出现 14 个连“0”时，向其中再插入一个“0”，使序列 14 个“0”的游程变成 15 个“0”的游程。从而不仅得到了引导序列周期长度为偶数（2^{15} = 32 768），而且序列中“0”和“1”的个数各占一半，平衡性更好。

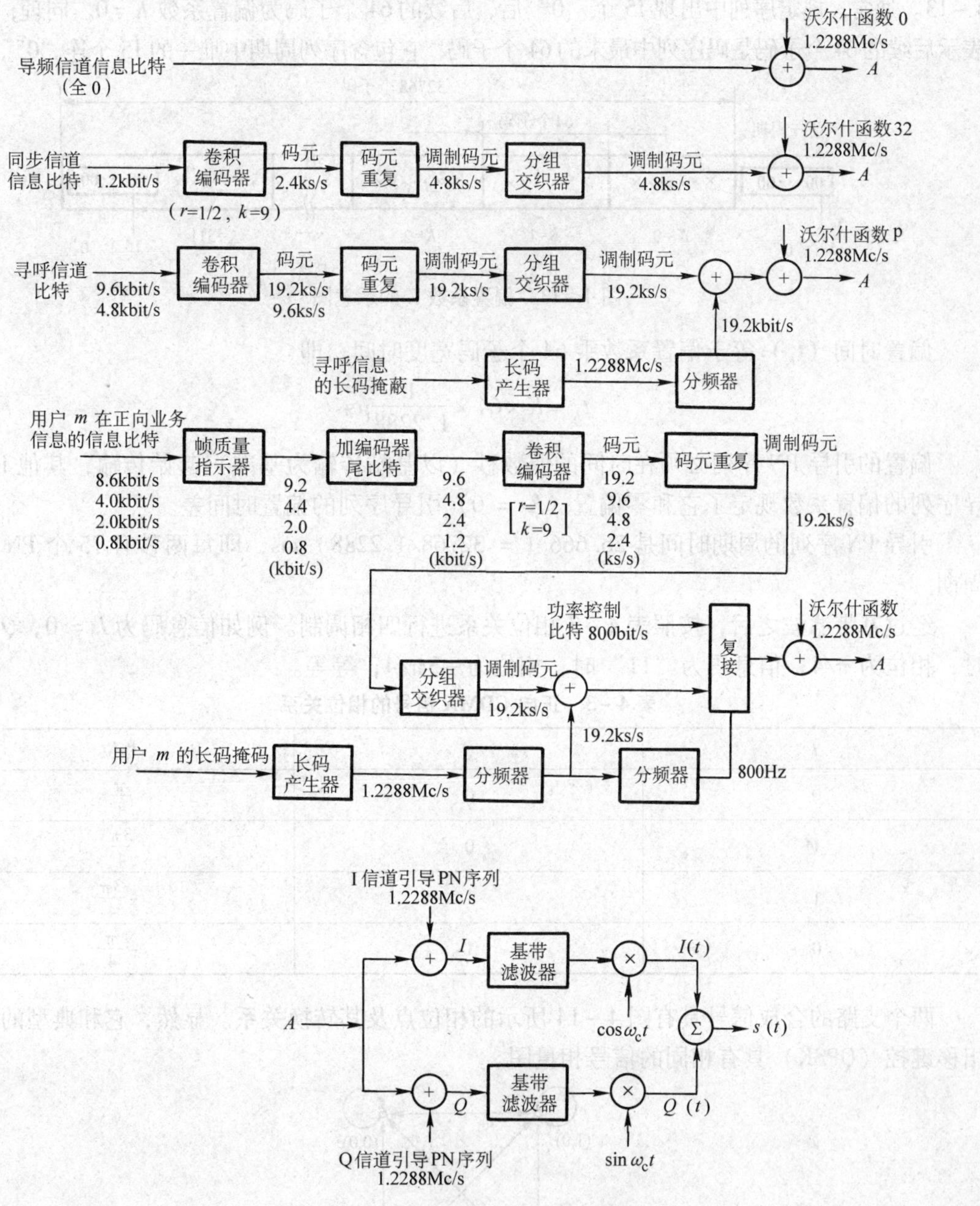

图 4－12　CDMA 系统的正向信道组成框图

引导 PN 序列的主要作用是给不同基站发出的信号赋以不同的特征，便于移动台识别所需的基站。不同的基站虽然使用相同的 PN 序列，但各基站 PN 序列的起始位置是不同的，即各自采用不同的时间偏置。由于 m 序列的自相关特性在时间偏移方面大于一个子码码元宽度，所以其自相关系数值接近于 0，因而移动台用相关器很容易把不同基站的信号区分开来。通常一个基站的 PN 序列在其所有配置的频率上，都采用相同的时间偏置，而在一个 CDMA 蜂窝系统中，时间偏置也可以再用。

不同的时间偏置用不同的偏置系数表示，偏置系数共 512 个。编号 K 从 0 到 511，参见图

4-13。通常，规定序列中出现15个“0”后，后续的64个子码为偏置系数$K=0$。同理，$K=1$表示后续的64个子码是码序列中最末的64个子码，它包含序列周期中唯一的15个连“0”。

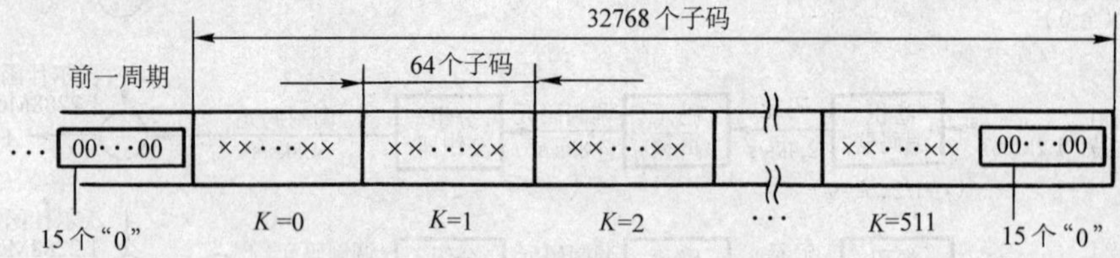

图4-13　偏置系数K的示意图

偏置时间（t_K）等于偏置系数乘64个子码宽度时间，即

$$t_K = K \times 64 \times \frac{1}{1.2288}\mu s$$

偏置的引导PN序列必须在时间的偶数秒（以基站传输为基准）起始传输，其他PN引导序列的偏置系数规定了它和零偏置（$K=0$）引导序列的偏置时间差。

引导PN序列的周期时间是26.666（=32768/1.2288）ms，即每两秒有75个PN序列周期。

经过基带滤波之后，按照表4-3相位关系进行四相调制。例如信息码为$I=0$，$Q=0$时，相位为$\pi/4$；信息码为“11”时，相位为$-3\pi/4$，等等。

表4-3　正向CDMA信号的相位关系

I	Q	相位
0	0	$\frac{\pi}{4}$
1	0	$\frac{3\pi}{4}$
1	1	$-\frac{3\pi}{4}$
0	1	$-\frac{\pi}{4}$

两个支路的合成信号具有图4-14所示的相位点及其转换关系。显然，它和典型的四相相移键控（QPSK）具有相同的信号相量图。

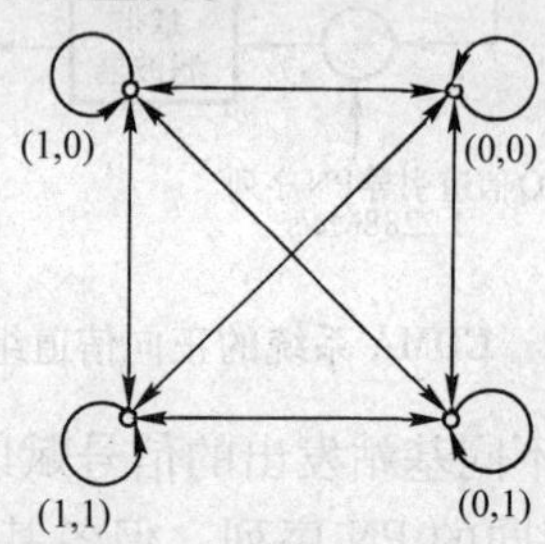

图4-14　正向CDMA信道信号的相位点及其转换关系

4.3.1.4　数据传输与信息帧结构

数据信息帧结构如图4-15所示，它分为同步数据信息帧和寻呼/业务数据信息帧两大类。两类信息帧组成的高帧结构相同，均含有25个超帧，但两类超帧、帧、符号的结构则不相同，两类逻辑信道结构又相同，具体说明如下。

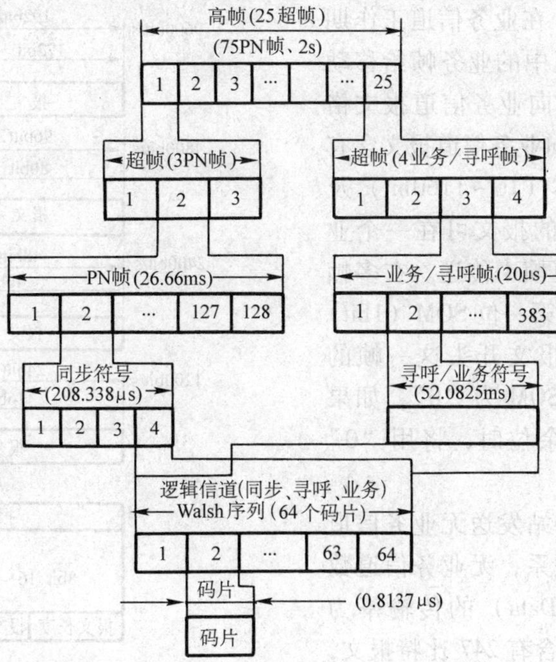

图 4－15　数据传输信息帧结构

1. 同步数据信息帧结构

高帧：含 25 个超帧，或 75 个 PN 帧（相当于 75 个 PN 周期），时长为 2s。

超帧：相当于 3 个 PN 周期，时长为 80ms。

PN 帧：含 128 个同步符号（32768 个码片），时长为 26. 66ms。

同步符号：含 256 个码片（4 个 Walsh 序列），时长为 208. 338μs。

沃尔什序列：含 64 个码片，时长 52. 0825μs。

码片（Chip）：0. 8137μs。

2. 寻呼/业务数据信息帧结构

高帧：含 25 个超帧，或 75 个 PN 帧（相当于 75 个 PN 周期），时长为 2s。

超帧：相当于 4 个业务帧，时长为 80ms。

业务帧：含 384 个寻呼/业务符号（24576 个码片），时长为 20ms。

寻呼/业务符号：含 64 个码片（1 个 Walsh 序列），时长 52. 0825μs。

Walsh 序列：含 64 个码片。

码片（Chip）：0. 8137μs。

3. 业务信息帧

前向业务信道信息帧和反向业务信道信息帧的格式相同，帧长均为 20 ms，如图 4－16a。所示。业务信道在信道编码之前的数据传输速率可分别为 9. 6kbit/s、4. 8kbit/s、2. 4kbit/s、1. 2kbit/s。因此，在一帧内可传送的信息位分别为 172bit、80bit、40bit、16bit。在速率为 9. 6kbit/s、4. 8kbit/s 的帧中，F 分别为 12bit 和 8bit 的帧质量指示，T 为 8bit 的尾位。在速率为 2. 4/1. 2kbit/s 的帧中，只有 8bit 的尾位。帧质量指示的功能有二，一是帧校验，指示该帧是否有错；二可指示传输速率，因为低传输速率时无 F 位。

(1) 前向业务信道 在业务信道工作期间，基站在前向业务信道中的业务帧给移动台发送报文（消息）。前向业务信道报文格式示于图4-16b中。前向业务信道报文含有报文长度（8bit）、报文体（16~1160bit）及CRC（16bit）。基站发送的报文可在一个业务信道帧或多个业务信道帧中传送。在多帧传送时，以业务信道帧的第一位SOM（1bit）来标志报文的开始，即报文开头这一帧的SOM为“1”，其余帧的SOM为“0”，如果报文结束的那一帧有空余位时，将用“0”作填充。

当无业务激活时，基站发送无业务信道数据给移动台，以保持联系，无业务信道数据（Null Traffic Channel Data）的传输率为1.2kbit/s，在其帧结构中含有247比特报文，由16个“1”跟着8个“0”组成。

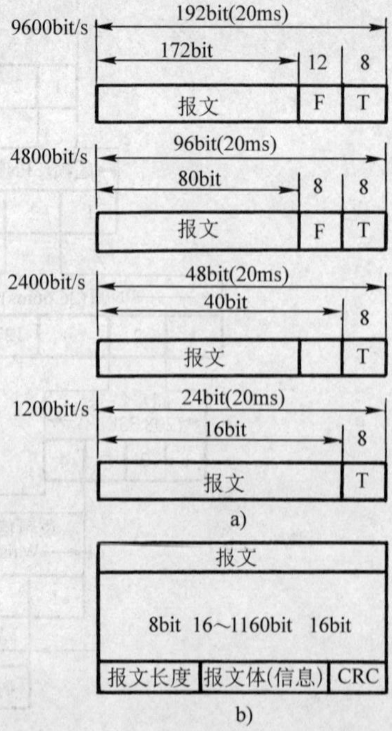

图4-16 业务信道帧结构

a）前向业务信道信息帧和反向业务信道信息帧的格式

b）前向业务信道报文格式

(2) 反向业务信道 反向业务信道帧结构与前向业务信道帧相同，参见图4-16a。反向信道的报文结构参见图4-16b。反向业务信道的前导（Preamble）由含有192个“0”的若干帧组成。无业务的信道数据（Null Traffic Channel Data）由16个“1”加8个“0”组成，以1.2kbit/s速率传输。当移动台无业务激活时，它发送Null业务信道数据，以保持移动台与基站的连接性。

4.3.2 正向CDMA的控制信道

正向CDMA的控制信道是为建立业务链路而服务的，有时也可称作建立信道。它只传输信令，不传输业务，除非当业务信道占满后，临时性地将控制信道改作业务信道使用。控制信道包括导频信道、同步信道和寻呼信道。

4.3.2.1 导频信道

导频信道用于移动台作相位定时、相干载波提取以及在过境切换时信号强度的比较，由图4-12可知，导频信道输入为全0，用沃尔什函数。进行扩频，然后进入四相调制。导频信号在基站工作期间是连续不断地发送的，而且所占功率较大（约占20%），以保证小区内各个移动台能进行正确的解调，这是保证正常通信的前提。

4.3.2.2 同步信道

同步信道主要传输同步信息，移动台利用此同步信息进行同步调整。此外，同步信道还包括供移动台选用的寻呼信道数据率。移动台一旦同步完成，它通常不再接收同步信号，但当设备关机重新开机时，还需要重新进行同步。当通信业务量很多、所有业务信道均被占用而不够应用时，同步信道也可临时改作业务信道使用。

1）同步信号数据速率是1.2kbit/s，分帧传输，帧长是26.66ms，即与引导PN序列周期的时间相同。3 个同步信道帧构成 2 个超帧（80ms，含 96bit）。在同步信道上传送消息只能从同步信道超帧的起始点开始。当使用零偏置($K=0$)引导 PN 序列时，同步信道超帧要在偶数秒的时刻开始。当然，也可在相隔 1 个超帧时刻开始。当所用的引导 PN 序列不是零偏置引导 PN 序列时，同步信道超帧将在偶数秒加上引导 PN 序列偏置时间的时刻开始。

表 4-4 列出了同步信道的主要参数。

表 4-4　同步信道主要参数

参　数	数据率 1200bit/s	单　位
PN 子码速率	1.2288	Mc/s
卷积编码码率	1/2	
码元重复后出现的次数	2	
调制码元速率	4800	s/s
每调制码元的子码数	256	
每比特的子码数	1024	

表 4-4 中有关符号说明如下：

① 二进制信息速率用比特每秒表示，记作 bit/s，或千比特每秒，记作 kbit/s。

② 符号速率，用符号数每秒表示，记作 s/s，或千符号数每秒，记作 ks/s；例如，调制码元的速率是 4800s/s。

③ PN 子码速率是扩频系统专用的一种速率，它是 PN 码对信息码进行扩频时的速率，可以用每秒的子码数表示，记作 c/s。通常 PN 码速率较高，常用 Mc/s 表示。

2）在扩频前，调制码元还需进行分组交织。交织的作用是为了克服突发性干扰，它可将突发性差错分散化，在接收端由卷积编码器按维特比译码法纠正随机差错，从而间接地纠正了突发性差错。

同步信道使用时间跨距为 26.66ms 的分组交织，这跨距与 4800s/s 字符速率的 128 个调制字符相对应。

同步信道交织器输入矩阵如表 4-5 所示。

表 4-5　同步信道交织器输入矩阵

1	9	17	25	33	41	49	57
1	9	17	25	33	41	49	57
2	10	18	26	34	42	50	58
2	10	18	26	34	42	50	58
3	11	19	27	35	43	51	59
3	11	19	27	35	43	51	59
4	12	20	28	36	44	52	60
4	12	20	28	36	44	52	60
5	13	21	29	37	45	53	61
5	13	21	29	37	45	53	61
6	14	22	30	38	46	54	62
6	14	22	30	38	46	54	62
7	15	23	31	39	47	55	63
7	15	23	31	39	47	55	63
8	16	24	32	40	48	56	64
8	16	24	32	40	48	56	64

表中数字为输入交织器码元的序号，相同的序号表示由码元重复产生的相同码元。写入的顺序按列自左至右，即第一列为1，1，2，2，3，3，4，4，…，8，8，然后第二列为9，9，…，16，16等。

通过交织器，输出矩阵如表4－6所示。输出码元的序号依次为1，33，…，61；3，35，…，63，…，4，36，…，64。

表4－6 同步信道交织器输出矩阵

1	3	2	4	1	3	2	4
33	35	34	36	33	35	34	36
17	19	18	20	17	19	18	20
49	51	50	52	49	51	50	52
9	11	10	12	9	11	10	12
41	43	42	44	41	43	42	44
25	27	26	28	25	27	26	28
57	59	58	60	57	59	58	60
5	7	6	8	5	7	6	8
37	39	38	40	37	39	38	40
21	23	22	24	21	23	22	24
53	55	54	56	53	55	54	56
13	15	14	16	13	15	14	16
45	47	46	48	45	47	46	48
29	31	30	32	29	31	30	32
61	63	62	64	61	63	62	64

4.3.2.3 寻呼信道

寻呼信道在呼叫接续阶段传输寻呼移动台的信息，这些信息包括被呼移动台的号码，给移动台指配业务信道的指令等。寻呼信道最多可达7条，分别用 W_1，W_2，…，W_7 进行扩频调制。寻呼信道的信息速率有9.6kbit/s和4.8kbit/s两种。由图4－12所示出的CDMA系统的正向信道组成框图可见，寻呼信道信息流首先经过卷积编码器，该编码器码率为1/2，约束长度为9，卷积编码器输出码元速率提高一倍，即输入信息速率为9.6kbit/s，输出为19.2ks/s；输入为4.8kbit/s，输出为9.6ks/s。对9.6ks/s码元重复一次，对于19.2ks/s的码元不进行重复，这样分组交织器输入端的调制码元速率统一为19.2ks/s，分组交织器只改变码元的顺序，不改变码元（或符号）的速率。

1）寻呼信道中分组交织器的交织跨度为20ms，这相当于码元速率为19.2ks/s时的384个调制码元宽度。交织器组成的阵列是24行×16列（即384个码元）。表4－7为输入阵列，表4－8为输出阵列。

表4－7 正向业务和寻呼信道交织器输入（矩阵写操作，9600bit/s）

1	25	49	73	97	121	145	169	193	217	241	265	289	313	337	361
2	26	50	74	98	122	146	170	194	218	242	266	290	314	338	362
3	27	51	75	99	123	147	171	195	219	243	267	291	315	339	363
4	28	52	76	100	124	148	172	196	220	244	268	292	316	340	364
5	29	53	77	101	125	149	173	197	221	245	269	293	317	341	365
6	30	54	78	102	126	150	174	198	222	246	270	294	318	342	366
7	31	55	79	103	127	151	175	199	223	247	271	295	319	343	367
8	32	56	80	104	128	152	176	200	224	248	272	296	320	344	368
9	33	57	81	105	129	153	177	201	225	249	273	297	321	345	369
10	34	58	82	106	130	154	178	202	226	250	274	298	322	346	370
11	35	59	83	107	131	155	179	203	227	251	275	299	323	347	371
12	36	60	84	108	132	156	180	204	228	252	276	300	324	348	372

（续）

13	37	61	85	109	133	157	181	205	229	253	277	301	325	349	373
14	38	62	86	110	134	158	182	206	230	254	278	302	326	350	374
15	39	63	87	111	135	159	183	207	231	255	279	303	327	351	375
16	40	64	88	112	136	160	184	208	232	256	280	304	328	352	376
17	41	65	89	113	137	161	185	209	233	257	281	305	329	353	377
18	42	66	90	114	138	162	186	210	234	258	282	306	330	354	378
19	43	67	91	115	139	163	187	211	235	259	283	307	331	355	379
20	44	68	92	116	140	164	188	212	236	260	284	308	332	356	380
21	45	69	93	117	141	165	189	213	237	261	285	309	333	357	381
22	46	70	94	118	142	166	190	214	238	262	286	310	334	358	382
23	47	71	95	119	143	167	191	215	239	263	287	311	335	359	383
24	48	72	96	120	144	168	192	216	240	264	288	312	336	360	384

表 4-8　正向业务和寻呼信道交织器输出（矩阵读操作，9600bit/s）

1	9	5	13	3	11	7	15	2	10	6	14	4	12	8	16
65	73	69	77	67	75	71	79	66	74	70	78	68	76	72	80
129	137	133	141	131	139	135	143	130	138	134	142	132	140	136	144
193	201	197	205	195	203	199	207	194	202	198	206	196	204	200	208
257	265	261	269	259	267	263	271	258	266	262	270	260	268	264	272
321	329	325	333	323	331	327	335	322	330	326	334	324	332	328	336
33	41	37	45	35	43	39	47	34	42	38	46	36	44	40	48
97	105	101	109	99	107	103	111	98	106	102	110	100	108	104	112
161	169	165	173	163	171	167	175	162	170	166	174	164	172	168	176
225	233	229	237	227	235	231	239	226	234	230	238	228	236	232	240
289	297	293	301	291	299	295	303	290	298	294	302	292	300	296	304
353	361	357	365	355	363	359	367	354	362	358	366	356	364	360	368
17	25	21	29	19	27	23	31	18	26	22	30	20	28	24	32
81	89	85	93	83	91	87	95	82	90	86	94	84	92	88	96
145	153	149	157	147	155	151	159	146	154	150	158	148	156	152	160
209	217	213	221	211	219	215	223	210	218	214	222	212	220	216	224
273	281	277	285	275	283	279	287	274	282	278	286	276	284	280	288
337	345	341	349	339	347	343	351	338	346	342	350	340	348	344	352
49	57	53	61	51	59	55	63	50	58	54	62	52	60	56	64
113	121	117	125	115	123	119	127	114	122	118	126	116	124	120	128
177	185	181	189	179	187	183	191	178	186	182	190	180	188	184	192
241	249	245	253	243	251	247	255	242	250	246	254	244	252	248	256
305	313	309	317	307	315	311	319	306	314	310	318	308	316	312	320
369	377	373	381	371	379	375	383	370	378	374	382	372	380	376	384

通过分组交织的寻呼信号，还要进行数据掩蔽，其目的是为了信息的安全，起到保密作用。因为寻呼信道中含有移动用户号码等重要信息，因此必须采取安全措施。

2）长码产生器原理框图如图 4-17 所示。由图 4-17 知，长码产生器是由 42 级移位寄存器和相应反馈支路及模 2 加法器组成，产生的 m 序列周期很长，达 $2^{42}-1$，因此重复周期的时间很长。移位寄存器共有 42 级，图中未能全部画出，下式是该长码产生器的特征多项式。

$$P(x)=x^{42}+x^{35}+x^{33}+x^{31}+x^{27}+x^{26}+x^{25}+x^{22}+x^{21}+x^{19}+x^{18}+x^{17}+x^{16}+x^{10}+x^{7}+x^{6}+x^{5}+x^{3}+x^{2}+x+1$$

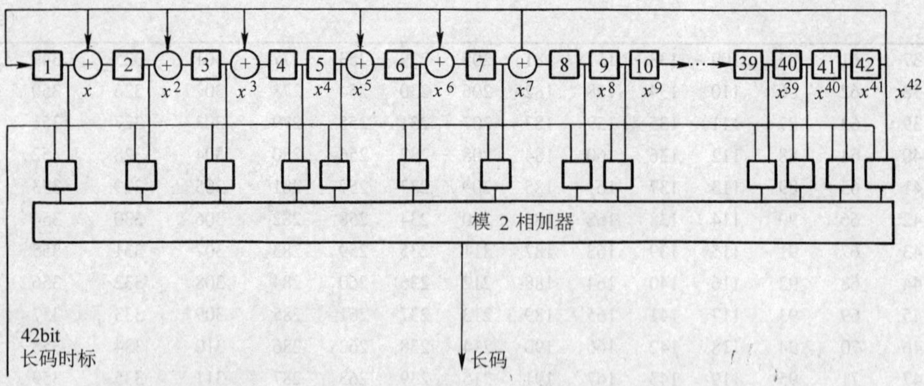

图 4－17 长码产生器原理框图

由特征多项式可以了解哪些移位寄存器输出参与反馈。

为了安全起见，42 级移位寄存器的各级输出与寻呼信道长码的时标（42bit）相乘，再进行模 2 相加，产生一种长码输出。长码的时钟工作频率是 1.2288MHz，相应的长码速率是 1.2288Mc/s，经分频器（分频比为 64），得到经人为扰乱的数据速率 19.2kbit/s，再与经卷积、交织处理后的调制码元进行模 2 加，然后才进行 W_1（或 $W_2 \sim W_7$）扩频调制。

3）寻呼信道用于长码产生器的掩码格式如图 4－18 所示。图中，寻呼信道号（PCN）用 3 位二进制比特，即 $2^3 = 8$（种），满足了实际系统中最多 7 个寻呼信道的要求。引导 PN 序列的偏置系数用 9 位二进制比特，正好满足 0～511（共 512 个）偏置系数的需要。

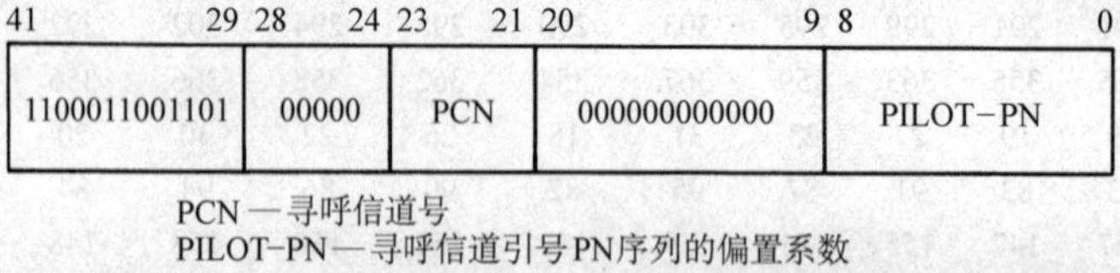

图 4－18 寻呼信道用于长码产生器的掩码格式

寻呼信道参数如表 4－9 所示。

表 4－9 寻呼信道参数

参数	数据率/（bit/s）		单位
	9600	4800	
PN 子码速率	1.2288	1.2288	Mc/s
卷积编码码率	1/2	1/2	
码元重复后出现次数	1	2	
调制码元速率	19.2	19.2	ks/s
每调制码元的子码数	64	64	
每比特的子码数	128	256	

4.3.3 正向 CDMA 的业务信道

正向 CDMA 业务信道是基站向移动台传送业务信息（如语音）的信道。此外，还必须传输必要的随路信令，如功率控制和过境切换指令等。

正向 CDMA 业务信道上传送的信号经过卷积编码、分组交织、长码掩蔽、沃尔什函数扩频及正交调制等步骤产生，如图 4 - 19 所示。

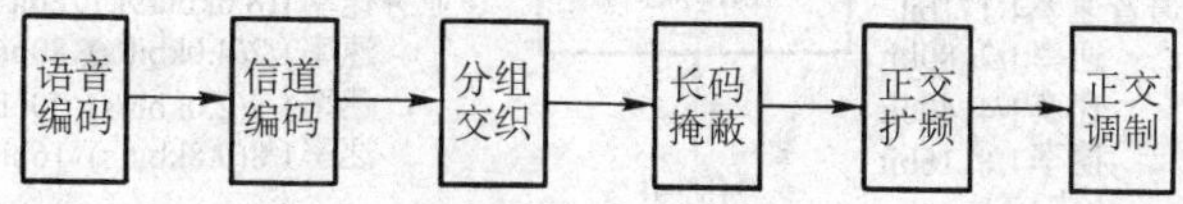

图 4 - 19　正向业务信道信号产生过程

基站在正向业务信道上可以改变数据速率来传送信息，共分为 4 种速率：9600bit/s、4800bit/s、2400bit/s 和 1200bit/s。信号帧的长度是 20ms，数据速率可逐帧选择（20ms 一次）。这样，通话时以较高速率传送，停顿时以较低速率传输，以减小共道干扰。虽然数据速率可以逐帧变化，但调制码元速率（经码元重复）仍统一为 19. 2ks/s。由于码字重复的原因，较低数据速率的调制码元可以用较低能量发送。假设速率为 9600bit/s 的调制码元能量归一化为 1，则 4800bit/s 的调制码元能量为 1/2，2400bit/s 的调制码元能量为 1/4，1200bit/s的调制码元能量为 1/8。

4. 3. 3. 1　信息的组成及其格式

业务信道主要传送的是可变速率语音编码器来的数字语音，也可传输同样速率的其他业务。前者称主要业务，后者称辅助业务（可选项）。此外，还有些必要的随路信令。

业务信道信息的编码过程如图 4 - 20 所示。

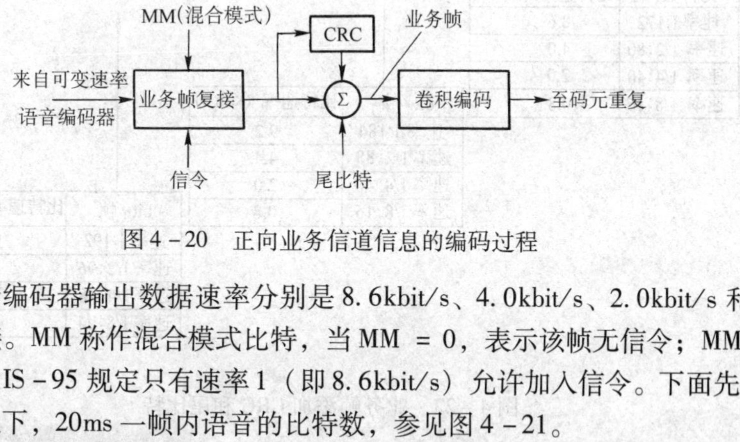

图 4 - 20　正向业务信道信息的编码过程

可变速率语音编码器输出数据速率分别是 8. 6kbit/s、4. 0kbit/s、2. 0kbit/s 和0. 8kbit/s，进入业务帧的复接。MM 称作混合模式比特，当 MM ＝ 0，表示该帧无信令；MM ＝1，表示该帧加入了信令。IS - 95 规定只有速率 1（即 8. 6kbit/s）允许加入信令。下面先看 MM ＝ 0 时，各种速率情况下，20ms 一帧内语音的比特数，参见图 4 - 21。

20ms 为一组的语音包，速率为 1 时，输入语音为 171bit，MM = 0 的标志符插入 1bit（放在第 1 位），其余 171bit 为语音数据信息比特，合计为 172bit，因此业务速率 1 为 8. 6kbit/s（20ms 内是 172bit）。

对于速率 1/2、1/4 和 1/8 语音，不加标志位，因此 20ms 业务帧，语音比特分别是 80bit、40bit 和 16bit，相应的业务速率是 8. 6kbit/s、4. 0kbit/s、2. 0kbit/s 和 0. 8kbit/s。

总之，正向业务信道上传输的业务信息和信令信息，可以通过复接方式把它们装载到物理信道上。

通过复接，业务信道每帧还要加入帧质量指示比特和尾比特。前者属于循环冗余编码，具有检纠错能力，从而能表明该帧信息传输的质量；后者是末位加入 8 个“0”，其作用是每帧要进行卷积编码，为使卷积编码器中 8 级移位寄存器（约束长度为 9）复位至“0”而添加的。添加的过程如图 4－22 所示。

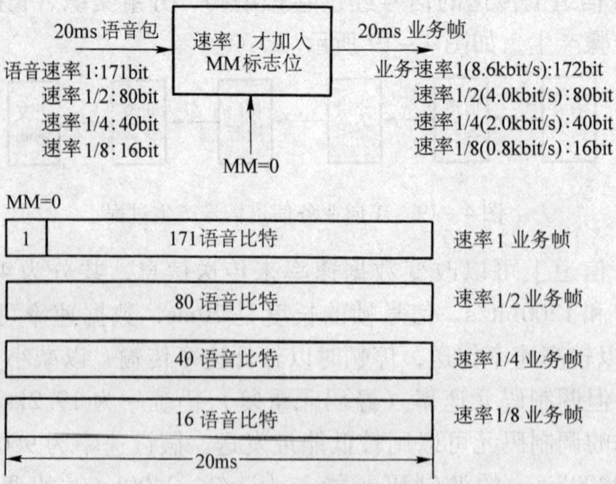

图 4－21 MM＝0 时的业务信道帧格式

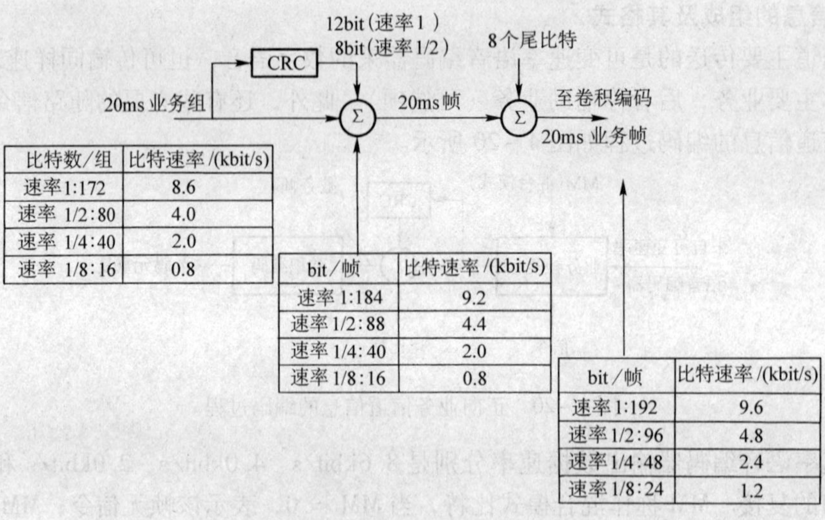

图 4－22 业务帧添加 CRC 和尾比特

20ms 业务帧，对于速率为 1 的业务，CRC 为 12 位，由 172bit 增加到 184bit；对于速率为 1/2 的业务，CRC 为 8 位，由 80bit 增加到 88bit；对于 1/4 和 1/8 的速率，不进行 CRC 校验。无论是哪种速率，后续都要进行卷积编码（约束长度均为 9），因此都需要在末位添加 8 个全“0”位。至此，CDMA 系统正向业务信号帧就构成了。对于 20ms 业务帧，在不同速率情况下，帧结构如图 4－23 所示。

4.3.3.2 卷积编码

卷积编码属于信道编码，主要用来纠正码元的随机差错，它是利用增加监督位，进行检错和纠错，以牺牲效率来换取可靠性的。

CDMA 系统中各种信道，都使用卷积编码器，在正向 CDMA 信道中，包括同步信道、寻呼信道和业务信道，均使用相同的卷积编码器，即码率为 1/2、约束长度为 9 的卷积编码器，所谓“码率”就是编码效率。码率为 1/2，意味着编码器每输入 1bit 信息，输出为 2bit。这里仅结合 CDMA 系统正向业务信道中卷积编码器给出应用实例。

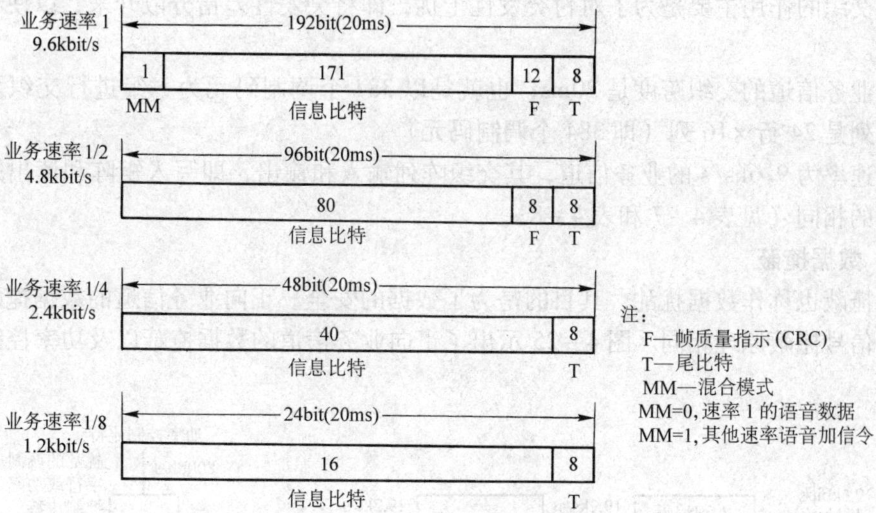

图 4-23　正向业务信道的帧结构

图 4-24 示出了正向 CDMA 信道的卷积编码器。

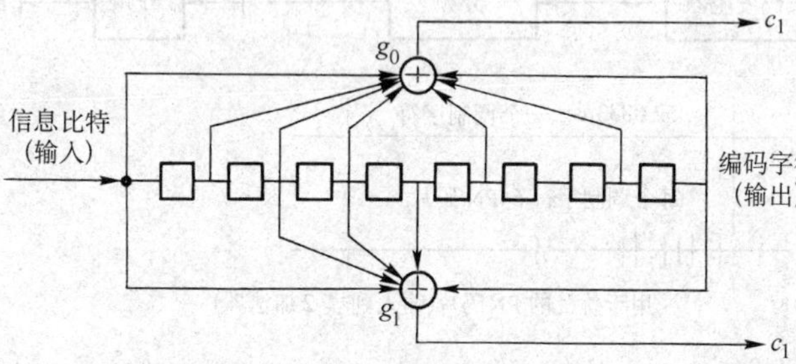

图 4-24　正向 CDMA 信道的卷积编码器（码率为 1/2 约束长度为 9）

由图可见，该编码器由 8 级移位器和两个模 2 加法器组成。卷积编码的码率为 1/2，约束长度为 9。编码的生成函数 g_0 是 753（八进制）、g_1 是 561（八进制）。用二进制表示时，则为

$$g_0 = 111101011$$

$$g_1 = 101110001$$

码率为 1/2 的编码器，每输入 1 位数据比特，便输出 2 位编码字符。分别由 g_0 和 g_1 所编的码符（c_0）和（c_1）先后输出。编码器的初始状态为全零（即尾比特起到置“0”作用），初始化以后的第一个输出码符应是 g_0 所编的码符 c_0。经卷积编码后，由于在一帧内，码元数增加了一倍，因此要求速率必须增加一倍。

4.3.3.3　码元重复和交织

对于正向业务信道，在分组交织之前，还要进行码元重复。对于速率为 1/2 的数据，即输入数据速率为 9.6ks/s，码元重复一次（每个码元连续出现两次）；速率为 4.8ks/s 时，各码元重复 3 次（每码元连续出现 4 次）；速率为 2.4ks/s 时，各码元重复 7 次（每码元连续

出现8次）。这样，使各种速率均变换成相同的调制码元速率，即19200个调制码元每秒，亦即每20ms有384个调制码元，以便实施统一的分组交织。

分组交织的作用主要是为了对付突发性干扰，即将突发性差错分散开来，以便于接收端进行纠错。

正向业务信道的交织跨度是20ms，也就是以384个调制码元为一组进行交织。交织器组成的阵列是24行×16列（即384个调制码元）。

对于速率为9.6ks/s的业务信道，其交织阵列输入和输出，即写入矩阵和读出矩阵，与寻呼信道的相同（见表4－7和表4－8）。

4.3.3.4　数据掩蔽

数据掩蔽也称作数据扰乱，其目的是为了数据的安全。正向业务信道的数据掩蔽原理与寻呼信道信号掩蔽原理相同。图4－25示出了正向业务信道的数据掩蔽以及功率控制信号组成原理。

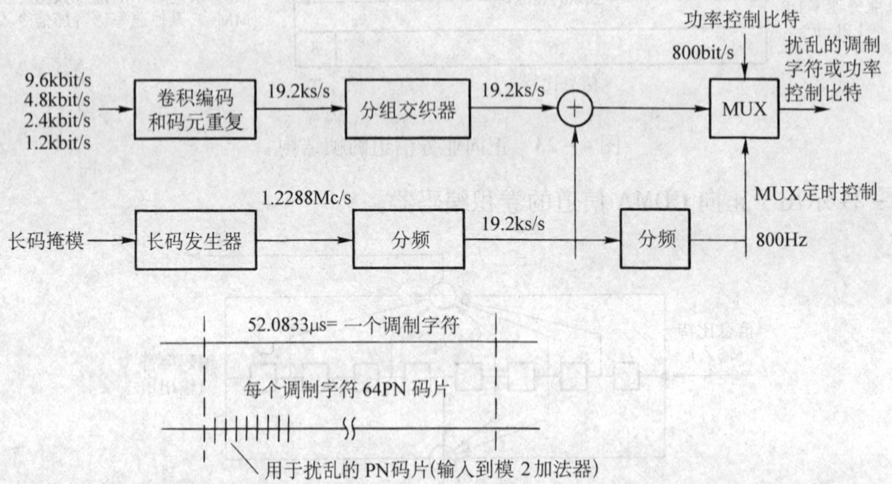

图4－25　正向业务信道的数据掩蔽以及功率控制信号组成原理

这种扰码是在分组交织器输出的19200s/s调制字符上进行的。它是通过交织器输出字符与长码PN码片的二进制值模2相加而完成的。此长码PN码片是在交织器输出字符传送期的开始时有效。PN序列是工作时钟为1.2288MHz的长码（长码周期为$2^{42}-1$），每一调制码元长度为

$$\frac{1.2288\times10^{6}}{19200}=64\ (\text{PN 子码宽度})$$

长码经分频后（分频系数为64），其速率变为19200s/s，因而送入模2加法器进行数据掩蔽的是每64个子码中的第一个子码在起作用。

4.3.3.5　功率控制子信道

功率控制子信道信号是连续地在正向业务信道上发送的。该子信道以每1.25ms中1个比特（“0”或“1”）的速率（即800bit/s）发送。“0”或“1”比特分别表示增加或降低移动台的平均输出功率电平。

基站反向业务信道接收机对在1.25ms期间所分配的特定移动台的信号强度进行接收和

估算，这 1.25ms 相当于 6 个调制字符。基站接收机利用估算来确定功率控制比特值（“0”或“1”）。基站在相应的正向业务信道上使用收缩（Puncturing）技术来发送功率控制比特。在正向业务信道上传输功率控制比特的功率控制组，是跟随相应反向信道上估算信号强度的功率控制组之后的第二个功率控制组。例如在图 4－26 的实例中，反向业务信道在编号为 5 的功率控制组上接收信号，那么正向业务信道应在功率控制组编号为 5 ＋ 2 ＝ 7 期间发送相应的功率控制比特。

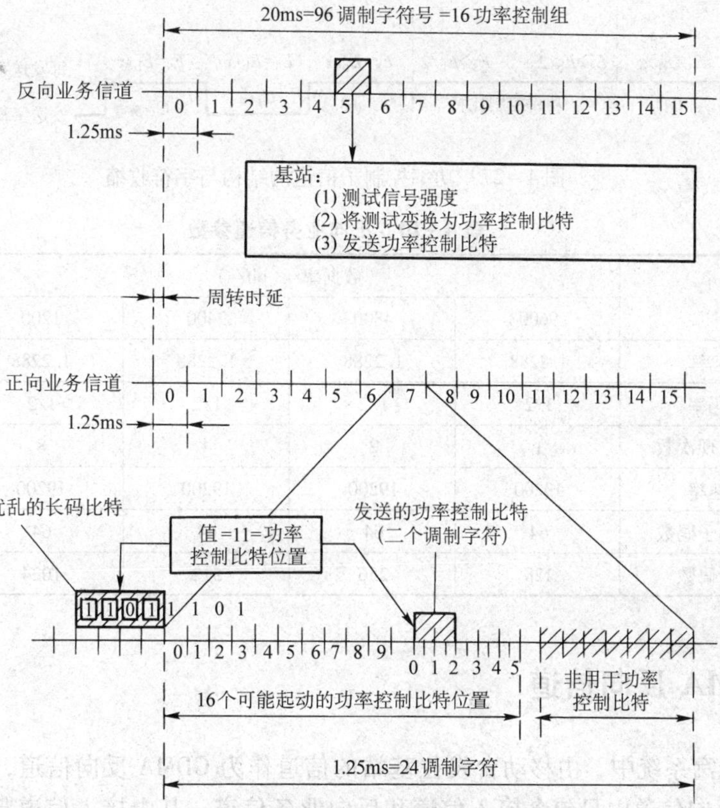

图 4－26　功率控制比特位置随机化

一个功率控制比特的长度相当于正向业务信道的 2 个调制字符（即 104.166…μs），每个功率控制比特取代 2 个连贯的正向业务信道调制字符，这种技术就是通常所称的字符收缩。这样，收缩的调制字符就被功率控制比特所取代。功率控制比特的发送能量不小于 E_b，如图 4－27 所示，这里的 E_b 是正向业务信道上每信息比特的能量，而 x 值给定为

发送速率	x 值
9600bit/s	2
4800bit/s	4
2400bit/s	8
1200bit/s	16

一帧中的所有非收缩调制字符是在同样功率电平上发送的，而在邻近帧中的调制字符可以发送不同的功率电平。

正向业务信道的参数如表 4－10 所示。

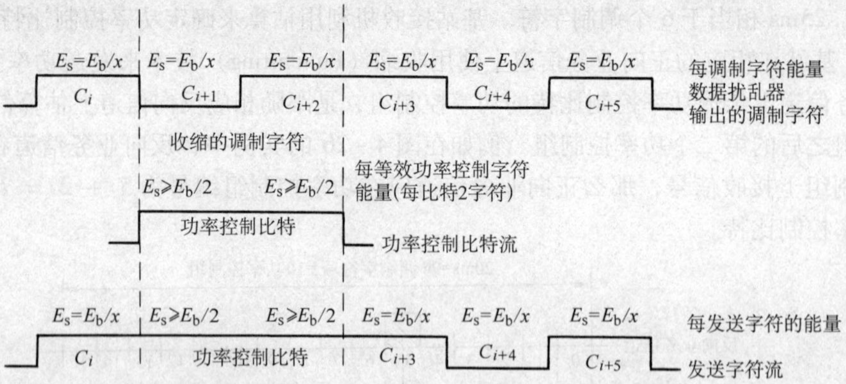

图 4-27　功率控制子信道的结构与字符收缩

表 4-10　正向业务信道参数

参数	数据率/（bit/s）				单位
	9600	4800	2400	1200	
PN 子码速率	1.2288	1.2288	1.2288	1.2288	Mc/s
卷积编码码率	1/2	1/2	1/2	1/2	
码元重复后出现次数	1	2	4	8	
调制码元速率	19200	19200	19200	19200	s/s
每调制码元的子码数	64	64	64	64	
每比特的子码数	128	256	512	1024	

4.4　CDMA 反向信道

CDMA 蜂窝系统中，由移动台发往基站的信道作为 CDMA 反向信道，也称作上行（传输）信道。反向信道中只包含接入信道和反向业务信道，其中接入信道与正向信道中的寻呼信道相对应，反向业务信道与正向业务信道相对应。这些信道采用直接序列扩频的 CDMA 技术分享同一 CDMA 频率分配。

4.4.1　反向信道组成及特点

4.4.1.1　组成及其原理

移动台发射信号产生过程，通常称为反向信道的组成，其电路框图如图 4-28 所示。

图中，上部为接入信道，下部为反向业务信道。

（1）数据速率　接入信道用 4800bit/s 的固定速率，反向业务信道用 9600bit/s、4800bit/s、2400bit/s 和 1200bit/s 的可变速率。两种信道的数据中均要加入编码器尾比特，用于把卷积编码器复位到规定的状态。此外，在反向业务信道上以 9600bit/s 和 4800bit/s 传送数据时，也要加质量指示比特（CRC 校验比特）。

（2）卷积编码　接入信道和反向业务信道所传输的数据都要进行卷积编码，卷积码的码率为 1/3，约束长度为 9。

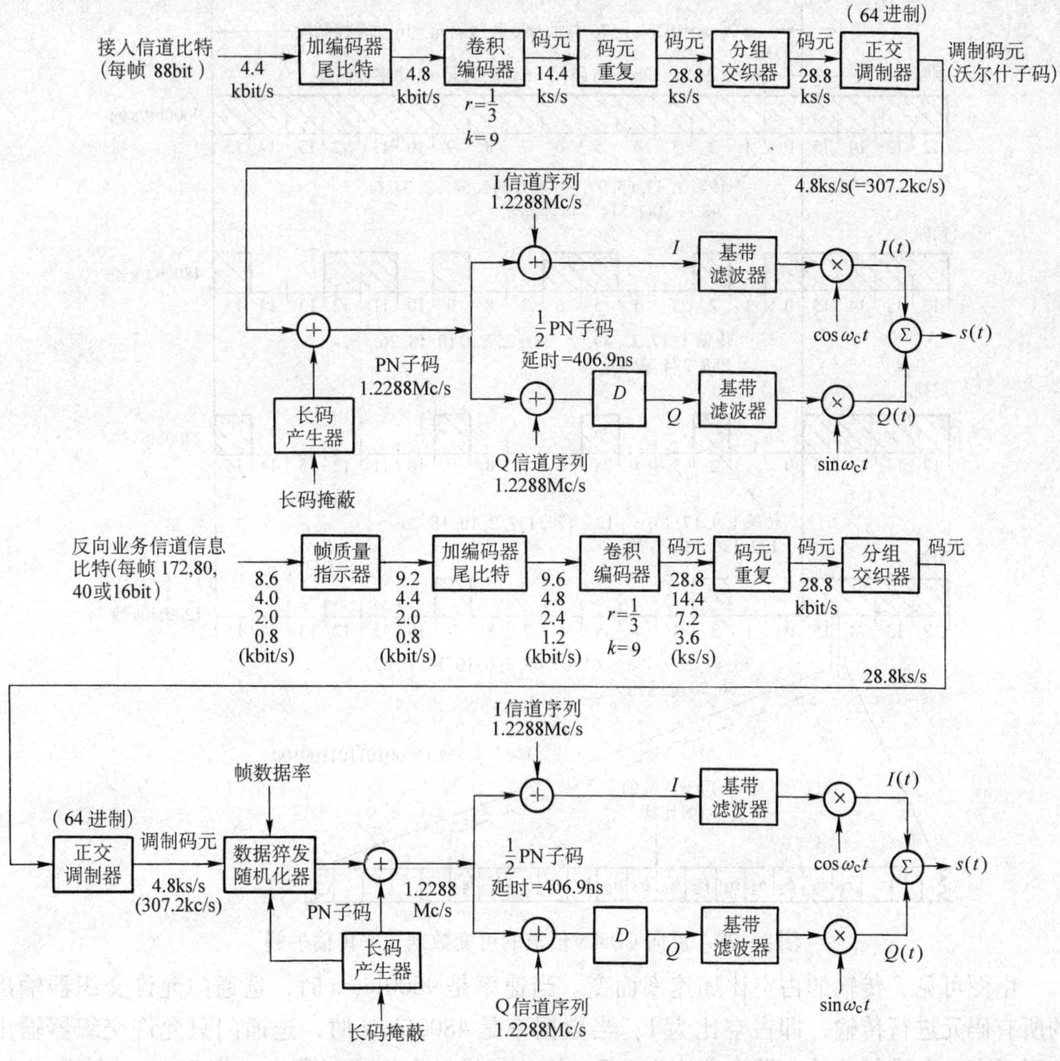

图 4－28　反向 CDMA 信道的电路框图

(3) 码元重复　反向业务信道的码元重复办法和正向业务信道一样。数据速率为 9600bit/s 时，码元不重复，数据速率为 4800bit/s、2400bit/s 和 1200bit/s 时，码元分别重复 1 次、3 次和 7 次（每一码元连续出现 2 次、7 次和 8 次）。这样做，使得各种速率的数据都变换成每秒 28800 码元。反向业务信道与正向业务信道的不同之处是并非对重复的码元重复发送多次，而是除了发送其中的一个码元外，其余的重复码元全部被删除。在接入信道上，因为数据速率固定为 4800bit/s，所以每一码元只重复 1 次，而且两个重复码元都要发送。

(4) 分组交织　所有码元在重复之后都要进行分组交织。分组交织的跨度为 20ms。交织器组成的阵列是 32 行 ×18 列（即 576 个单元）。

4.4.1.2　可变数据速率传输

为了减小移动台的功耗和减小它对 CDMA 信道产生的干扰，所以要对交织器输出的码元用一时间滤波器（选通门电路）进行选通，只允许所需的码元输出，而删除其他重复的码元。这种过程如图 4－29 所示。

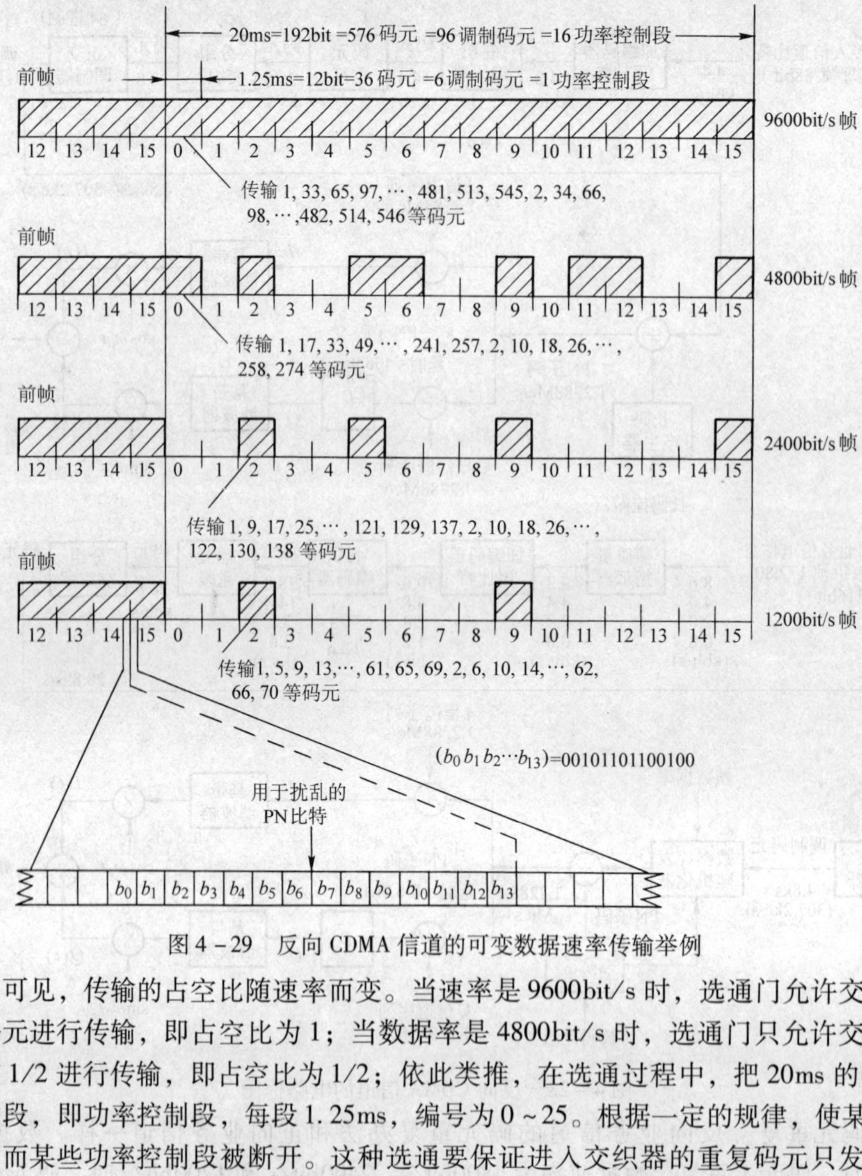

图4－29　反向CDMA信道的可变数据速率传输举例

由图可见，传输的占空比随速率而变。当速率是9600bit/s时，选通门允许交织器输出的所有码元进行传输，即占空比为1；当数据率是4800bit/s时，选通门只允许交织器输出的码元有1/2进行传输，即占空比为1/2；依此类推，在选通过程中，把20ms的帧分成16个等长的段，即功率控制段，每段1.25ms，编号为0～25。根据一定的规律，使某些功率段被连通，而某些功率控制段被断开。这种选通要保证进入交织器的重复码元只发送其中一个。但在接入信道中，两个重复的码元都要传输，如图4－30所示。

通过选通门允许发送的码元以猝发的方式工作。它在一帧中占用哪一位置进行传输是受PN码控制的。该过程称为数据的猝发随机化。猝发位置根据前一帧中倒数第二功率控制段内的最末14个PN码比特进行计算，这14个比特表示为

$$b_0 b_1 b_2 b_3 b_4 b_5 b_6 b_7 b_8 b_9 b_{10} b_{11} b_{12} b_{13}$$

在图4－29的例子中，它们对应的比特取值为

0 0 1 0 1 1 0 1 1 0 0 1 0 0

数据猝发随机化算法如下：

数据率为9600bit/s时，所用的功率控制段为

0, 1, 2, 3, 4, 5, 6, 7, 8, 9, 10, 11, 12, 13, 14, 15

数据率为4800bit/s时，所用的功率控制段为

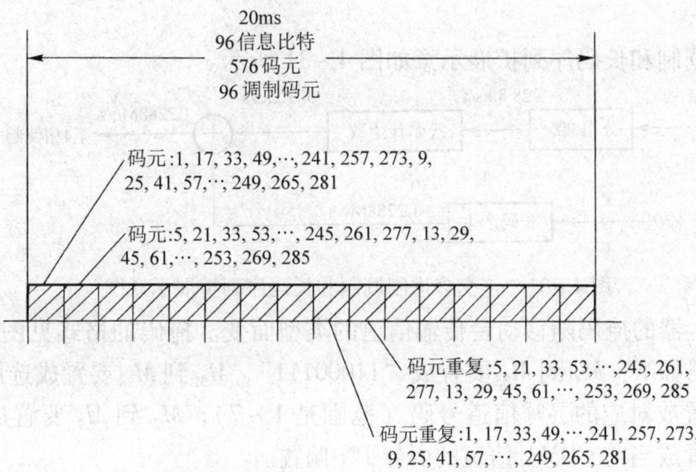

图 4－30　接入信道传输结构

$$b_0,\ 2+b_1,\ 4+b_2,\ 6+b_3,\ 8+b_4,\ 10+b_5,\ 12+b_6,\ 14+b_7$$

数据率为 2400bit/s 时，所用的功率控制段为

$$b_0\ (如\ b_8=0)\ 或\ 2+b_1\ (如\ b_8=1)$$
$$4+b_2\ (如\ b_9=0)\ 或\ 6+b_3\ (如\ b_9=1)$$
$$8+b_4\ (如\ b_{10}=0)\ 或\ 10+b_5\ (如\ b_{10}=1)$$
$$12+b_6\ (如\ b_{11}=0)\ 或\ 14+b_7\ (如\ b_{11}=1)$$

数据率为 1200bit/s 时，所用的功率控制段为

$$b_0\ (如\ b_8=0\ 和\ b_{12}=0)\ 或\ 2+b_1\ (如\ b_8=1\ 和\ b_{12}=0)\ 或$$
$$4+b_2\ (如\ b_9=0\ 和\ b_{12}=1)\ 或\ 6+b_3\ (如\ b_9=1\ 和\ b_{12}=1)$$
$$8+b_4\ (如\ b_{10}=0\ 和\ b_{13}=0)\ 或\ 10+b_5\ (如\ b_{10}=0\ 和\ b_{13}=0)\ 或$$
$$12+b_6\ (如\ b_{11}=0\ 和\ b_{13}=1)\ 或\ 14+b_7\ (如\ b_{11}=1\ 和\ b_{13}=1)$$

4.4.1.3　正交多进制调制

在反向 CDMA 信道中，把交织器输出的码元每 6 个作为一组，用 64 进制的沃尔什函数之一（称调制码元）进行传输。调制码元的传输速率为 28800/6 bit/s ＝ 4800bit/s。调制码元的时间宽度为 1/4800＝ 208.333μs。每一调制码元含 64 个子码，因此沃尔什函数的子码速率为 64×4800bit/s＝ 307.2kbit/s，相应的子码宽度为 3.255μs。

正向 CDMA 信道和反向 CDMA 信道都使用 64 进制的沃尔什函数，但两者的应用目的不同，前者是为了区分信道，而后者是对数据进行正交码多进制调制，以提高通信质量。因为在反向 CDMA 信道中，不可能像正向 CDMA 信道那样提供共享的导频信道。

4.4.1.4　直接序列扩展

在反向业务信道和接入信道传输的信号都要用长码进行扩展。前者是数据猝发随机化产生器输出的码流与长码模 2 相加；后者是 64 进制正交调制器输出的码流和长码模 2 相加。

长码的周期是 $2^{42}-1$ 个子码，并满足以下特征多项式的线性递归关系

$$P(x)=x^{42}+x^{35}+x^{33}+x^{31}+x^{27}+x^{26}+x^{25}+x^{22}+x^{21}+x^{19}+x^{18}+x^{17}+x^{16}+x^{10}$$
$$+x^{7}+x^{6}+x^{5}+x^{3}+x^{2}+x+1$$

长码的各个 PN 子码是用一个 42 位的掩码和序列产生器的 42 位状态矢量进行模 2 内乘而产生的。

正交多进制调制和长码序列扩展示意如图 4-31 所示。

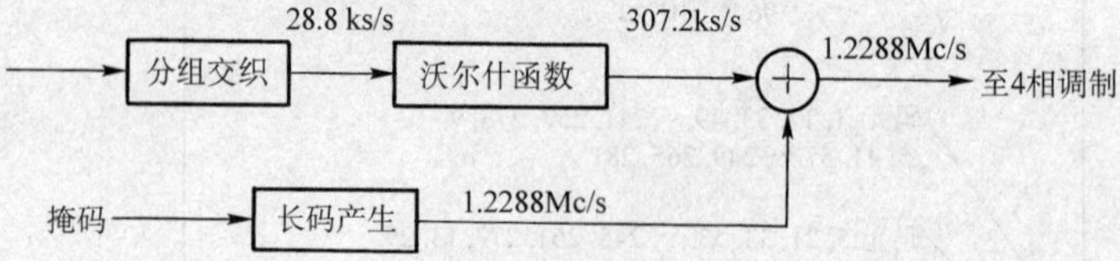

图 4-31 正交多进制调制和长码序列扩展示意图

用于长码产生器的掩码随移动台传输信道的类型而变。掩码的格式见图 4-32，在接入信道传输时，掩码如下：M_{41} 到 M_{33} 要置成“11000111”，M_{32} 到 M_{28} 要置成选用的接入信道号码，M_{27} 到 M_{25} 要置成对应的寻呼信道号码（范围是 1～7），M_{24} 到 M_9 要置成当前的基站标志，M_{31} 到 M_0 要置成当前 CDMA 信道的引导 PN 偏置。

在反向业务信道传输时，移动台要用到如下两个掩码中的一个：一个是公开掩码；另一个是私用掩码。这两个掩码都是该移动台所独有的。公开掩码如下：M_{41} 到 M_{32} 要置成“1100011000”，M_{31} 到 M_0 要置成移动台的电子序列号码（ESN）。为了防止和连号 ESN 相对应的长码之间出现过大的相关值，移动台的 ESN 要进行置换，置换规则如下：

$$ESN = (E_{31}, E_{30}, E_{29}, E_{28}, E_{27}, E_{26}, \cdots, E_2, E_1, E_0)$$

置换后 $$ESN = (E_0, E_{31}, E_{22}, E_4, E_{26}, E_{17}, E_8, E_{30}, E_{21}, E_{12}, E_3, E_{25}, E_{16}, E_7, E_{29}, E_{20}, E_{11}, E_2, E_{24}, E_{15}, E_6, E_{28}, E_{19}, E_{10}, E_1, E_{23}, E_{14}, E_5, E_{27}, E_{18}, E_9)$$

私用掩码适用于用户保密通信，其格式由 TIA 规定。

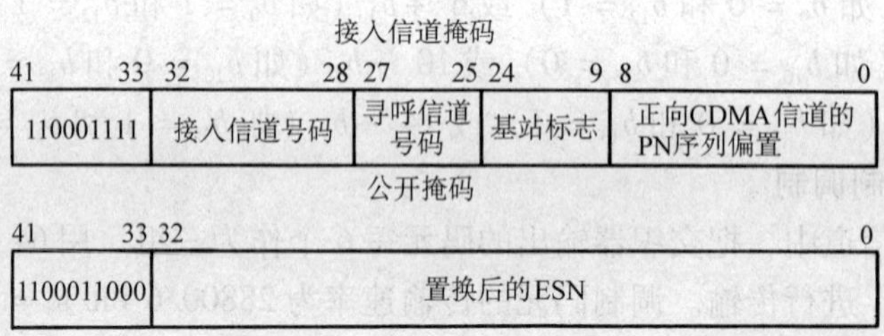

图 4-32 接入信道的掩码格式

4.4.1.5 四相扩展

反向 CDMA 信道四相扩展所用的序列就是前面正向 CDMA 信道所用的 I 与 Q 引导 PN 序列。如图 4-28 所示，经过 PN 序列扩展之后，Q 支路的信号要经过一个延迟电路，把时间延迟 1/2 个子码宽度（409.901ns），再送入基带滤波器。信号经过基带滤波器之后，进行四相调制。合成信号的相位点及其转换关系如图 4-33 所示。显然，它和交错四相相移键控（OK-QPSK）具有相同的信号相量图。

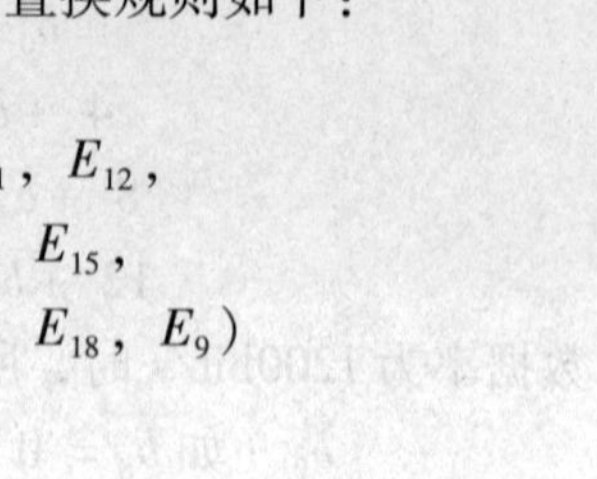

图 4-33 反向 CDMA 信道的合成信号相位点及其转换关系

4.4.2　接入信道

移动台利用接入信道发起呼叫或对基站寻呼信道的寻呼信号作出响应。接入信道组成可参见图 4－28。接入信道输入信息速率是 4.4kbit/s，加编码器尾比特（用于后续卷积编码器置“0”）后，速率为 4.8kbit/s，经码率为 1/3、约束长度为 9 的卷积编码后，速率变为 14.4ks/s。码元重复一次，速率提高到 28.8ks/s，再进行正交多进制扩频调制、长码掩蔽、四相调制等。

4.4.2.1　反向信道的卷积编码器

为了提高反向信道信号抗干扰能力，采用码率为 1/3 的卷积编码器，即输入一个码元，编码器相应输出 3 个码元。约束长度为 9，即前后 9 个码元有关联，或者说有约束关系。因此它包含 8 级移位寄存器和 3 个模 2 加法器，其电路组成如图 4－34 所示。

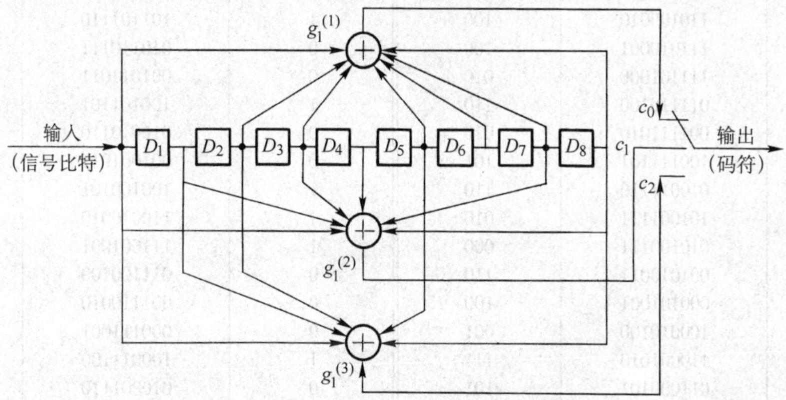

图 4－34　反向信道的卷积编码器电路组成图

由图 4－34 可见，每输入 1bit 信息，输出为 3bit，依次由 c_0、c_1 和 c_2 产生 3bit 输出。而 c_0、c_1 和 c_2 分别由模 2 加法器 $g_1^{(1)}$、$g_1^{(2)}$ 和 $g_1^{(3)}$ 输出产生，而 $g_1^{(1)}$、$g_1^{(2)}$ 和 $g_1^{(3)}$ 输入的序列由各级移位寄存器的反馈系数决定，即

$$g_1^{(1)} = (101101111)$$

$$g_1^{(2)} = (110110011)$$

$$g_1^{(3)} = (111001001)$$

为了更好地理解卷积编码方法，下面举例予以详细说明。输入信息数据速率是 4.4kbit/s，一帧时间是 20ms，含信息比特 88bit，加编码器尾比特（8 个 0），则卷积编码器输入序列如下：

卷积编码器输入序列举例（20ms 为一帧，共计 96bit）如下：

信息序列 (88bit)	编码器尾比特 (8bit)
1 0 0 0 1 0 1 1 1 1 0 0 1 0 1 0 0 0 1 1 0 0 0 0 1 0 0 0 0 0 1 1 1 1 1 1 0 1 0 1 1 1 1 0 1 1 0 1 0 0 1 0 0 1 1 1 0 0 0 1 0 1 1 1 1 0 0 1 0 1 0 0 0 1 1 0 0 0 0 1	0 1 1 0 0 1 1 0 0 0 0 0 0 0 0 0

根据图 4－34 编码器输出的 c_0、c_1 和 c_2，按下列公式计算；

$$c_0 = D_0 \oplus D_2 \oplus D_3 \oplus D_5 \oplus D_6 \oplus D_7 \oplus D_8 \qquad (4-13)$$

$$c_1 = D_0 \oplus D_1 \oplus D_3 \oplus D_4 \oplus D_7 \oplus D_8 \tag{4-14}$$

$$c_2 = D_0 \oplus D_1 \oplus D_2 \oplus D_5 \oplus D_8 \tag{4-15}$$

上面三式中，均含有 D_0 和 D_8，这是因为编码器的输入端和输出端都必须加入反馈环路。“⊕”表示模2加。根据式（4-13）~式（4-15）可以得出 c_0、c_1 和 c_2，详见表4-11。

表4-11 一帧96bit卷积编码

输入码元	编码状态	输出码符	输入码元	编码状态	输出码符
1	100000000	111	1	101100110	110
0	010000000	011	1	110110011	001
0	001000000	101	1	111011001	001
0	000100000	110	0	111101100	001
1	100010000	101	1	101110110	100
0	010001000	110	1	110111011	100
1	101000100	110	0	011011101	010
1	110100010	100	1	101101110	011
1	111010001	100	0	010110111	010
1	111101000	010	0	001011011	011
0	011110100	110	1	100101101	111
0	001111010	010	0	010010110	011
1	100111101	101	0	001001011	001
0	010011110	110	1	100100101	010
1	101001111	010	1	110010010	000
0	010100111	000	1	111001001	011
0	001010011	110	0	011100100	100
0	000101001	100	0	001110010	111
1	100010100	001	0	000111001	110
1	110001010	111	1	100011100	100
0	011000101	101	0	010001110	100
0	001100010	101	1	101000111	111
0	000110001	011	1	110100011	011
0	000011000	111	1	111010001	100
1	100001100	110	1	111101000	010
0	010000110	001	0	011110100	110
0	001000011	100	0	101111010	010
0	000100001	001	1	100111101	101
0	000010000	010	0	010011110	110
0	000001000	101	1	101001111	010
1	100000100	011	0	010100111	000
1	110000010	010	0	001010011	110
1	111000001	110	0	000101001	100
1	111100000	111	1	100010100	001
1	111110000	101	1	110001010	111
1	111111000	000	0	011000101	101
0	011111100	011	0	001100010	101
1	101111110	001	0	000110001	011
0	010111111	111	0	000011000	111
1	101011111	000	1	100001100	110
0	010101111	101	0	010000110	001
1	101010111	101	0	001000011	100
1	110101011	110	0	000100001	001
0	011010101	111	0	000010000	010
0	001101010	000	0	000001000	101
1	100110101	000	0	000000100	100
1	110011010	101	0	000000010	110
0	011001101	000	0	000000001	111

根据表 4－11，输入 96bit（20ms 一帧），输出 288bit 码符如下：

1 1 1 0 1 1 1 0 1 1 1 0 1 0 1 1 1 0 1 1 0 1 0 0 1 0 0 0 1 0 1 1 0 0 1 0 1 0 1 1 1 0 0 1 0 0 0 0
1 1 0 1 0 0 0 0 1 1 1 1 1 0 1 1 0 1 0 1 1 1 1 1 1 1 0 0 0 1 1 0 0 0 0 1 0 1 0 1 0 1 0 1 1 0 1 0
1 1 0 1 1 1 1 0 1 0 0 0 0 1 1 0 0 1 1 1 1 0 0 0 1 0 1 1 0 1 1 1 0 1 1 1 0 0 0 0 0 0 1 0 1 0 0 0
1 1 0 0 0 1 0 0 1 0 0 1 1 0 0 1 0 0 0 1 0 0 1 1 0 1 0 0 1 1 1 1 1 0 1 1 0 0 1 0 1 0 0 0 0 0 1 1
1 0 0 1 1 1 1 1 0 1 0 0 1 0 0 1 1 1 0 1 1 1 0 0 0 1 0 1 1 0 0 1 0 1 0 1 1 1 0 0 1 0 0 0 0 1 1 0
1 0 0 0 0 1 1 1 1 1 0 1 1 0 1 0 1 1 1 1 1 1 1 0 0 0 1 1 0 0 0 0 1 0 1 0 1 0 1 1 0 0 1 1 0 1 1 1

4.4.2.2　码元重复和分组交织

对于接入信道而言，输入速率 4.4kbit/s 加入编码尾比特后，速率提高至 4.8kbit/s。一帧是 20ms 时间，含 96 个二进制符号，经卷积编码，速率增至 14.4ks/s(3×4.8ks/s)，在一帧 20ms 时间内，含 288 码符（$14.4\times10^3\times0.02$ 码符）。为了统一调制码元速率为 28.8ks/s，对接入信道，码元只重复一次即可。码元重复后速率为 28.8ks/s，在一帧 20ms 时间内，共有 576 个码元。按上面所举例子，可写出重复码元的序列如下：

1 1 1 1 1 1 0 0 1 1 1 1 1 1 0 0 1 1 1 1 1 1 0 0 1 1 0 0 1 1 1 1 1 1 0 0 1 1 1 1 0 0 1 1 0 0 0 0
1 1 0 0 0 0 0 0 1 1 0 0 1 1 1 1 0 0 0 0 1 1 0 0 1 1 0 0 1 1 1 1 1 1 0 0 0 0 1 1 0 0 0 0 0 0 0 0
1 1 1 1 0 0 1 1 0 0 0 0 0 0 0 0 1 1 1 1 1 1 1 1 1 1 0 0 1 1 1 1 0 0 1 1 0 0 1 1 1 1 1 1 1 1 1 1
1 1 1 1 0 0 0 0 0 0 1 1 1 1 0 0 0 0 0 0 0 0 1 1 0 0 1 1 0 0 1 1 0 0 1 1 0 0 1 1 1 1 0 0 1 1 0 0
1 1 1 1 0 0 1 1 1 1 1 1 1 1 0 0 1 1 0 0 0 0 0 0 0 0 1 1 1 1 0 0 0 0 1 1 1 1 1 1 1 1 0 0 0 0 0 0
1 1 0 0 1 1 1 1 0 0 1 1 1 1 1 1 0 0 1 1 1 1 1 1 0 0 0 0 0 0 0 0 0 0 0 0 1 1 0 0 1 1 0 0 0 0 0 0
1 1 1 1 0 0 0 0 0 0 1 1 0 0 0 0 1 1 0 0 0 0 1 1 1 1 0 0 0 0 1 1 0 0 0 0 0 0 1 1 0 0 0 0 1 1 1 1
0 0 1 1 0 0 0 0 1 1 1 1 1 1 1 1 1 1 0 0 1 1 1 1 0 0 0 0 1 1 0 0 1 1 0 0 0 0 0 0 0 0 0 0 1 1 1 1
1 1 0 0 0 0 1 1 1 1 1 1 1 1 1 1 0 0 1 1 0 0 0 0 1 1 0 0 0 0 1 1 1 1 1 1 0 0 1 1 1 1 1 1 0 0 0 0
0 0 1 1 0 0 1 1 1 1 0 0 0 0 1 1 0 0 1 1 0 0 1 1 1 1 1 1 1 1 0 0 0 0 1 1 0 0 0 0 0 0 0 0 1 1 0 0
1 1 0 0 0 0 0 0 0 0 1 1 1 1 1 1 1 1 1 1 0 0 1 1 1 1 0 0 1 1 0 0 1 1 1 1 1 1 1 1 1 1 1 1 1 1 0 0
0 0 0 0 1 1 1 1 0 0 0 0 0 0 0 0 1 1 0 0 1 1 0 0 1 1 0 0 1 1 1 1 0 0 0 0 1 1 1 1 0 0 1 1 1 1 1 1

为了克服突发干扰卷积、重复后的码元，还要进行分组交织。交织的时间跨度是 20ms，即将一帧内 576 个码元排成 32 行 ×18 列的阵列，如表 4－12 所示。表中数字为输入码元的序号，相同的序号表示相同的重复码元。

表 4－12　接入信道及反向业务信道（4.8kbit/s）的交织编码

1	17	33	49	65	81	97	113	129	145	161	177	193	209	225	241	257	273
1	17	33	49	65	81	97	113	129	145	161	177	193	209	225	241	257	273
2	18	34	50	66	82	98	114	130	146	162	178	194	210	226	242	258	274
2	18	34	50	66	82	98	114	130	146	162	178	194	210	226	242	258	274
3	19	35	51	67	83	99	115	131	147	163	179	195	211	227	243	259	275
3	19	35	51	67	83	99	115	131	147	163	179	195	211	227	243	259	275
4	20	36	52	68	84	100	116	132	148	164	180	196	212	228	244	260	276
4	20	36	52	68	84	100	116	132	148	164	180	196	212	228	244	260	276
5	21	37	53	69	85	101	117	133	149	165	181	197	213	229	245	261	277
5	21	37	53	69	85	101	117	133	149	165	181	197	213	229	245	261	277
6	22	38	54	70	86	102	118	134	150	166	182	198	214	230	246	262	278
6	22	38	54	70	86	102	118	134	150	166	182	198	214	230	246	262	278

（续）

7	23	39	55	71	87	103	119	135	151	167	183	199	215	231	247	263	279
7	23	39	55	71	87	103	119	135	151	167	183	199	215	231	247	263	279
8	24	40	56	72	88	104	120	136	152	168	184	200	216	232	248	264	280
8	24	40	56	72	88	104	120	136	152	168	184	200	216	232	248	264	280
9	25	41	57	73	89	105	121	137	153	169	185	201	217	233	249	265	281
9	25	41	57	73	89	105	121	137	153	169	185	201	217	233	249	265	281
10	26	42	58	74	90	106	122	138	154	170	186	202	218	234	250	266	282
10	26	42	58	74	90	106	122	138	154	170	186	202	218	234	250	266	282
11	27	43	59	75	91	107	123	139	155	171	187	203	219	235	251	267	283
11	27	43	59	75	91	107	123	139	155	171	187	203	219	235	251	267	283
12	28	44	60	76	92	108	124	140	156	172	188	204	220	236	252	268	284
12	28	44	60	76	92	108	124	140	156	172	188	204	220	236	252	268	284
13	29	45	61	77	93	109	125	141	157	173	189	205	221	237	253	269	285
13	29	45	61	77	93	109	125	141	157	173	189	205	221	237	253	269	285
14	30	46	62	78	94	110	126	142	158	174	190	206	222	238	254	270	286
14	30	46	62	78	94	110	126	142	158	174	190	206	222	238	254	270	286
15	31	47	63	79	95	111	127	143	159	175	191	207	223	239	255	271	287
15	31	47	63	79	95	111	127	143	159	175	191	207	223	239	255	271	287
16	32	48	64	80	96	112	128	144	160	176	192	208	224	240	256	272	288
16	32	48	64	80	96	112	128	144	160	176	192	208	224	240	256	272	288

通过交织，排成18行×32列的阵列。交织的规则是，按下列的顺序排列相应的行，即每一行由下列的列序号相应码元构成：

1 17 9 25 5 21 13 29 3 19 11 27 7 23 15 31

2 18 10 26 6 22 14 30 4 20 12 28 8 24 16 32

根据上述交织原则，交织器输出的码序列如下：

1 1 0 1 0 0 1 0 0 1 0 1 1 1 0 1 1 1 1 1 1 1 1 0 1 1 0 1 0 1 0 0 1 1 0 0 1 0 1 0 1 0 1 1 0 0 0 0
1 1 1 0 1 1 1 1 0 1 0 1 0 0 1 1 1 0 1 1 0 1 0 0 1 1 1 0 0 0 0 1 1 0 0 1 0 0 0 0 1 1 1 0 0 1 0 0
0 1 1 0 0 0 0 0 0 1 1 1 0 1 0 1 0 1 0 0 0 1 1 1 0 0 1 1 1 1 1 0 1 1 1 1 1 0 0 1 1 0 0 1 1 0 0 1
1 0 0 1 1 0 1 1 1 1 0 0 0 1 1 0 1 0 1 0 0 1 1 1 0 0 0 0 1 0 1 1 0 1 0 0 1 1 0 0 1 1 1 0 0 1 0 0
1 1 1 1 1 0 0 0 0 0 1 0 1 1 0 0 1 0 0 0 1 0 0 1 0 1 0 1 1 1 1 1 1 0 1 1 1 1 1 0 1 0 0 0 1 1 0 1
0 1 0 1 0 0 0 1 0 1 1 1 0 0 1 0 1 1 0 0 0 0 1 0 1 0 0 1 0 1 1 1 0 1 0 0 0 1 0 1 1 1 1 1 0 0 0 1
1 1 0 1 0 0 1 0 0 1 0 1 1 1 0 1 1 1 1 1 1 1 1 0 1 1 0 1 0 1 0 0 1 1 0 0 1 0 1 0 1 0 1 1 0 0 0 0
1 1 1 0 1 1 1 1 0 1 0 1 0 0 1 1 1 0 1 1 0 1 0 0 1 1 1 0 0 0 0 1 1 0 0 1 0 0 0 0 1 1 1 0 0 1 0 1
0 1 1 0 0 0 0 0 0 0 1 1 1 0 1 0 1 0 1 0 0 0 1 1 1 0 0 1 1 1 1 1 0 1 1 1 1 1 0 0 1 1 0 0 1 1 0 1
1 0 0 1 1 0 1 1 1 1 0 0 0 1 1 0 1 0 1 0 0 1 1 1 0 0 0 0 1 0 1 1 0 1 0 0 1 1 0 0 1 1 1 0 0 1 0 0
1 1 1 1 1 0 0 0 0 0 1 0 1 1 0 0 1 0 0 0 1 0 0 1 0 1 0 1 1 1 1 1 1 0 1 1 1 1 1 0 1 0 0 0 1 1 0 1
0 1 0 1 0 0 0 1 0 1 1 1 0 0 1 0 1 1 0 0 0 0 1 0 1 0 0 1 0 1 1 1 0 1 0 0 0 1 0 1 1 1 1 1 0 0 0 1

4.4.2.3 多进制正交扩频调制

多进制正交调制，采用相互正交的64阶沃尔什函数。由于$2^6=64$，所以每输入6个二进制符号，就对应64个沃尔什函数之一。正交调制器每输入6个符号，则输出64个符号，输入符号速率是28.8kc/s，输出符号速率则是

$$28.8\times64/4 = 307.2\text{kc/s}$$

调制符号可根据下列调制符号指数进行选择，即调制符号指数（MSI）为

$$\text{MSI} = c_0 + 2c_1 + 4c_2 + 8c_3 + 16c_4 + 32c_5 \tag{4-16}$$

式中，c_i 代表输入码元第 i 位的码元值，$0\leqslant i\leqslant5$。例如输入码元为

$$\{c_0c_1c_2c_3c_4c_5\} = \{110100\}$$

由式（4－16）可得

$$\text{MSI} = 1 + 2 + 8 = 11$$

表 4－13 列出了多进制调制中符号输入、调制符号指数及输出符号的关系。

表 4－13　多进制调制中符号输入，调制符号指数及输出符号的关系

6 个符号输入	MSI	64 个符号输出
110100	11	0110011010011001011001101001100101100110100110010110011010011001
100101	41	0101010110101010010101011010101010101010010101011010101001010101
110111	59	0110011010011001100110010110011010011001011001100110011010011001
111110	31	0110100110010110100101100110100101101001100101101001011001101001
110101	43	0110011010011001011001101001100110011001011001101001100101100110
001100	12	0000111111110000000011111111000000001111111100000000111111110000
101010	21	0101101001011010101001011010010101011010010110101010010110100101
110000	3	0110011001100110011001100110011001100110011001100110011001100110

4.4.2.4　利用长码进行直接序列扩频

经过正交多进制调制后，码片速率已达 307.2kc/s，再与长码（$2^{24}-1$PN 序列）进行模 2 加，即进行直接序列扩频，如图 4－35 所示。

长码产生器由 42 级移位寄存器组成，长码周期为 $2^{24}-1$，速率为 1.2288Mc/s，其特征多项式为

$$P(x) = x^{42} + x^{35} + x^{33} + x^{31} + x^{27} + x^{26} + x^{25} + x^{22} + x^{21} + x^{19} + x^{18} + x^{17} + x^{10} + x^{7} + x^{6} + x^{5} + x^{3} + x^{2} + x + 1$$

为了对投入信道传输信息加强安全性保护，采取了掩码措施。如前所述，掩码与 42 级移位寄存器的各级输出相乘再模 2 加，最后产生的长码作为扩频码，即与多进制调制输出的符号进行模 2 加。

接入信道的掩码格式如图 4－36 所示。

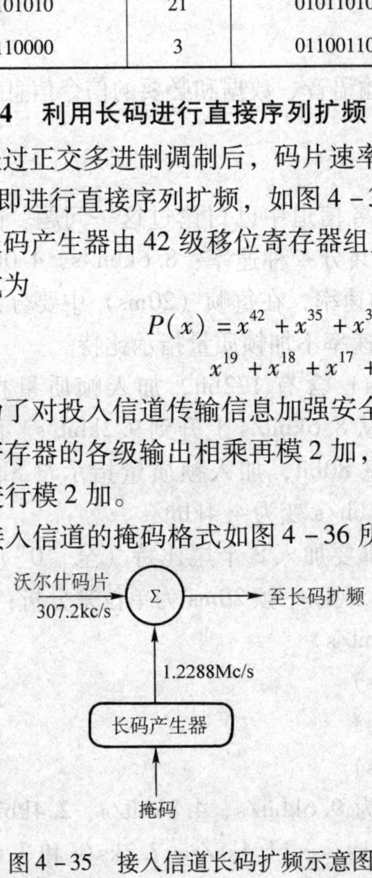

图 4－35　接入信道长码扩频示意图

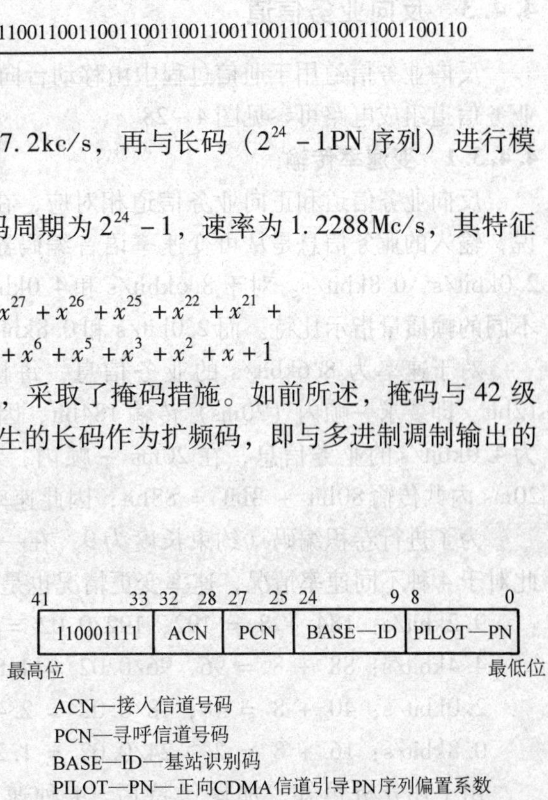

图 4－36　接入信道的掩码格式

经过掩码，速率仍为1.2288Mc/s，然后进入四相调制。接入信道的调制参数如表4－14所示。

表4－14 接入信道的调制参数

参 数	数据率4800bit/s	单 位
PN子码速率	1.2288	Mc/s
卷积编码码率	1/3	
码元重复出现次数	2	
传输占空比	100	%
码元速率	28800	s/s
每调制码元的码元	6	
调制码元速率	4800	s/s
沃尔什子码速率	307.20	kc/s
调制码元宽度	208.33	μs
每码元的PN子码数	42.67	
每调制码元的PN子码数	256	
每沃尔什子码的PN子码数	4	

4.4.3 反向业务信道

反向业务信道用于通信过程中由移动台向基站传输语音、数据和必要的信令信息。反向业务信道组成电路可参见图4－28。

4.4.3.1 变速率传输

反向业务信道和正向业务信道相对应，在正向业务信道中已讨论过这一问题。简单来说，输入的业务信息是从可变速率语音编码器来的，共分4种速率：8.6kbit/s，4.0kbit/s，2.0kbit/s，0.8kbit/s。对于8.6kbit/s和4.0kbit/s两种速率，在每帧（20ms）中要分别加入不同的帧质量指示比特。而2.0bit/s和0.8kbit/s两种速率不加帧质量指示比特。

对于速率为8.6kbit/s的业务信息，每帧（20ms）含有172bit，加入帧质量指示符12bit。即要求一帧内（20ms）传输184bit，因此速率从8.6kbit/s上升到9.2kbit/s。而速率为4.0kbit/s的业务信息，在20ms一帧内，含有信息80bit，加入帧质量指示符8bit，即20ms内共传输80bit + 8bit = 88bit，因此速率从4.0kbit/s变为4.4kbit/s。

为了进行卷积编码（约束长度为9，在一帧内，都要加入8个尾比特（全“0”））。因此对于4种不同速率情况，速率变更情况也是不同的，现以一帧20ms为单位来分析：

9.2kbit/s：184 + 8 = 192，192/0.02 = 9.6（kbit/s）

4.4kbit/s：88 + 8 = 96，96/0.02 = 4.8（kbit/s）

2.0kbit/s：40 + 8 = 48，48/0.02 = 2.4（kbit/s）

0.8kbit/s：16 + 8 = 24，24/0.02 = 1.2（kbit/s）

由上述分析可知，加尾比特后，4种速率分别为9.6kbit/s、4.8kbit/s、2.4kbit/s和1.2kbit/s。经码率为1/3的卷积编码后，速率为28.8ks/s、14.4ks/s、7.2ks/s和3.6ks/s。然后经过不同的码元重复，统一为调制码元的速率28.8ks/s。通过分组交织加入多进制

（64 进制）正交扩频调制。分组交织及多进制正交调制均与接入信道的相同，不再重述。

反向业务信道的调制参数如表 4－15 所示。

表 4－15　反向业务信道的调制参数

参　数	数据率/(bit/s)			
	9600	4800	2400	1200
PN 子码速率/(Mc/s)	1.2288	1.2288	1.2288	1.2288
卷积编码码率	1/3	1/3	1/3	1/3
传输占空比/(%)	100	50	25	12.5
码元速率/(s/s)	28800	28800	28800	28800
每调制码元的码元数	6	6	6	6
调制码元速率/(s/s)	4800	4800	4800	4800
沃尔什子码速率/(kc/s)	370.20	370.20	370.20	370.20
调制码元宽度/μs	208.33	208.33	208.33	208.33
每码元的 PN 子码数	42.67	42.67	42.67	42.67
每调制码元的 PN 子码数	256	256	256	256
每沃尔什子码的 PN 子码数	4	4	4	4

4.4.3.2　帧质量标志

反向业务信道和正向业务信道都加入了帧质量标志符。对于 9.6kbit/s 和 4.8kbit/s，每一帧都含帧质量标志，前者为 12bit，后者为 8bit。这个帧质量标志是一种 CRC（循环冗余编码）校验。对方接收机以此来判断该帧是否有错，即可检测误帧率。对于 2.4kbit/s 和 1.2kbit/s，不使用帧质量标志。

帧质量标志（CRC）是在一帧中除了帧质量标志位和尾比特之外，由其他位比特所决定的，当然与帧质量标志的生成多项式有关。

对于 9.6kbit/s 和 4.8kbit/s 两种速率的业务信道，均需加入帧质量标志，分别使用 12 位和 8 位的帧质量指示，它们的生成多项式分别为

9.6kbit/s　　$g(x)=x^{12}+x^{11}+x^{10}+x^{9}+x^{8}+x^{4}+x+1$

4.8kbit/s　　$g(x)=x^{8}+x^{7}+x^{4}+x^{3}+x+1$

图 4－37 和图 4－38 分别示出了产生两种帧质量标志的电路图。

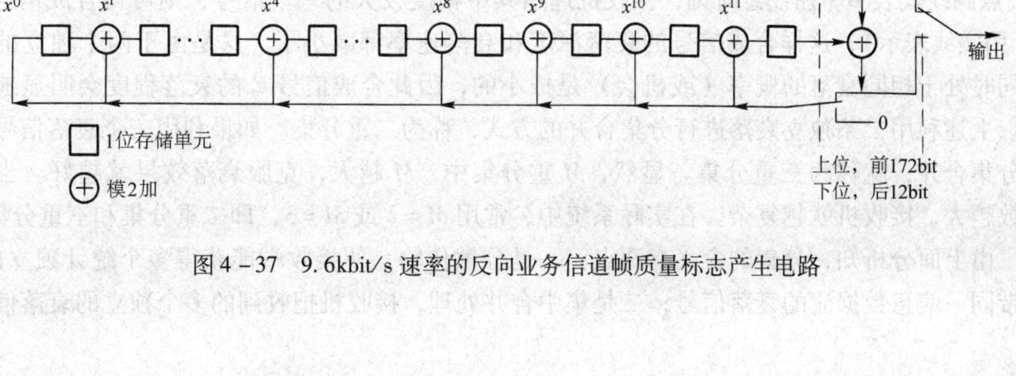

图 4－37　9.6kbit/s 速率的反向业务信道帧质量标志产生电路

产生帧质量标志过程如下：

起始，所有的移位寄存器单元都置于逻辑1，并且开关都置于上方位置。

输入信息比特，图4-37输入172bit，图4-38输入80bit。在输入信息比特期间，输出端参与了反馈。

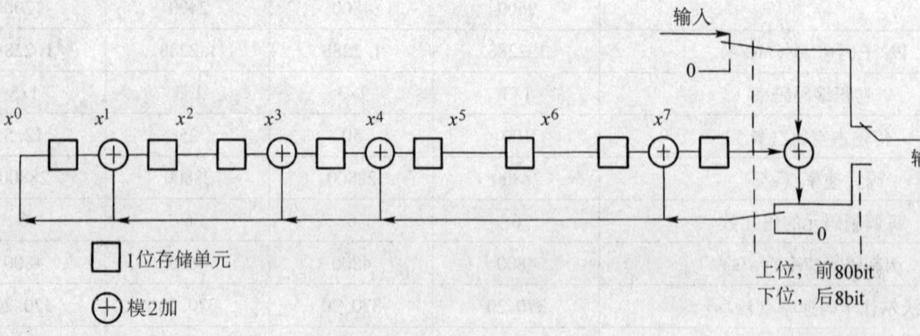

图4-38 4.8kbit/s速率的反向业务信道帧质量标志产生电路

然后，将开关置于下方，此时输出端已不参与反馈，在时钟作用下，移位寄存器的逻辑状态逐一输出，速率为9.6kbit/s。图4-37中，输出12位帧质量标志；图4-38（速率为4.8kbit/s）中，输出8位帧质量标志。

上述帧质量标志产生原理也适用于正向业务信道。

4.5 CDMA蜂窝网的关键技术

4.5.1 CDMA系统的分集技术

4.5.1.1 分集接收技术

移动通信中衰落问题尤为突出，它是影响通信质量的主要因素。如果想加大发射功率（1000~10000倍）来克服这种深衰落是不现实的，而且会造成对其他用户的干扰，分集接收技术是抗衰落的一种有效措施，它广泛应用于蜂窝网移动通信系统。

所谓分集接收是指接收端对它接收到的多个衰落特性互相独立（携带同一个信息数据流）的信号进行特定的处理，以降低信号电平起伏。图4-39示出了一种利用“选择式”合并法进行分集接收的示意图。图中，A和B分别代表两个独立的衰落信号，其中虚线代表A，点画线代表B。在任意时刻，接收机选用其中幅度较大的一个信号，则可得合成信号C（C用实线表示），这样合成信号的衰落深度和衰落速率都减小了。这是由于两个独立的衰落同时处于相同衰落的概率（或机会）是极小的，因此合成信号C的衰落程度会明显地减小。上述利用二条独立衰落进行分集合并的方式，称为二重分集。如果利用三个衰落信号进行分集合并，就称为三重分集。显然，M重分集中，M越大，克服衰落效果就越好。当然重数越大，接收机就越复杂。在实际系统中，常用$M=2$或$M=3$，即二重分集和三重分集。

由上面分析知，分集的含义有两点：一是分散传输，使接收端能获得多个统计独立的、携带同一信息数据流的衰落信号；二是集中合并处理，接收机把收到的多个独立的衰落信号

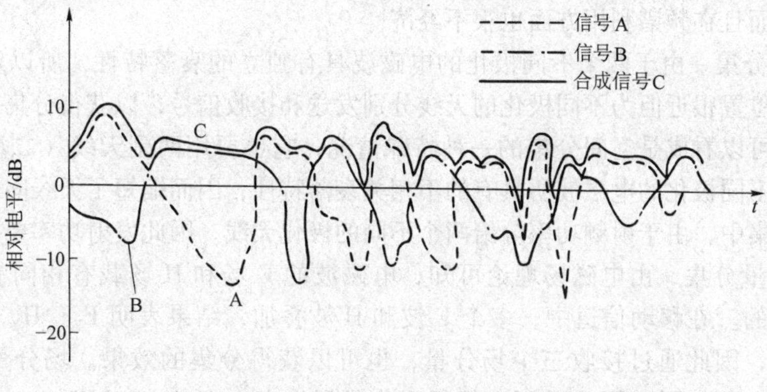

图 4-39　选择式合并法分集接收示意图

进行合并以降低衰落的影响。

4.5.1.2　分集方式

在移动通信系统中可能用到两类分集方式：一类称为宏分集；另一类称为微分集。

宏分集主要用于蜂窝通信系统中，也称为多基站分集。这是一种减小慢衰落影响的分集技术，其作法是把多个基站设置在不同的地理位置上（如蜂窝小区的对角上）和不同方向上，同时和小区内的一个移动台进行通信（可以选用其中信号最好的一个基站进行通信）。只要在各个方向上的信号传播不是同时受到阴影效应或地形的影响而出现严重的慢衰落（基站天线的架设可以防止这种情况发生），这种办法就能保证通信不会中断。

微分集是一种减小快衰落影响的分集技术，在各种无线通信系统中都经常使用。在空间、频率、极化、场分量、角度及时间等方面分离的无线信号，都呈现互相独立的衰落特性。微分集可分为下列 6 种：

（1）空间分集　空间分集的依据在于快衰落的空间独立性，即在任意两个不同的位置上接收同一个信号，只要两个位置的距离大到一定程度，两处所收信号的衰落就不相关。空间分集的接收机至少需要两副相隔距离为 d 的天线，间隔距离 d 与工作波长、地物及天线高度有关，在移动信道中，通常取

市区　$d = 0.5\lambda$

郊区　$d = 0.8\lambda$

在满足上式的条件下，两信号的衰落相关性已很弱，d 越大，相关性就越弱。

由上式可知，在 900MHz 的频段工作时，两副天线的间隔也只需 0.27m，在小汽车的顶部安装这样两副天线并不困难，因此空间分集不仅适用于基站（取 d 为几个波长），也可用于移动台。

（2）频率分集　由于频率间隔大于相关带宽的两个信号所遭受的衰落可以认为是不相关的，因此可以用两个以上不同的频率传输同一信息，以实现频率分集。根据相关带宽的定义，即

$$B_c = \frac{1}{2\pi\Delta} \tag{4-17}$$

式中，Δ 为延时扩展，例如市区中 $\Delta = 3\mu s$，B_c 约为 53kHz。这样频率分集需要用两部发射机（频率相隔 53kHz 以上）同时发送同一信号，并用两部独立接收机来接收信号。它不仅

使设备复杂，而且在频谱利用方面也很不经济。

（3）极化分集 由于两个不同极化的电磁波具有独立的衰落特性，所以发送端和接收端可以用两个位置很近但为不同极化的天线分别发送和接收信号，以获得分集效果。

极化分集可以看成是空间分集的一种特殊情况，它也要用两副天线（二重分集情况），但仅仅是利用不同极化的电磁波所具有的不相关衰落特性，因而缩短了天线间的距离。

在极化分集中，由于射频功率分给两个不同的极化天线，因此发射功率要损失3dB。

（4）场分量分集 由电磁场理论可知，电磁波的E场和H场载有相同的消息，而反射机理是不同的。在移动信道中，多个E波和H波叠加，结果表明E_Z、H_X和H_Y的分量是互不相关的，因此通过接收三个场分量，也可以获得分集的效果。场分量分集不要求天线间有实体上的间隔，因此适用于较低工作频段（例如低于100MHz）。当工作频率较高时（800～900MHz），空间分集在结构上容易实现，此时不需采用三副天线进行场分量分集。

场分量分集和空间分集都优于极化分集，因为这两种方式不像极化分集那样要降低3dB的辐射功率。

（5）角度分集 角度分集的做法是使电波通过几个不同路径，并以不同角度到达接收端，而接收端利用多个锐方向性接收天线能分离出不同方向来的信号分量，由于这些分量具有互相独立的衰落特性，因而可以实现角度分集并获得抗衰落的效果。

（6）时间分集 快衰落具有时间独立性，即同一信号在不同的时间、区间多次重发，只要各次发送的时间间隔足够大，那么各次发送信号所出现的衰落将是彼此独立的，接收机将重复收到的同一信号进行合并，就能减小衰落的影响。时间分集主要用于在衰落信道中传输数字信号。时间分集也有利于克服移动信道中由多普勒效应引起的信号衰落现象。由于它的衰落速率与移动台的运动速度及工作波长有关，为了使重复传输的数字信号具有独立的特性，必须保证数字信号的重发时间间隔满足以下关系：

$$\Delta T \geqslant \frac{1}{2f_m} = \frac{1}{2(v/\lambda)} \tag{4-18}$$

式中，f_m为衰落频率；v为车速；λ为工作波长。

若移动台处于静止状态，即$v=0$，由式（4-18）可知，要求ΔT为无穷大，表明时间分集对静止状态的移动台无助于减小此种衰落。

4.5.1.3 合并方式

接收端收到$M(M\geqslant 2)$个分集信号后，如何利用这些信号减小衰落的影响，这就是合并问题。一般使用线性合并器，把输入的M个独立衰落信号相加后合并输出。

假设M个输入信号电压为$r_1(t)$，$r_2(t)$，…，$r_M(t)$，则合并器输出电压$r(t)$为

$$r(t) = a_1 r_1(t) + a_2 r_2(t) + \cdots + a_M r_M(t) = \sum_{k=1}^{M} a_k r_k(t) \tag{4-19}$$

式中，a_k为第k个信号的加权系数。

选择不同的加权系数，就可构成不同的合并方式，常用的有以下三种方式：

（1）选择式合并 选择式合并是检测所有分集支路的信号，以选择其中信噪比最高的那一个支路的信号作为合并器的输出。由上式可见，在选择式合并器中，加权系数只有一项为1，其余均为0。

图 4-40 为二重分集选择式合并的示意图。两个支路的中频信号分别经过解调，然后作信噪比比较，选择其中有较高信噪比的支路接到接收机的共用部分。

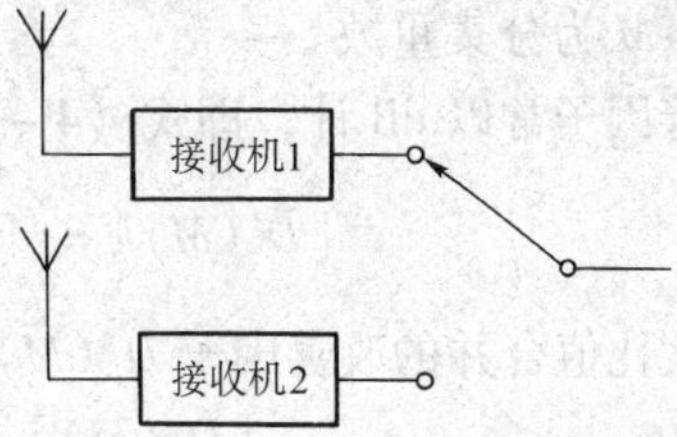

图 4-40　二重分集选择式合并的示意图

（2）最大比值合并　最大比值合并是一种最佳合并方式，其框图如图 4-41 所示。为了书写简便，每一支路信号包络 $r_k(t)$ 用 r_k 表示。每一支路的加权系数 a_k 与信号包络 r_k 成正比而与噪声功率 N_k 成反比，即

$$a_k = \frac{r_k}{N_k} \tag{4-20}$$

由此可得最大比值合并器输出的信号包络为

$$r_R = \sum_{k=1}^{M} a_k r_k = \sum_{k=1}^{M} \frac{r_k^2}{N_k} \tag{4-21}$$

式中，下标 R 表征最大比值合并方式。

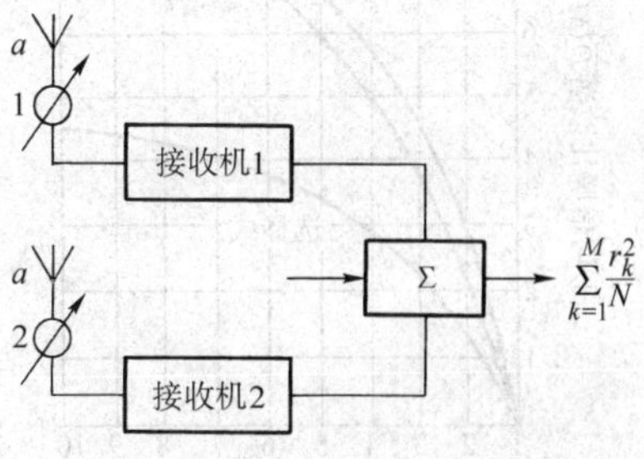

图 4-41　最大比值合并方式示意图

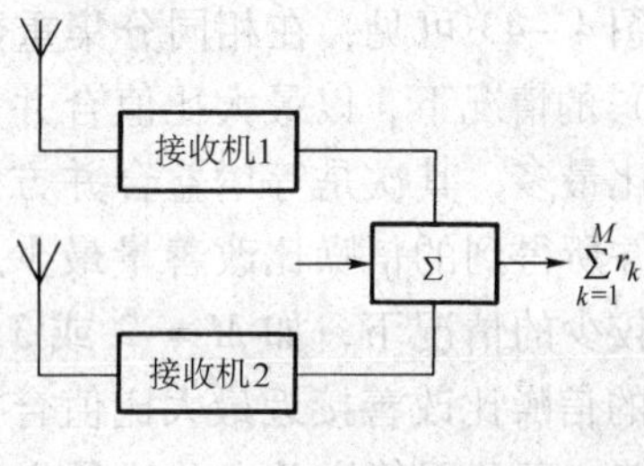

图 4-42　等增益合并方式示意图

（3）等增益合并　等增益合并方式其性能接近于最大比值合并，无需对信号加权，各支路的信号是等增益相加的，其框图如图 4-42 所示。

等增益合并器输出的信号包络为

$$r_E = \sum_{i=1}^{M} r_i \tag{4-22}$$

式中，下标 E 表征等增益合并。

4.5.1.4　分集合并的性能

分集合并的性能是指合并前后信噪比的改善程度。为便于比较 3 种合并方式的性能，假设它们都满足下列 3 个条件：

1）每一路径支路均为加性高斯噪声，且与信号无关；

2）信号包络（幅度）的衰落速率远低于信号的最低调制频率；

3）各支路信号的衰落互不相关，彼此独立。

通过数学分析，得出下列结果：M 重分集平均信噪比均得到了大小不等的改善。

选择式合并的平均信噪比的改善因子用 $\bar{D}_S(M)$ 表示，即

$$\bar{D}_S(M) = \frac{\bar{v}_S}{v_0} = \sum_{k=1}^{M} \frac{1}{k} \tag{4-23}$$

式中，$\bar{v}_S$ 为选择式合并的平均载噪比，下标 S 系指选择式合并；v_0 为无分集时（$M=1$）的

载噪比；M 为分集重数。

改善因子常以 dB 计，即式（4－23）可写成

$$[\bar{D}_S(M)] = [\bar{v}_S] - [v_0] = 10\lg\left(\sum_{k=1}^{M}\frac{1}{k}\right)\text{dB} \tag{4-24}$$

最大比值合并的改善因子 $\bar{D}_R(M)$ 为

$$[\bar{D}_R(M)] = [v_R] - [v_0] = 10\lg M\text{dB} \tag{4-25}$$

式中，v_R 为 M 重分集最大比值合并的载噪比；v_0 为无分集时的载噪比。

等增益合并的改善因子 $\bar{D}_E(M)$ 为

$$[\bar{D}_E(M)] = [v_E] - [v_0] = 10\lg\left[1+(M-1)\frac{\pi}{4}\right]\text{dB} \tag{4-26}$$

式中，v_E 为等增益合并的载噪比；v_0 为无分集时的载噪比。

由式（4－24）、式（4－25）和式（4－26）可以画出三种合并方式的平均载噪比改善因子与分集重数 M 的关系，如图4－43所示。

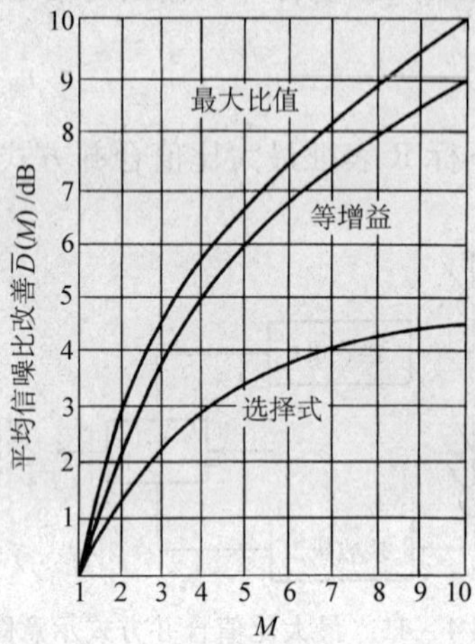

图4－43 三种合并方式的 $\bar{D}$（M）与 M 的关系曲线

由图4－43可见，在相同分集重数（即 M 相同）的情况下，以最大比值合并方式改善信噪比最多，其次是等增益合并方式，选择式合并所得到的信噪比改善量最少。在分集重数较少的情况下，如 $M=2$ 或 3，等增益合并的信噪比改善接近最大比值合并的信噪比改善，而且因等增益合并比最大比值合并的电路简单得多，因此在 CDMA 的 RAKE 接收机中使用了等增益合并方式。

在数字化移动通信系统中，衡量分集的效果是误码率。从误码率角度比较三种合并方式，可知：最佳比值合并为最好，其次是等增益合并，改善最少的是选择式合并。对于 DPSK 调制而言，有分集与无分集（$M=1$）时平均误码率如表4－16所示。

表4－16 三种合并方式平均误码率的比较

合并方式 / 分集重数 M	选择式	等增益	最大比值
1	$\bar{P}_{e1}$	$\bar{P}_{e1}$	$\bar{P}_{e1}$
2	$4\bar{P}_{e1}^2$	$2.5\bar{P}_{e1}^2$	$2.5\bar{P}_{e1}^2$
3	$24\bar{P}_{e1}^3$	$6.4\bar{P}_{e1}^3$	$4.0\bar{P}_{e1}^3$
4	$192\bar{P}_{e1}^4$	$16.0\bar{P}_{e1}^4$	$8.0\bar{P}_{e1}^4$

假设无分集时（$M=1$），平均误码率 $\bar{P}_{e1}=1\times10^{-2}$；二重分集时，选择式合并 $\bar{P}_{e2}=4\bar{P}_{e1}^2=4\times10^{-4}$；而等增益合并的 $\bar{P}_{e2}=2.5\bar{P}_{e1}^2=2.5\times10^{-4}$，显然平均误码率比无分集时大大

减小，且优于选择式合并。

4.5.1.5　RAKE 接收机

所谓 RAKE 接收机就是利用多个并行相关器检测多径信号，按照一定的准则合成一路信号供解调用的接收机。一般的分集技术把多径信号作为干扰来处理，而 RAKE 接收机却利用多径现象来增强信号。图 4－44 示出了简化的 RAKE 接收机的组成。

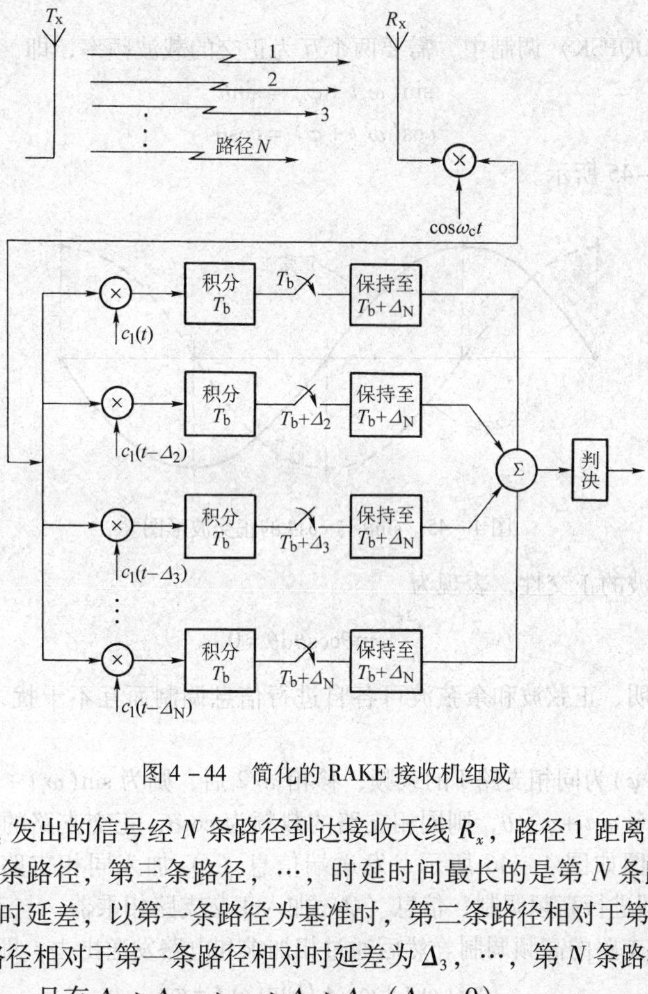

图 4－44　简化的 RAKE 接收机组成

假设发端从 T_x 发出的信号经 N 条路径到达接收天线 R_x，路径 1 距离最短，传输时延也最小，依次是第二条路径，第三条路径，…，时延时间最长的是第 N 条路径。通过电路测定各条路径的相对时延差，以第一条路径为基准时，第二条路径相对于第一条路径相对时延差为 Δ_2，第三条路径相对于第一条路径相对时延差为 Δ_3，…，第 N 条路径相对于第一条路径相对时延差为 Δ_N，且有 $\Delta_N > \Delta_{N-1} > \cdots > \Delta_3 > \Delta_2$（$\Delta_1 = 0$）

接收端通过解调后，送入 N 个并行相关器。在 Q－CDMA 系统中，基站接收机 $N = 4$，移动台接收机 $N = 3$。图中为用户 1，即使用伪码 $c_1(t)$，通过位同步，各个相关器的本地码分别为 $c_1(t)$，$c_1(t-\Delta_2)$，$c_1(t-\Delta_3)$，…，$c_1(t-\Delta_N)$。经过解扩加入积分器，每次积分时间为 T_b，第一支路在 T_b 末尾进入电平保持电路，保持到 $T_b+\Delta_N$，即到最后一个相关器于 $T_b+\Delta_N$ 产生输出。这样 N 个相关器于 $T_b+\Delta_N$ 时刻，通过相加求和电路（图中为 Σ）再经判决电路产生数据输出。

由于各条路径加权系数为 1，因此为等增益合并方式。利用多个并行相关器，获得了各多径信号能量，即 RAKE 接收机利用多径信号，提高了通信质量。

4.5.2　CDMA 系统的正交调制与正交扩频技术

由于 CDMA 移动通信系统采用了扩频技术，信道的传输速率达 1.2288Mbit/s，因此必须采用高效的调制方法，以提高频谱使用效率。在高速数据传输系统中，一般往往采用 QPSK 调制，即正交移相键控调制方式。下面结合 CDMA 系统，对正交调制以及正交扩频作一些补充说明。

在 QPSK（或 OQPSK）调制中，需要两个互为正交的载波频率，即

$$\sin(\omega_c t+\varphi)=\sin\theta$$

$$\cos(\omega_c t+\varphi)=\cos\theta$$

相应的波形如图 4－45 所示。

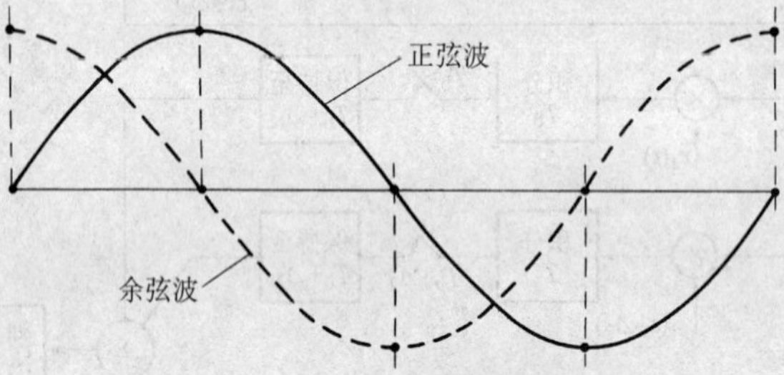

图 4－45　$\sin\theta$ 与 $\cos\theta$ 的正交波形图

正弦波和余弦波的正交性，表现为

$$\int_0^{2\pi}\sin\theta\cos\theta\mathrm{d}\theta=0 \tag{4-27}$$

下面具体来说明，正弦波和余弦波可各自进行信息调制而互不干扰，比 PSK 的频谱利用率提高了一倍。

假设 $\cos(\omega_c t+\varphi)$ 为同相支路 I 的载频，移相 $\pi/2$ 后，则为 $\sin(\omega_c t+\varphi)$ 正交支路 Q 的载频。为了方便，令 $\omega_c t+\varphi=\theta$，则同相支路的载频为 $\cos\theta$，正交支路的载频为 $\sin\theta$。正交调制与解调的示意图如图 4－46 所示。发送端信息（I）加入同相支路相乘器与载频 $\cos(\omega_c t+\varphi)$ 相乘，即进行高频调制；信息（Q）加入正交支路相乘器，与正交载频 $\sin(\omega_c t+\varphi)$ 相乘，完成正交支路的高频调制。然后通过相加求和电路发送出去，即发送的信号是

$$I\cos(\omega_c t+\varphi)+Q\sin(\omega_c t+\varphi)$$

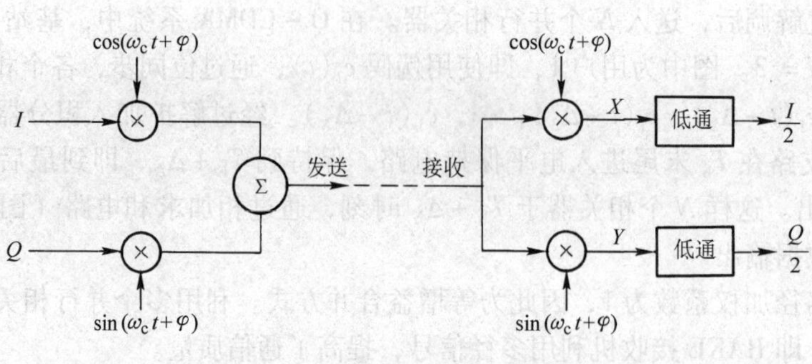

图 4－46　正交调制与解调示意图

接收端采用相干解调，通过载频同步电路，产生同频同相的本地载波。同相支路解调器输出 X 为

$$X = (I\cos\theta + Q\sin\theta)\cos\theta = I\cos^2\theta + Q\sin\theta\cos\theta \tag{4-28}$$

上面未考虑传输中幅度的变化，因为它不影响分析的一般性。

式(4-28)中第一项含有传输的信息 I，下面作波形分析，如图 4-47 所示。

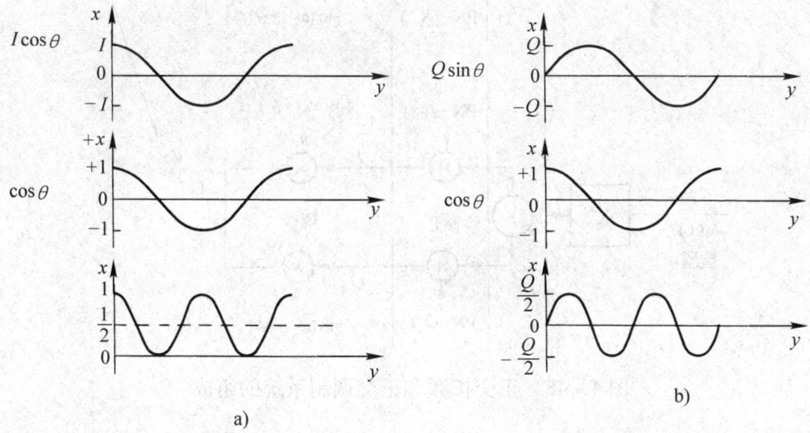

图 4-47　正交解调波形（同相支路）示意图

由于
$$I\cos^2\theta = \frac{I}{2} + \frac{I}{2}\cos2\theta \tag{4-29}$$

式中，$I/2$ 是平均值；$(I/2)\cos2\theta$ 是二次谐波分量。

通过低通滤波器（LPF）后，谐波分量被滤除，输出为 $I/2$，即同相支路恢复了原始信息 I，这是因为式（4-23）中第二项也被 LPF 滤除。利用三角函数倍角公式，即

$$Q\sin\theta\cos\theta = \frac{Q}{2}\sin2\theta$$

因为 $\theta = \omega_c t + \varphi$，因此 $2\theta = 2(\omega_c t + \varphi)$，亦即二次谐波分量，低通滤波器予以滤除。

用同样方法，可以分析正交支路输出是 $Q/2$，即含有原始信息 Q。

参见图 4-47，正交支路的相关器输出可从下面分析中得出

$$(I\cos\theta + Q\sin\theta)\sin\theta = Q\sin^2\theta + I\sin\theta\cos\theta = \frac{Q}{2} + \frac{I}{2}\sin2\theta - \frac{Q}{2}\cos2\theta \tag{4-30}$$

上式中后两项为二次谐波分量，经低通滤波器后即得 $Q/2$。

综上所述，由于正弦和余弦的正交性，所以在采用同一载频的情况下，可分别进行信息调制。这样输入信息数据流中，奇数位送往同相支路，偶数位送往正交支路，两个比特分别调制后，进行发送与接收。

在 PSK 中，符号率等于比特率，而在 QPSK 中，每个符号（对应每一个状态）含有 2bit，即符号率是比特率的一半，也就是码速率比 PSK 小一半，因而 QPSK 比 PSK 带宽小一半。

在实际 CDMA 系统中，在正交调制之前，输入的信息先经过正交扩频，然后再进行正交调制，如图 4-48 所示。

发送端，用户数据进行四相扩展，四相扩展的序列称为引导 PN 序列。引导 PN 序列的

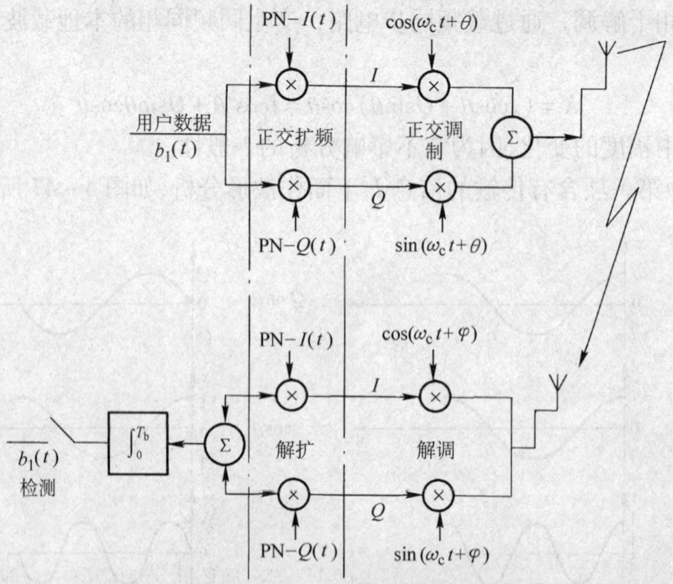

图4-48 正交扩频和正交调制系统的组成

作用是给不同的基站发出的信号赋予不同的特征，便于移动台识别所需的基站。引导PN序列有两个：I支路PN序列和Q支路PN序列，它们的长度都为2^{15}（32768）。它们都是由15级移位寄存器构成的m序列。在序列中出现14个连“0”时，从中再插入一个“0”，使序列中14个“0”的游程变成15个“0”的游程，从而使m序列的周期长度为32768。

在CDMA系统中，不同基站使用同一个PN序列，但各自采用不同的时间偏置，即起始位置是不同的。由于m序列尖锐的自相关特性，当偏移大于一个伪码（或称子码）宽度时，其自相关值接近于“0”，因而移动台用相关检测法很容易把不同基站的信号区分开来。移动台先进行正交解调，然后进行解扩，最后将同相支路和正交支路的信号求和、积分恢复信息数据。

4.5.3 CDMA系统的语音编码技术

语音编码包括波形编码、参数编码（声码器）和波形、参数的混合编码。

波形编码是传统的语音编码方式，它以再现波形为目的。例如脉冲编码调制（PCM）是一种简单而又广泛应用的波形编码技术，语音信号经过取样、量化和编码三个流程，取样频率为8kHz，每个样值用8bit表示，因此传输一路语音的速率需64kbit/s。使用动态压缩技术后，即自适应差分脉冲编码调制（ADPCM）也需要32kbit/s。因此，它们不适用于移动通信系统。

参数编码是以人类语言生成模型为基础，分析表征语音激励源和声道等特征参数，并且只要传输这些参数，在接收端根据参数来合成恢复语音信号。显然，其传输速率可以降低，但语音质量较低，因此单纯参数编码的语音质量很难满足蜂窝网移动通信的要求。20世纪80年代后期，综合了上述两种方式进行混合编码的技术被广泛采用，它兼顾了高质量的波形编码的准则和高效参数传输与合成技术。

上述三种语音编码器的速率如图4-49所示。图中示出在不同的速率下，可以得到不同

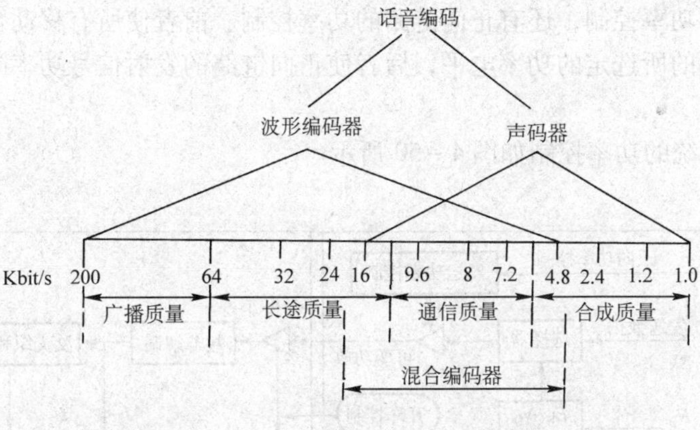

图 4 - 49　三种语音编码器的速率

等级的语音质量。质量的等级分别为广播质量、长途质量（有线通信）、通信质量（无线通信）与合成质量（声码器）。

广播质量是指一个宽带（由 0 ~ 7000Hz）及无可察觉噪声的高质量语音，所需数据率超过 64kbit/s。长途质量是指从长途电话网所听到的语音质量，其频带为 300 ~ 3400Hz（有的国家是 200 ~ 3200Hz），信噪比大于或等于 30dB，谐波失真低于或等于 2% ~ 3%。在数字化蜂窝系统中采用混合编码器，其速率在 4 ~ 13kbit/s 之间。例如，在 GSM 系统中，采用规则脉冲激励长时预测线性预测编码（RPE - LTP - LPC）的编码器速率为 13kbit/s，在 Q - CDMA 系统中采用的码本激励线性预测编码（CELP）最高速率为 8kbit/s。

在 Q - CDMA 系统中，还有一种语音插空技术，采用可变速率语音编码，以提高系统的容量。

在双工通信方式中，通话时一方在听话期间，发送链路基本空闲。即使是在讲话期间，也有停顿或空闲。根据统计，实际链路上传输语音的时间仅占整个通话时间的 30% ~ 40%，这被称为激活系数，约 0.3 ~ 0.4。

利用数字语音插空技术（DSI），即发端话音识别器检测是否有话音，决定是否分配信道。理论上讲，有语音时分配信道，无语音时，系统收回信道。在 FDMA 或 TDMA 系统中，需要做到有语音时，系统给它分配信道或时隙，这种情况实现起来既不经济又较复杂。在 CDMA 系统中，相对来说，更便于利用语音插空技术，即将 DSI 与可变速率语音编码结合起来，从而获得通信容量的增加。

码分多址系统是一种干扰受限系统，其容量与其用户产生的干扰密切相关。系统中一个占用链路的用户在语音空隙期间对其他用户将不造成干扰，即背景噪声（干扰）将降低，接收端的信干比能提高，或者表明系统还可以允许新的用户接入，增加系统容量。为了充分发挥这种软容量特性，在 Q - CDMA 系统中，采用可变速率语音编码器，提供 8kbit/s、4kbit/s、2kbit/s 和 1kbit/s 4 种速率，以适应不同的传输要求。

4.6　CDMA 系统控制功能

在 CDMA 数字蜂窝移动通信系统中，为了获得大容量、高质量的通信，解决远近效应等问题，同时避免对其他用户产生过大的干扰，必须采用严格的功率控制，包括反向链路开环功率控制和闭环功率控制，还有正向链路的功率控制。前者使所有移动台的发射信号在到达基站时具有相同的所选定的功率电平，后者使正向链路的发射信号功率限制到只需满足移动台的接收要求。

CDMA 蜂窝系统的功率控制如图 4-50 所示。

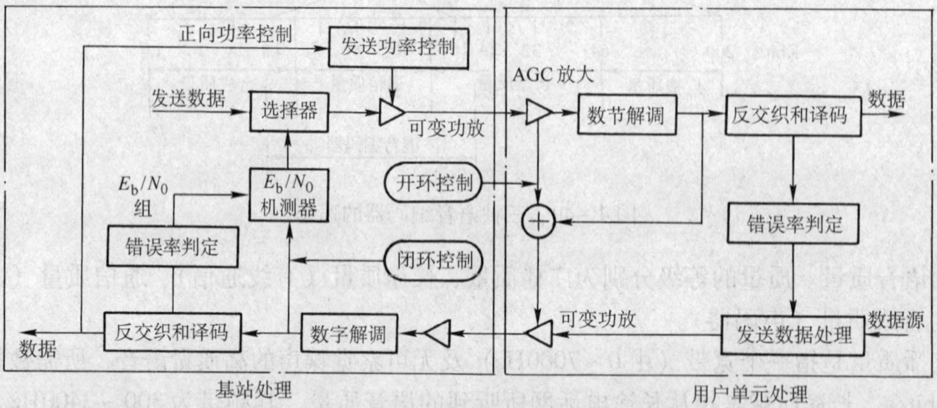

图 4-50 CDMA 蜂窝系统的功率控制

4.6.1 正向链路的功率控制

基站支持的正向链路功率控制是通过响应移动台提供的测试来调整各用户链路信号的正向链路功率的。若移动台处于静态、近离基站，且受多径衰落和阴影效果或其他小区干扰的影响很小，则基站采用低于标称发射功率来发射所需信号，以降低对系统正在发送的其他信号的干扰。同时，多余的功率就可给予那些环境困难或远离基站而错误率高的移动台。这就是正向链路功率控制的目的。

正向功率控制过程由两部分组成：第一部分是开环功率控制，在这一过程中，基站能估算正向链路的传输损耗（利用接入程序期所接收的移动台功率）并调节各业务信道的起始功率。在目前实施中，基站为各业务信道分配一个起始的标称功率；第二部分是闭环过程，基站和移动台相结合而动态地改变功率。

为了允许基站调节正向业务信道功率，各移动台应监测正向业务信道帧的质量。基站周期地降低发向用户的功率，而移动台也周期地向基站报告帧质量计算结果。基站再将这个计算结果与一阈值相比较，来确定分配给正向业务信道的功率是增加还是减少了。此外，如果此质量的帧数超过某程度，则移动台便自动地报告计算结果，而基站便增加分配功率。正向链路功率控制的调节量较小，通常约 0.5dB。调节的动态范围约限制在标称功率 ±6dB 之内。调节的速率低于反向链路功控的变化速率，遇每个声码器帧调节一次，或按每 15～20ms 变更一次。这样，所有的移动台都可保持在预定的可接受的质量水平上。为了使功率放大不饱和，基站需做出是否调节功率的判决。

4.6.2 反向链路的功率控制

CDMA 系统的通信质量和容量主要受限于收到干扰功率的大小。若基站接收到移动台的信号功率太低，则误比特率太大而无法保证高质量通信；反之，若基站接收到某一移动台功率太高，虽然保证了该移动台与基站间的通信质量，却对其他移动台增加了干扰，导致整个系统质量恶化和容量减小。只有当每个移动台的发射功率控制到基站所需信噪比的最小值时，通信系统的容量才达到最大值。

反向链路也称上行链路，反向链路功率控制就是控制各移动台的发射功率的大小。它可分为开环功率控制和闭环功率控制。

4.6.2.1　反向链路开环功率控制

反向链路功率控制就是控制各移动台的发射功率的大小。反向链路功率控制包含两部分：一为移动台发射功率的开环功率估算；二为基站对这一估算中的误差作闭环纠正。反向链路开环功率控制是移动台的基本功能。

反向开环功率控制，它的前提条件是假设上行与下行传输损耗相同，移动台接收并测量基站发来的信号强度，并估计下行传输损耗，然后根据这种估计，移动台自行调整其发射功率，若接收信号增强，则降低其发射功率；接收信号减弱，则增加其发射功率。

开环功率控制的优点是简单易行，不需要在移动台和基站之间交换控制信息，因而不仅控制速度快而且节省开销。它对慢衰落是比较有效的，即对车载移动台快速驶入（或驶出）高大建筑物遮蔽区所引起的衰落，通过开环功率控制可以减小慢衰落的影响。但是对于信号因多径效应而引起的瑞利衰落，效果不佳。对于 900MHz 的 CDMA 蜂窝系统，采用频分双工通信方式，收发频率相差 45MHz，已远远超过信道的相干带宽。因而上行或下行无线链路的多径衰落是彼此独立的，或者说它们是不相干的。不能认为移动台在下行信道上测得的衰落特性，就等于上行信道上的衰落特性。为了解决这个问题，可采用闭环功率控制方法。

4.6.2.2　反向链路闭环功率控制

北美 CDMA 蜂窝标准中，全双工无线信道的频率间隔为 45MHz，大大超出信道的相干带宽。这个频率间隔对功率控制过程具有重要的意义：它使得上行信道和下行信道的多径衰落成为相互独立的过程。这意味着移动台不能直接测试返回链路的路径损耗，而假设该损耗与正向链路的路径损耗完全相同。这种测试技术通常提供正确的平均发射功率，但必须对不相关的瑞利衰落效应采用附加的措施，即移动台的发射功率还需受基站的信号控制。

在反向链路闭环功率控制中，基站起着重要作用。其目标是对移动台的开环估算提供快速校正，以保持最佳的发射功率。各基站解调器测试各自移动台的信噪比，并把它与一个要求的阈值相比较，然后在下行信道上向移动台发送功率上升指令或下降指令。这个功率调节指令与移动台的开环估算相结合，便得到移动台发射功率的最后数值。

根据功率调节指令，移动台按预定量（约 0.5dB）增加或降低发射功率。受最大容许发射功率的限制，移动台提供的闭环调节范围在其开环估算周围 ±24dB 以内。功率调节指令以每 1.25ms 一次的速率发送。功率调节指令的传送速率必须足够高，以允许跟踪上行路径上的瑞利衰落。确定功率控制信号的等待时间是很重要的，并且需保持小的传输过程，以便在控制比特被接收和起作用之前，信道条件无明显变化。

反向链路功率控制效果如图 4－51 所示。功率控制修正了用户的发射功率，使得基站所收的功率几乎恒定。

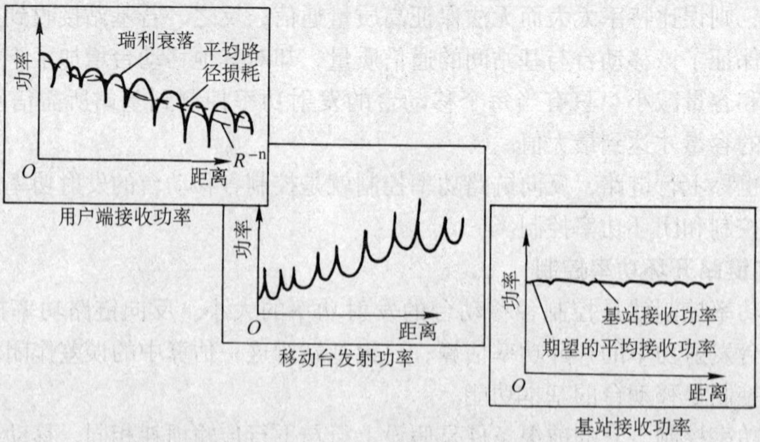

图4-51 反向链路功率控制效果示意图

4.7 CDMA 系统的切换技术

在 CDMA 数字蜂窝通信系统中，像模拟蜂窝系统和其他数字蜂窝系统一样，存在移动用户越区及漫游的信道切换。

4.7.1 CDMA 的3种切换方式

基站和移动台支持如下3种切换方式：

（1）软切换　软切换是指在导频信道的载波频率相同时小区之间的信道切换。这种软切换只是导频信道 PN 序列偏移的转换，而载波频率不发生变化。在切换过程中，移动用户与原基站和新基站都保持着通信链路，可同时与两个（或多个）基站通信，然后才断开与原基站的链路，而保持与新基站的通信链路。软切换是 CDMA 蜂窝系统独有的切换功能，软切换没有通信中断的现象，可有效地提高切换的可靠性，而且当移动台处于小区的边缘上，软切换能提供正向业务信道和反向业务信道的分集，从而保证通信的质量。

软切换还可细分为更软切换和软/更软切换。更软切换是指在一个小区内的扇区之间的信道切换。因为这种切换只需通过小区基站便可完成，而不需通过移动交换中心的处理，故谓更软切换。软/更软切换是指在一个小区内的扇区与另一小区或另一小区的扇区之间的信道切换。

（2）CDMA 到 CDMA 的硬切换　硬切换是指在载波频率指配不同的基站覆盖小区之间的信道切换。这种硬切换将包括载波频率和导频信道 PN 序列偏移的转换。在切换过程中，移动用户与基站的通信链路有一个很短的中断时间。

（3）CDMA 到模拟系统的切换　这是基站引导移动台由正向业务信道向模拟语音信道的切换。

4.7.2 CDMA 的软切换过程

切换的前提是及时了解各基站发射的信号在到达移动台接收地点的强度。因此，移动台必须对基站发出的导频信号不断进行测量，并把测量结果通知基站。

在 CDMA 软切换过程中，移动台需要搜索导频信号并测量其信号强度，设置切换定时器，测量导频信号中的 PN 序列偏移（相位），并通过移动台与基站的信息交换完成切换。

软切换的具体过程包含三个阶段：①移动台与原小区基站保持通信链路；②在移动台与原小区基站保持通信链路的同时，与新的目标小区（一个或多个小区）的基站建立通信链路；③移动台只与其中的一个新小区基站保持通信链路。

实现软切换的前提条件是移动台应能不断地测量原基站和相邻基站导频信道的信号强度，并把测量结果通知基站。图 4－52a 示出了移动台由 A 小区到 B 小区的越区软切换的信号电平与判决门限。因为来自 C 小区基站的导频信号强度低于下门限（降阈），所以该导频信号不介入切换。

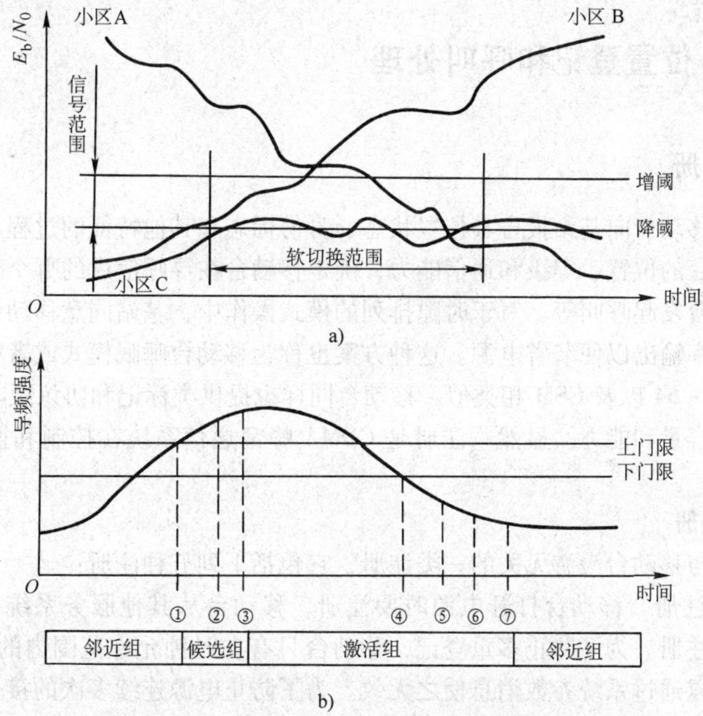

图 4－52　软切换过程

a）软切换电平　b）切换中的导频信号

当移动台测量到采自相邻小区基站的导频信号大于上门限（增阈）时，移动台将所有高于上门限导频信号的强度信息报告给基站（移动交换中心），并将这些导频信号作为候选者。这时，移动台进入软切换区。

移动交换中心通过原小区基站向移动台发送一个切换导向的消息。移动台依照切换导向指令跟踪新的目标小区（一个或多个小区）的导频信号，将这些导频信号作为有效者（或激活者）。同时，移动台在反向信道上向所有激活者的基站发送一个切换完成的消息。这时，移动台除仍保持与原小区基站的链路外，与其他新小区基站建立了链路。因此，在此阶段移动台的通信是多信道并行的。

当原小区基站的导频信号强度低于下门限时，移动台的切换定时器开始计时，当计时器满时，移动台向基站发送导频信号强度的测量消息，基站向移动台发送一个切换导向消息，依此切换导向消息移动台拆除与原小区的链路，保持新小区的链路，同时向基站发送一个切换完成消息。原小区基站的导频信号由有效者变为邻近者。这时，就完成了越区软切换的全过程。

对于某一个小区基站的导频信号而言，在切换过程中其导频信号是处在不同的状态——相邻、候选、激活。因为处在这三种状态的导频信号不止一个，所以将它们称为组，如图4-52b所示。图中：①表示进入软切换过程的时刻；②表示基站向移动台发送切换导向消息的时刻；③表示导频信号由候选变为激活状态的时刻；④表示移动台启动切换定时器的时刻；⑤表示定时器计时终止的时刻；⑥表示移动台向基站发送切换导向消息的时刻；⑦表示软切换过程结束的时刻。

4.8　CDMA位置登记和呼叫处理

4.8.1　登记注册

登记注册是移动台向基站报告其位置状态、身份标志和其他特征的过程。通过注册，基站可以知道移动台的位置、等级和通信能力，确定移动台在寻呼信道的哪个时隙中监听，并能有效地向移动台发起呼叫等。对于时隙排列的模式操作中，基站同意移动台在所安排的时隙间隔内减小功率输出以便节省电源。这种方案也称为移动台睡眠模式或者称为非连续接收（DRX），这和IS-54以及GSM相类似。移动台同样也提供类标记和协议版本号以便基站能识别出移动台的容量和能力。显然，注册是CDMA蜂窝通信系统在控制和操作中不可少的功能。

4.8.1.1　自主注册

自主注册是与移动台漫游无关的一类注册，它包括下列五种注册：

（1）开电源注册　移动台打开电源时要注册，移动台从其他服务系统（如模拟系统）切换过来时也要注册。为了防止多重登记，移动台只有在时钟允许范围内的开机登记有效。这种登记模式可以通过系统参数消息使之无效。为了防止电源连续多次的接通和断开而多次注册，通常移动台要在打开电源后延迟20ms才注册。

（2）断电源注册　移动台断开电源时要注册，但只有它在当前服务的系统中已经注册过才进行断电源注册。关机注册并不像期望的那样特别可靠，因为移动台有可能已经跨出了蜂窝系统的接收范围。但是，一个成功的关机注册可使MSC避免呼叫处于关机状态的移动台。

（3）周期性注册　为了使移动台按一定的时间间隔进行周期性注册，移动台要设置一种计数器。计数器的最大值受基站控制。当计数值达到最大（或称计满，或称终止）时，移动台就进行一次注册。

周期性注册的好处不仅能保证系统及时掌握移动台的状态，而且当移动台的断电源注册没有成功时，系统还会自动删除该移动台的注册。

周期性注册的时间间隔不宜太长，也不宜太短。如果时间间隔太长，系统不能准确地知道移动台的位置，这必然要在较多的小区或扇区中对移动台进行寻呼，从而增大寻呼信道的负荷。相反，如果时间间隔太短，即注册次数过于频繁，虽然系统能较准确地知道移动台的位置，从而减少寻呼次数，但是却因此要增加接入信道的负荷。所以注册周期具有一折衷值，使寻呼信道和接入信道的负荷比较平衡。

（4）根据距离注册　在基于距离的注册中，基站发送出它的纬度和经度以及距离参数。当移动台开始接收到一个新的基站时，移动台同时收到它的纬度、经度和其他值。移动台把接收到的新的基站的经纬度和原先注册的基站的经纬度相比较。如果测量计算结果离原先注册的基站距离大于某门限值，移动台就会注册，移动台根据两个基站的纬度和经度之差来计算它已经移动的距离。在注册中，基站成为以好几个典型值为圆形的蜂窝小区的中心。移动台在移出这一圈的范围时才会注册，移动台要存储最后进行注册的基站的纬度、经度和注册距离。

（5）根据区域注册　在 CDMA 数字移动通信系统中，为了便于对通信进行控制和管理，达到漫游的目的，在 CDMA 中定义了系统及网络的识别程序。把 CDMA 蜂窝通信系统划分为“系统”、“网络”和“区域”三个层次。“网络”是“系统”的子集，“区域”是“系统”和“网络”的组成部分（由一组基站组成），系统用“系统标志”（SID）区分，网络用“网络标志”（NID）区分，区域用“区域号”区分。属于一个系统的网络由“系统/网络”标志（SID，NID）来区分，属于一个系统中某个网络的区域用“区域号”加上“系统/网络”标志（SID，NID）来区分。为了说明问题，图 4－53 绘出一个系统与网络的简例。系统 I 包含 3 个网络。其标志号分别为 t、u、v，在这个系统中的基站可以分别处于 3 个网络（SID $=i$，NID $=t$）、（SID $=i$，NID $=u$）、（SID $=i$，NID $=v$）之中，也可以不处于这 3 个网络之中，以（SID $=i$，NID $=0$）表示。

基站和移动台都保存一张供移动台注册用的“区域表格”。

当移动台进入一个新区，区域表格中没有对它的登记注册，则移动台进行以区域为基础的注册。注册的内容包括区域号与系统/网络标志（SID，NID）。

基于区域的登记中，蜂窝系统合成位置范围和区域、移动台和 MSC 同样保留了移动台最近登记的移动区域。CDMA 和 GSM 不一样，在 CDMA 系统中，移动台可以同时成为不同位置范围的移动台。当移动台进入一个表上没有的区域时，它就登记。在成功的登记过程中，移动台和 MSC 给它们的列表上加上新的区域，并给其他的列表上的区域设置所期望的时钟。通过多区域的列表，系统避免了在边界区域上的多次登记。通过在旧区域上设置时钟，MSC 就可以避免对那些在老的区域中已过时的移动台进行呼叫，基于区域的登记在蜂窝系统中或在不同的系统之间定义边界时特别有效。

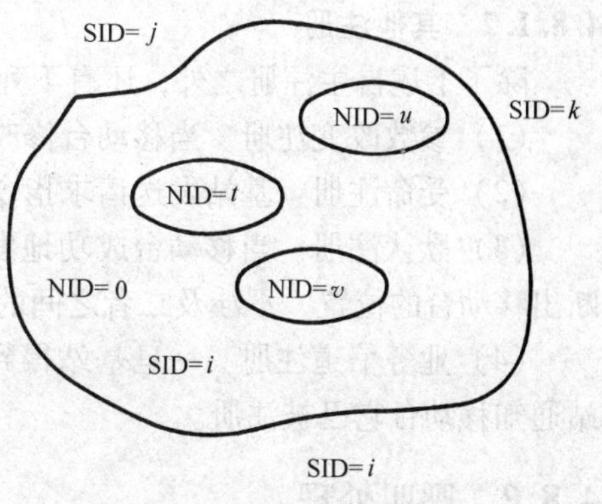

图 4－53　系统与网络的示意图

每次注册成功，基站和移动台都要更新其存储的区域表格。移动台为区域表格的每一次注册都提供一个计时器，根据计时的值可以比较表格中各次注册的寿命。一旦发现区域表格中注册的数目超过了允许保存的数目，可根据定时器的值把最早的（即寿命最长的）注册删掉，保证剩下的注册数目不超过允许的数目。允许移动台注册的最大数目由基站控制，移动台在其区域表格中至少能进行7次注册。

为了实现在系统之间和网络之间漫游，移动台要专门建立一种“系统/网络表格”。移动台可在这种表格中存储4次注册。每次注册都包括系统/网络标志（SID，NID）。这种注册有两种类型：一是原籍注册；二是访问注册。如果要存储的标志（SID，NID）和原籍的标志（SID，NID）不符，则说明移动台是漫游者。漫游有两种形式：其一是要注册的标志（SID，NID）中和原籍标志（SID，NID）中的SID相同，即移动台是网络之间的漫游者（或称外来NID漫游者）；其二是要注册的标志（SID，NID）中和原籍标志（SID，NID）中的SID不同，即移动台是系统之间的漫游者（或称外来SID漫游者）。

移动台的原籍注册可以不限于一个网络或系统。比如移动台的原籍标志（SID，NID）是（2，3），（2，0），（3，1），若它进入一个新的基站覆盖区时，基站的标志（SID，NID）是（2，3），由于（2，3）在移动台的原籍表格中，所以移动台不是漫游者。如果新基站的标志（SID，NID）是（2，7），这时SID = 2在移动台的原籍表格中，但（SID，NID）为（2，7）不在移动台的原籍表格中，故移动台是外来NID漫游者，如果基站的标志（SID，NID）是（4，0），则SID = 4不在移动台的原籍表格中，故移动台是外来SID漫游者。

移动台可以用一特殊的NID $=2^{16}-1=65535$ 表明它在一个系统中对所有的网络均不是漫游者（即移动台在一系统中对任一基站而言都不是漫游者）。

在蜂窝通信系统中，移动台可能在快速运动中通信，也可能经常在某处停留，或只在很小的范围内移动。在后两种情况下通信，一般不需要经常进行以区域为基础的注册。这和周期性的注册方式相比，在单位时间内的平均注册次数较低。

4.8.1.2 其他注册

除了上述自主注册之外，还有下列四种注册形式：

（1）参数改变注册 当移动台修改其存储的某些参数时，要进行注册。

（2）受命注册 基站发送请求指令，指挥移动台进行注册。

（3）默认注册 当移动台成功地发送出一启动信息或寻呼应答信息时，基站能借此判断出移动台的位置，不涉及二者之间的任何注册信息的交换。

（4）业务信道注册 一旦基站得到移动台已被分配到一业务信道的注册信息时，则基站通知移动台它已被注册。

4.8.2 呼叫处理

移动台呼叫处理状态如图4-54所示。

4.8.2.1 移动台初始化状态

移动台接通电源后就进入“初始化状态”。在此状态中，移动台首先要判定它要在模拟系统中工作还是要在CDMA系统中工作。如果是后者，它就不断地检测周围各基站发来的导频信号和同步信号。各基站使用相同的引导PN序列，但其偏置各不相同，移动台只要改变其本地PN序列的偏置，很容易测出周围有哪些基站在发送导频信号。移动台比较这些导频信号的强度即可判断出自己处于哪个小区之中，因为一般情况下，最强的信号是距离最近的基站发送的。

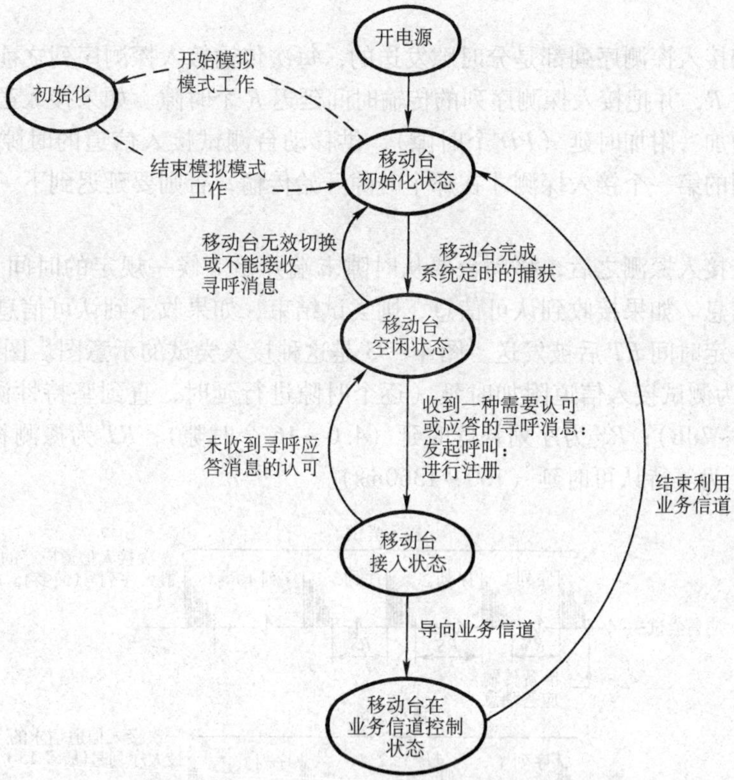

图 4-54　移动台呼叫处理状态

4.8.2.2　移动台空闲状态

移动台在完成同步和定时后，即由初始化状态进入“空闲状态”。在此状态中，移动台可接收外来的呼叫，也可进行向外的呼叫（发起呼叫）和登记注册的处理，还能确定所需的码信道和数据率。

移动台的工作模式有两种：一种是时隙工作方式，另一种是非时隙工作模式。如果是后者，移动台要一直监听寻呼信道；如果是前者，移动台只需在其指配的时隙中监听寻呼信道，其他时间可以关掉接收机（有利于节电）。

4.8.2.3　系统接入状态

如果移动台要发起呼叫，或者要进行注册登记，或者收到一种需要认可或应答的寻呼信息时，移动台即进入“系统接入状态”，并在接入信道上向基站发送有关的信息。这些信息可分为两类：一类属于应答信息（被动发送）；另一类属于请求信息（主动发送）。

下面讨论的问题是移动台在接入状态开始向基站发送信息时，应该使用多大的功率电平。为了防止移动台一开始就使用过大的功率，增大不必要的干扰，这里用到一种“接入尝试”程序，它实质上是一个功率逐步增大的过程。所谓一次接入尝试是指传送一信息直到收到该信息的认可的整个过程，一次接入尝试包括多次“接入探测”，多次接入探测都传送同一信息。把一次接入尝试中的多个接入探测分成一个或多个“接入探测序列”，同一个接入探测序列所含多个接入探测都在同一接入信道中发送（此接入信道是在与当前所用寻呼信道对应的全部接入信道中随机选择的）。各接入探测序列的第一个接入探测根据额定开环功率所规定的电平进行发送，其后每个接入探测所用的功率均比前一接入探测提高一个规定量。

接入探测和接入探测序列都是分时隙发送的，每次传输接入探测序列之前，移动台都要产生一个随机数 R，并把接入探测序列的传输时间延迟 R 个时隙。如果接入尝试属于接入信道请求，还要增加一附加时延（PD 个时隙），供移动台测试接入信道的时隙。只有测试通过了，探测序列的第一个接入探测才在那个时隙开始传输，否则要延迟到下一个时隙以后进行测试再定。

在传输一个接入探测之后，移动台要从时隙末端开始等候一规定的时间 T_A，以接收基站发来的认可信息。如果接收到认可信息，则尝试结束，如果收不到认可信息，则下一个接入探测在延迟一定时间 RT 后被发送。图4-55是这种接入尝试的示意图。图中，IP 为初始开环功率；PD 为测试接入信道附加时延（逐个时隙进行延时，直到坚持性测试完成）；PI 为功率增量（0~7dB）；RS 为序列补偿时延（4.0~16个时隙）；RT 为探测补偿时延（0~16个时隙）；T_A 为等待认可时延（160~1360ms）。

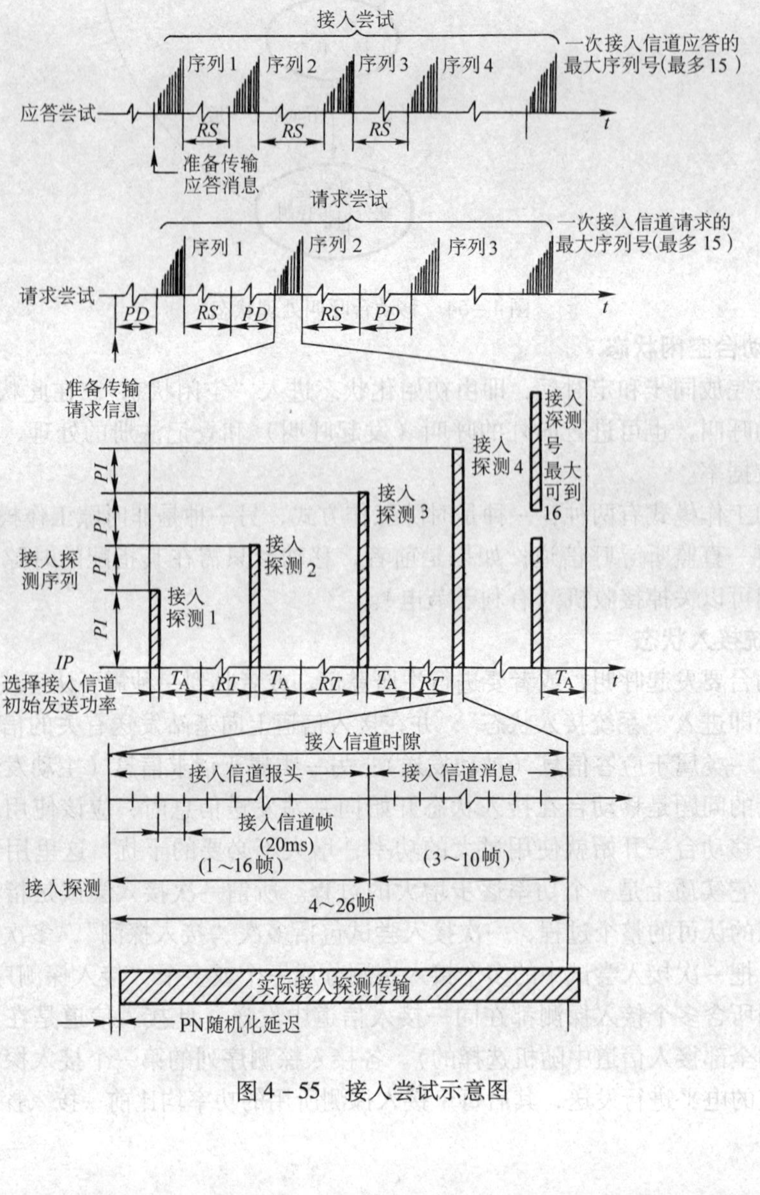

图4-55　接入尝试示意图

在发送每个接入探测之前，移动台要关掉其发射机。

4.8.2.4　移动台在业务信道控制状态

在此状态中，移动台和基站利用反向业务信道和正向业务信道进行信息交换。其中比较特殊的是：

1）为了支持正向业务信道进行功率控制，移动台要向基站报告帧错误率的统计数字。如果基站授权它作周期性报告，则移动台在规定的时间间隔，定期向基站报告统计数字；如果基站授权它作门限报告，则移动台只在帧错误率达到了规定的门限时，才向基站报告其统计数字。周期性报告和门限报告也可以同时授权或同时废权。

为此，移动台要连续地对它收到的帧总数和错误帧数进行统计。

2）无论移动台还是基站都可以申请“服务选择”。基站在发送寻呼信息或在业务信道工作时，能申请服务选择。移动台在发起呼叫、向寻呼信息应答或在业务信息工作时，都能申请服务选择。如果移动台（基站）的服务选择申请是基站（移动台）可以接受的，则它们开始使用新的服务选择。如果移动台（基站）的服务选择申请是基站（移动台）不能接受的，则基站（移动台）拒绝这次服务选择申请，或提出另外的服务选择申请。移动台（基站）对基站（移动台）所提另外的服务选择申请也可以接受、拒绝或再提出另外的服务选择申请。这种反复的过程称为“服务选择协商”。当移动台和基站找到双方可接受的服务选择或者找不到双方可接受的服务选择时，这种协商过程就结束了。

移动台和基站使用“服务选择申请指令”来申请服务选择或建立另一种服务选择，而用“服务选择应答指令”去接受或拒绝服务选择申请。

4.8.2.5　基站呼叫处理

基站呼叫处理比较简单，有下列几种类型：

（1）导频和同步信道处理　在此期间，基站发送导频信号和同步信号，使移动台捕获和同步到 CDMA 信道，移动台处于初始化状态。

（2）寻呼信道处理　在此期间，基站发送寻呼信号，移动台处子空闲状态或系统接入状态。

（3）接入信道处理　在此期间，基站监听接入信道，以接收移动台发来的信息，移动台处于系统接入状态。

（4）业务信道处理　在此期间，基站用正向业务信道和反向业务信道与移动台交换信息，移动台处于业务信道控制状态。

4.8.3　呼叫流程图

呼叫流程分多种情况，下面分别给出几种不同情况下呼叫流程的例子。

4.8.3.1　由移动台发起的呼叫

由移动台发起的呼叫如图 4－56 所示。

4.8.3.2　以移动台为终点的呼叫

以移动台为终点的呼叫如图 4－57 所示。

4.8.3.3　软切换期间的呼叫处理

由基站 A 向基站 B 进行软切换期间的呼叫处理如图 4－58 所示。

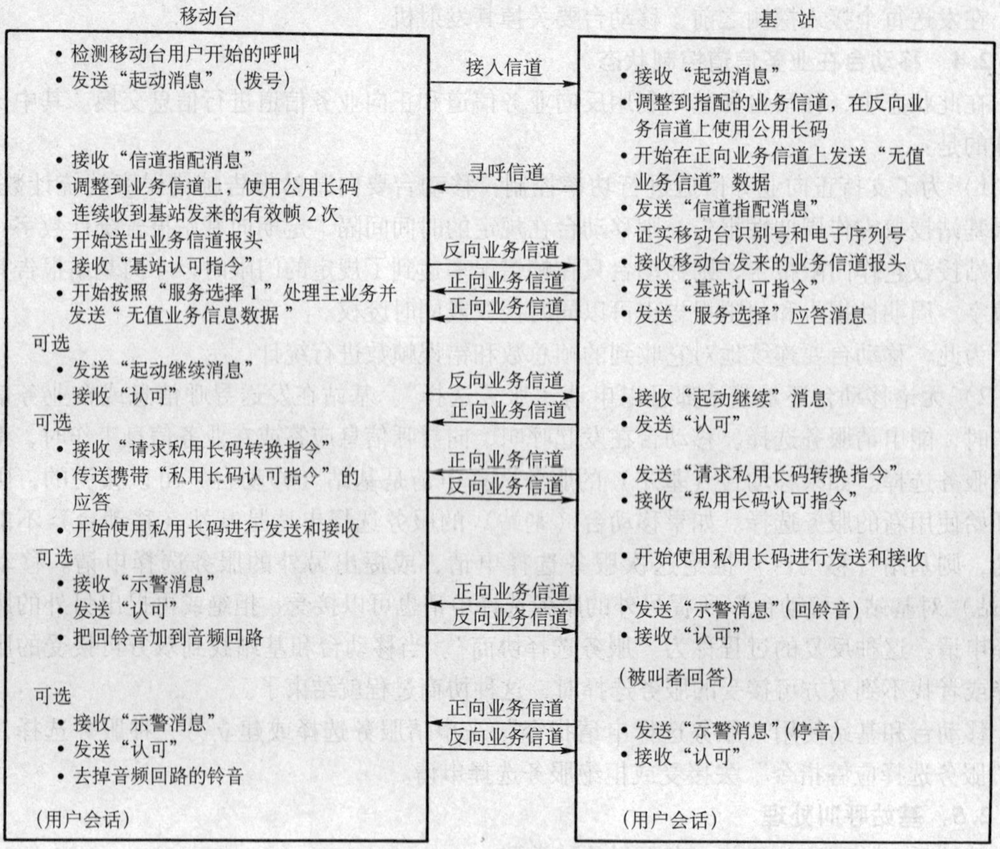

图4-56 由移动台发起呼叫的简化流程图（使用服务选择1）

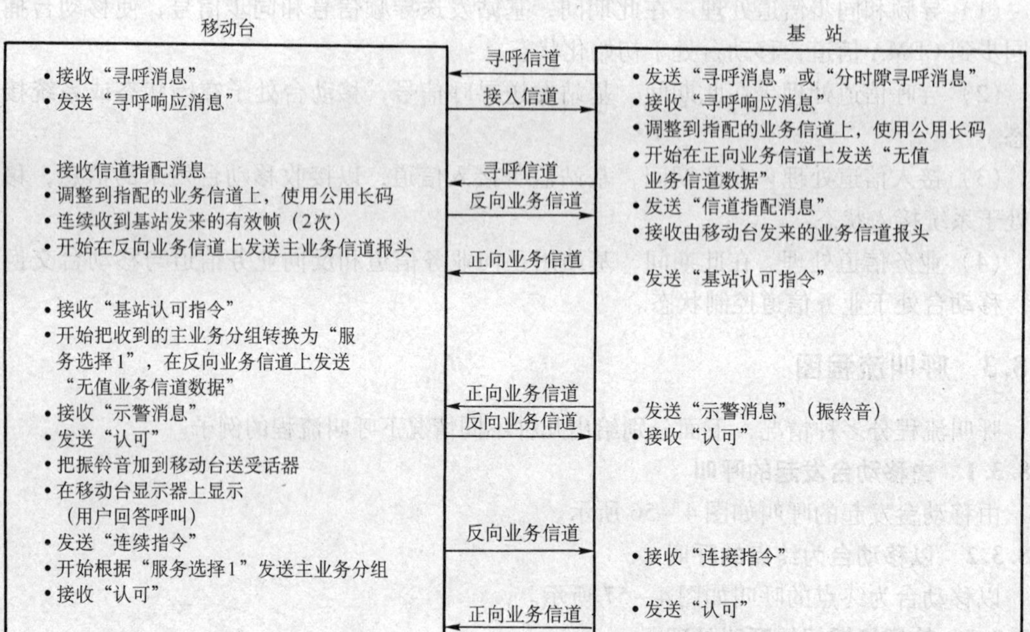

图4-57 以移动台为呼叫终点的简化流程图（使用服务选择1）

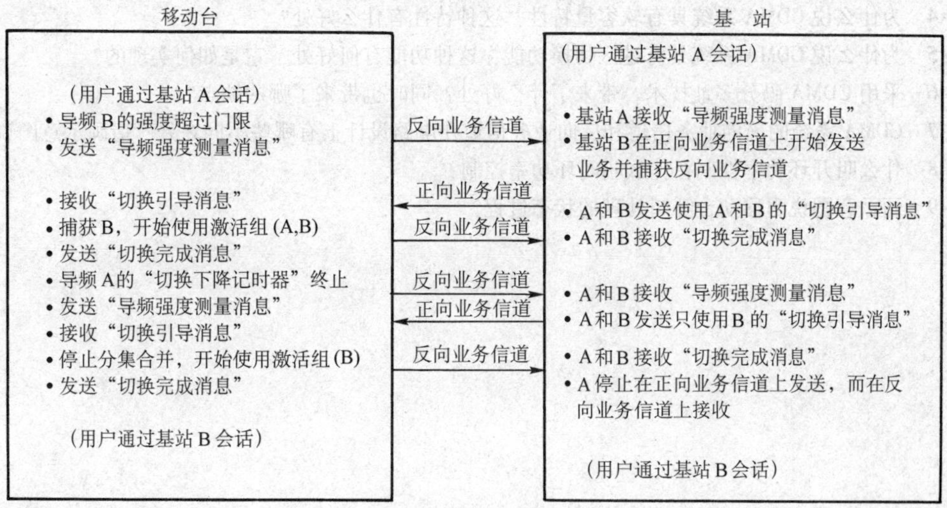

图 4－58　软切换期间的呼叫处理

4.8.3.4　连续软切换期间的呼叫处理

如图 4－59 所示为移动台由一对基站 A 与 B，通过另一对基站 B 和 C，向基站 C 进行软切换的过程。

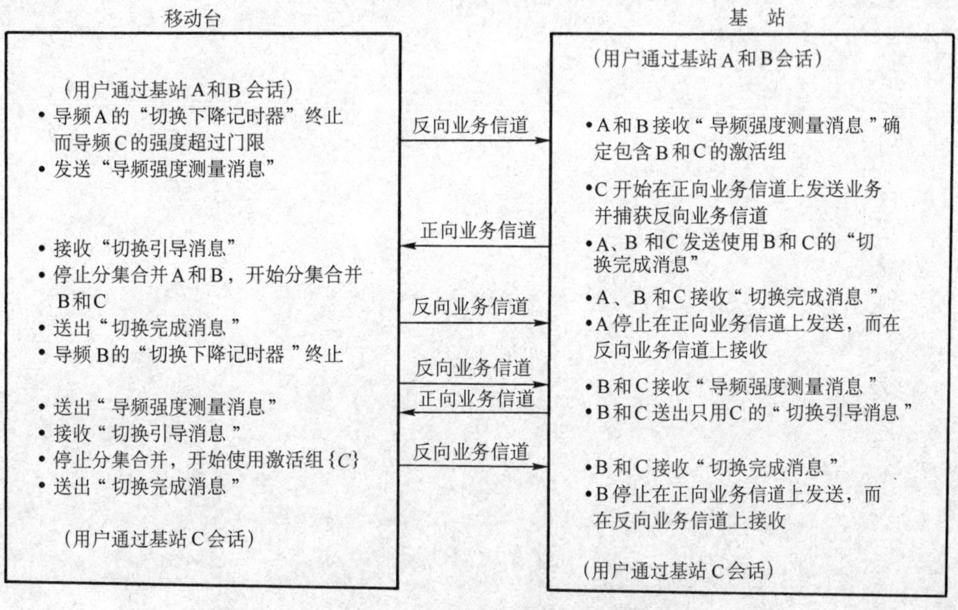

图 4－59　连续软切换期间的呼叫处理

习　题

4－1　什么是 CDMA 系统的物理信道和逻辑信道？CDMA 系统与 TDMA 系统在逻辑信道的实现上有什么显著差别？

4－2　Q－CDMA 系统都采用了哪几种分集接收技术？基站接收机与移动台在实现路径分集上有什么不同？

4－3　说明 CDMA 蜂窝系统中，用来区分正向传输信道和反向传输信道的办法有何不同？

4－4　为什么说 CDMA 系统具有软容量特性？这种特性有什么好处？

4－5　为什么说 CDMA 系统具有越区切换功能？这种功能有何好处？它是如何实现的？

4－6　采用 CDMA 码分多址技术，带来了什么好处？同时也带来了哪些缺点？

4－7　CDMA 系统的前向业务信道和反向业务信道在电路设计上有哪些不同之处？请画示意图说明。

4－8　什么叫开环功率控制？什么叫闭环功率控制？

4－9　画示意图说明移动台呼叫处理的状态过程？

第 5 章　第三代移动通信系统

第三代移动通信系统是当前全球通信领域关注的焦点。第三代移动通信系统与第二代移动通信系统的主要区别在于它可以提供移动环境下的多媒体业务和宽带数据业务，其数据传输速率最高可达 2Mbit/s。本章将首先介绍第三代移动通信系统的标准、特点和相关参数，然后分别介绍 WCDMA、CDMA2000、TD-SCDMA 和 WiMAX 这 4 种第三代移动通信系统标准。

在继承前两代移动通信提供的语音服务基础上，第三代移动通信系统还提供低速率数据服务，其最终目标是提供宽带多媒体通信服务。

3G 是 3rd Generation 的缩写，是第三代移动通信技术的简称，它是将无线通信与互联网等多媒体通信相结合的新一代移动通信系统，能够处理图像、音乐、视频流等多种媒体形式，提供包括网页浏览、电话会议、电子商务等多种信息服务。为了满足不同应用需求，第三代移动通信技术能够支持不同的数据传输速率，即在室内、室外和行车的环境中能够分别支持至少 2Mbit/s，384kbit/s 以及 144kbit/s 的传输速率。

CDMA 是 Code Division Multiple Access（码分多址）的缩写。由于 CDMA 系统具有频率规划简单、系统容量大、频率复用系数高、抗多径能力强、通信质量好、软容量、软切换等优点，使得它成为第三代移动通信（3G）技术的主流技术。在 4 种第三代移动通信（3G）技术标准中，WCDMA、CDMA2000 和 TD-SCDMA 这 3 种标准都采用 CDMA 技术。另外一种标准 WiMAX 采用的是 OFDM 技术，这与其开始时是作为 3.5G 标准提出有一定的关系。

5.1　第三代移动通信系统简介

5.1.1　概述

第三代移动通信系统主要提供移动环境下的多媒体业务和宽带数据业务，是宽带数字系统，主要采用码分多址或时分多址技术。

蜂窝移动通信系统的演进如图 5-1 所示。

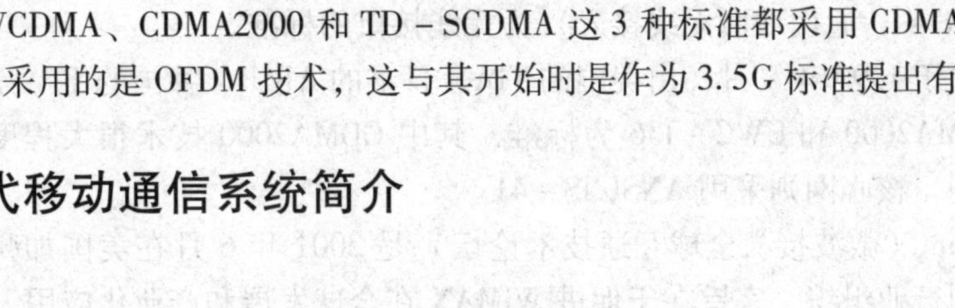

图 5-1　蜂窝移动通信系统的演进

5.1.2 第三代移动通信系统的标准

1. 概述

国际电信联盟（ITU）早在1985年就开始研究适于全球运营的第三代移动通信系统，当时称为未来公共陆地移动通信系统（FPLMTS）。1996年，ITU将FPLMTS更名为IMT-2000，即国际移动通信系统。IMT-2000有三重含意：工作于2000MHz频段，最高数据传输速率可达2000kbit/s（即2Mbit/s），当时预计2000年左右投入商用。

2000年5月，国际电信联盟（ITU）确定WCDMA、CDMA2000和TD-SCDMA三大主流无线接口标准，写入3G技术指导性文件《2000年国际移动通讯计划》〔简称IMT-2000〕。

2007年10月19日，国际电信联盟（ITU）在日内瓦举行的无线通信全体会议上，经过多数国家投票通过，WiMAX正式被批准成为继WCDMA、CDMA2000和TD-SCDMA之后的第4个全球3G标准。

2. 标准及相关组织

3G的标准化工作实际上是由3GPP（3rd Generation Partner Project，第三代伙伴关系计划）、3GPP2和WiMAX论坛等标准化组织来推动和实施的。

3GPP成立于1998年12月，由欧洲的ETSI、日本的ARIB、韩国的TTA和美国的TIPl等组成。主要采用欧洲和日本的WCDMA技术，构筑新的无线接入网络，在核心交换侧则在现有的GSM移动交换网络基础上平滑演进，提供更加多样化的业务。UTRA（Universal Terrestrial Radio Access，通用地面无线接入）为无线接口的标准。

3GPP2成立于1999年1月，由美国的TIA、日本的ARIB、韩国的TTA等组成。无线接入技术采用CDMA2000和UWC-136为标准，其中CDMA2000技术很大程度上采用了美国高通公司的专利，核心网则采用ANSI/IS-41。

WiMAXForum（微波接入全球互通技术论坛）是2001年6月在美国加州注册的产业界为主导的非营利行业组织，宗旨在于促进WiMAX在全球发展和产业化应用。

WiMAX论坛的主席单位为英特尔公司。领导小组由13家公司组成，包括中国的中兴通讯。高级会员包括中国的华为公司。运营商包括当时的中国网通。论坛组织设立了8个工作组。其职责如下。

1）技术工作组：制订一致性测试规范和确定认证服务的内容，实现全球范围内宽带无线接入系统的互操作性；

2）认证工作组：确保所有经过认证的产品能够符合论坛的标准规范，并互联互通；

3）市场营销工作组：负责推广WiMAX论坛的各个品牌以及构成BWA系统全球互操作性基础的各个标准；

4）业务提供商工作组：确保每个业务提供商的市场需求能够得到满足；

5）应用工作组：致力于为WiMAX定义能真正体现核心竞争力并提升技术形象的应用；

6）频谱管理工作组：推动全球范围的频谱资源分配的协调；

7）全球移动漫游工作组：推动全球范围的移动漫游业务的协调以及相关的标准规范；

8）网络工作组：负责制定IEEE 802.16标准之外的更高级网络标准。

下面分别介绍一下 3G 的几种标准：

（1）WCDMA　也称为 WCDMA，全称为 Wideband CDMA，也称为 CDMA Direct Spread，意为宽带码分多址，这是基于 GSM 网发展出来的 3G 技术规范，是欧洲提出的宽带 CDMA 技术与日本提出的宽带 CDMA 技术融合的产物。其支持者主要是以 GSM 系统为主的欧洲厂商，日本公司也或多或少参与其中，包括欧美的爱立信、阿尔卡特、诺基亚、朗讯、北电，以及日本的 NTT、富士通、夏普等厂商。该标准提出了 GSM(2G) - GPRS - EDGE - WCDMA (3G）的演进策略。这套系统能够架设在现有的 GSM 网络上，对于系统提供商而言可以较轻易地过渡。因此 WCDMA 具有先天的市场优势。

（2）CDMA2000　CDMA2000 是由窄带 CDMA（CDMA IS95）技术发展而来的宽带 CDMA 技术，也称为 CDMA Multi - Carrier，由美国高通北美公司为主导提出，摩托罗拉、Lucent 和韩国三星参与，韩国现在成为该标准的主导者。这套系统是从窄频 CDMAOne 数字标准衍生而来，可以从原有的 CDMAOne 结构直接升级到3G，建设成本低廉。但目前使用 CDMA 的地区只有日、韩和北美，所以 CDMA2000 的支持者不如 WCDMA 多。该标准提出了 CDMA IS95(2G) - CDMA2000 1x - CDMA2000 3x(3G)的演进策略。其中 CDMA2000 1x 被称为2. 5 代移动通信技术。CDMA2000 3x 与 CDMA2000 1x 的主要区别在于采用了多路载波技术，通过采用三载波使带宽提高。

（3）TD - SCDMA　全称为 Time Division - Synchronous CDMA（时分同步 CDMA)，该标准是由中国大陆独自制定的 3G 标准。1999 年 6 月 29 日，由原邮电部电信科学技术研究院（大唐电信）向 ITU 提出。该标准将智能无线、同步 CDMA 和软件无线电等当今国际领先技术融于其中，在频谱利用率、对业务支持具有灵活性、频率灵活性及成本等方面具有独特优势。另外，由于中国庞大的市场，该标准受到各大主要电信设备厂商的重视，全球一半以上的设备厂商都宣布可以支持 TD - SCDMA 标准。该标准提出不经过 2. 5G 的中间环节，直接向 3G 过渡。

（4）WiMAX　WiMAX 的全名是微波接入全球互通（Worldwide Interoperability for Microwave Access)，又称为 802. 16 无线城域网，是又一种为企业和家庭用户提供“最后一英里”的宽带无线连接方案。将此技术与需要授权或免授权的微波设备相结合之后，由于成本较低，将扩大宽带无线市场，改善企业与服务供应商的认知度。2007 年 10 月 19 日，国际电信联盟在日内瓦举行的无线通信全体会议上，经过多数国家投票通过，WiMAX 正式被批准成为继 WCDMA、CDMA2000 和 TD - SCDMA 之后的第 4 个全球 3G 标准。

5. 1. 3　第三代移动通信系统的特点

从目前已确立的 3G 标准分析，其网络特征主要体现在无线接口技术上，包括小区复用、多址/双工方式、应用频段、调制技术、射频信道参数、信道编码及纠错技术、帧结构、物理信道结构和复用模式等诸多方面。3G 无线技术的特点包括以下几方面。

（1）采用高频段频谱资源　为实现全球漫游，按 ITU 规划 IMT - 2000 将统一采用 2G 频段，可用带宽高达 230MHz，分配给陆地网络 170MHz、卫星网络 60MHz，这为 3G 容量发展，实现全球多业务环境提供了广阔的频谱空间，同时可更好地满足宽带业务。

（2）采用宽带射频信道、支持高速率业务　充分考虑承载多媒体业务的需要，3G 网络射频载波信道根据业务要求，在室内、室外和行车的环境中分别支持至少2Mbit/s，384kbit/s以及144kbit/s的传输速率，同时进一步提高了码片速率，系统抗多径衰落能力也大大提高。

（3）实现多业务、多速率传送 在宽带信道中，可以灵活应用时分复用、码分复用技术，单独控制每种业务的功率和质量，通过选取不同的扩频因子，将具有不同QoS要求的各种速率业务映射到宽带信道上，实现多业务、多速率传送。

（4）快速功率控制 3G主流技术均在下行信道中采用了快速闭环功率控制技术，用以改善下行传输信道性能，这提高了系统抗多径衰落能力，但由于多径信道影响，会导致扩频码分多址用户间的正交性不理想，增加了系统自干扰的偏差，但总体上快速功率控制的应用对改善系统性能是有好处的。

（5）采用自适应天线及软件无线电技术 3G基站采用带有可编程电子相位关系的自适应天线阵列，可以进行发信波束赋形，自适应地调整功率，减小系统自干扰，提高接收灵敏度，增大系统容量；另外软件无线电技术在基站及终端产品中的应用，对提高系统灵活性、降低成本至关重要。

5.1.4 3G参数

国际电联对第三代移动通信系统IMT－2000划分了230MHz频率，即上行1885MHz～2025MHz、下行2110MHz～2200MHz，共230MHz。上下行频带不对称，可使用双频FDD方式和单频TDD方式。

在2000年的WRC2000大会上，在WRC－1992基础上又批准了新的附加频段：806MHz～960MHz，1710MHz～1885MHz、2500MHz～2690MHz。

以下是各种3G标准的相关参数及在我国的频谱分配情况。

1. WCDMA

双工方式：FDD

异步CDMA系统：无GPS

带宽：5MHz

码片速率：3.84Mchip/s

中国频段（中国联通）：

- 核心频段：1920MHz～1980MHz，2110MHz～2170MHz（分别用于上行和下行）
- 补充频率：1755MHz～1785MHz，1850MHz～1880MHz（分别用于上行和下行）

2. TD－SCDMA

双工方式：TDD

同步CDMA系统：有GPS

带宽：1.6MHz

码片速率：1.28Mchip/s

中国频段（中国移动公司）：

- 核心频段：1880MHz～1920MHz，2010MHz～2025MHz
- 补充频率：2300MHz～2400MHz

3. CDMA2000

双工方式：FDD

同步 CDMA 系统：有 GPS

带宽：1.23MHz

码片速率：1.2288Mchip/s

中国频段：（中国电信公司）

- 核心频段：825MHz ~ 835MHz，870MHz ~ 880MHz（分别用于上行和下行）
- 补充频率：885MHz ~ 915MHz，930MHz ~ 960MHz（分别用于上行和下行）

4. WiMAX

微波接入全球互通，另一个名字是 802.16

带宽：1.5MHz ~ 20MHz

最高接入速度：70Mbit/s

最高传输距离：50km

5.2　WCDMA

5.2.1　概述

UMTS（Universal Mobile Telecommunications System，通用移动通信系统）是采用 WCDMA 空中接口技术的第三代移动通信系统，通常也把 UMTS 系统称为 WCDMA 通信系统。UMTS 系统结构如图 5-2 所示，包括无线接入网络（Radio Access Network，RAN）和核心网络（Core Network，CN）两个部分。RAN 用于处理所有与无线有关的功能，CN 用于处理 UMTS 系统内所有的话音呼叫和数据连接，并实现与外部网络的交换和路由功能。无线接入网可以借用 UMTS 中地面 RAN 的概念，简称 UTRAN。CN 从逻辑上分为电路交换域（Circuit Switched Domain，CS）和分组交换域（Packet Switched Domain，PS）。UTRAN、CN 与用户设备（UserEquipment，UE）一起构成了整个 UMTS 系统。

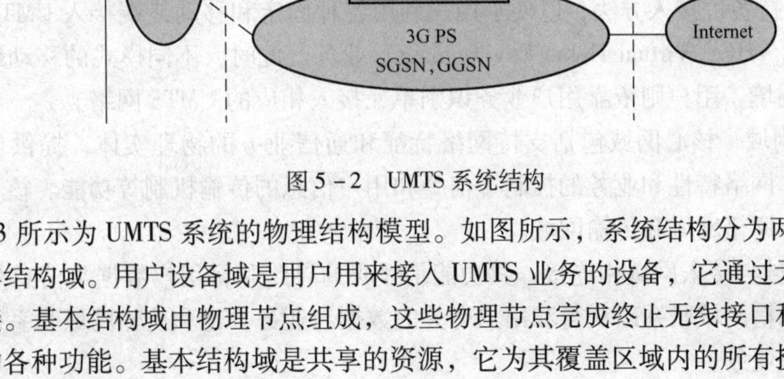

图 5-2　UMTS 系统结构

图 5-3 所示为 UMTS 系统的物理结构模型。如图所示，系统结构分为两个域：用户设备域和基本结构域。用户设备域是用户用来接入 UMTS 业务的设备，它通过无线接口与基本结构相连接。基本结构域由物理节点组成，这些物理节点完成终止无线接口和支持用户通信业务需要的各种功能。基本结构域是共享的资源，它为其覆盖区域内的所有授权用户提供服务。

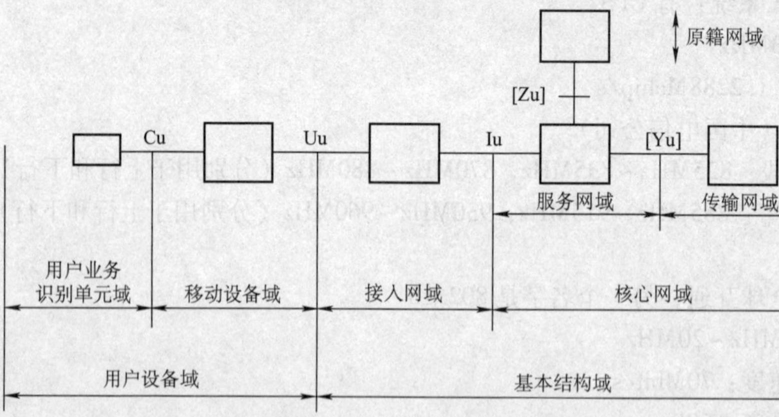

图5-3 UMTS物理结构模型

用户设备域包括具有不同功能的各种类型设备，可能兼容一种或多种现有的接口（固定或无线）设备，如双模GSM/UMTS用户终端等。用户设备还可以包括智能卡。用户设备域可进一步分为移动设备（ME）域和用户业务识别单元（USIM）域。

（1）移动设备（ME）域 移动设备域的功能是完成无线传输和应用。移动设备还可以分为实体，如完成无线传输和相关功能的移动终端（MT），包含端到端应用的终端设备（TE）。对移动终端没有特殊的要求，因为它与UMTS的接入层和核心网有关。

（2）用户业务识别单元（USIM）域 用户业务识别单元包含清楚而安全地确定身份的数据和过程，这些功能一般存入智能卡中。它只与特定的用户有关，而与用户所使用的移动设备无关。

基本结构域可进一步分为接入网域和核心网域。接入网域由与接入技术相关的功能模块组成，直接与用户相连接，而核心网域的功能与接入技术无关，两者通过开放接口连接。从功能方面出发，核心网又可以分为分组交换业务域和电路交换业务域。网络和终端可以只具有分组交换功能或电路交换功能，也可以同时具有两种功能。

（1）接入网域 接入网域由一系列的物理实体来管理接入网资源，并向用户提供接入到核心网域的机制。UMTS的无线接入网（UTRAN）由无线网络系统（RNS）组成，这些RNS通过Iu接口和核心网相连。

UMTS将支持各种接入方法，以便于用户利用各种固定和移动终端接入UMTS核心网和虚拟家用环境（VHE，Virtual Home Environment）业务。此时，不同模式的移动终端对应不同的无线接入环境，用户则依靠用户业务识别单元接入相应的UMTS网络。

（2）核心网域 核心网域包括支持网络特征和通信业务的物理实体，提供包括用户位置信息的管理、网络特性和业务的控制、信令和用户信息的传输机制等功能。核心网域又可分为服务网域、原籍网域和传输网域。

1）服务网域与接入网域相连接，其功能是呼叫的寻路和将用户数据与信息从源传输到目的。它既和原籍网域联系以获得和用户有关的数据与业务，也和传输网域联系以获得与用户无关的数据和业务。

2）原籍网域管理用户永久的位置信息。用户业务识别单元和原籍网域有关。

3）传输网域是服务网域和远端用户间的通信路径。

5.2.2　WCDMA 系统组成

WCDMA 系统体系结构与大多数第二代移动通信系统甚至第一代移动通信系统基本类似。WCDMA 系统包括若干逻辑网络元素。逻辑网络元素可以按不同子网分类，也可以按功能来划分。

如图 5－4 所示，WCDMA 逻辑网络元素按功能可以分成用户设备终端（UE）、无线接入网（RAN）和核心网（CN）。无线接入网可以借用 UMTS 中地面 RAN 的概念，简称为 UTRAN。RAN 处理与无线通信有关的功能。CN 处理语音和数据业务的文换功能，完成移动网络与其他外部通信网络的互联，相当于第二代系统中的 MSC/VLR/HLR。除 CN 基本上来源于 GSM 外，UE 和 RAN 采用 WCDMA 无线技术规范。各网络单元简介如下。

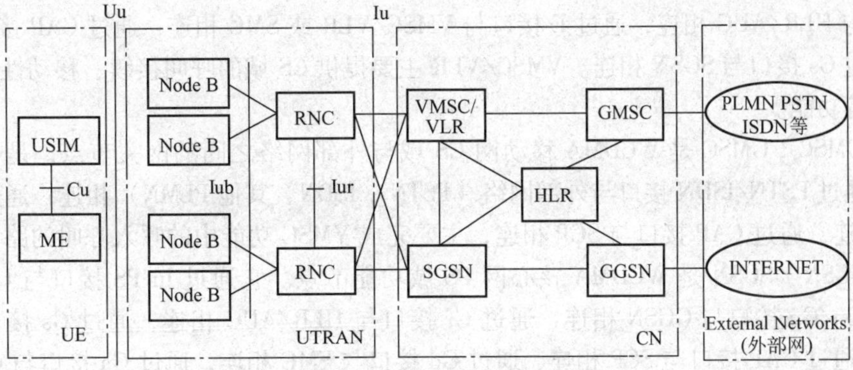

图 5－4　WCDMA 系统体系结构

1. UE（User Equipment）

UE 是用户终端设备，主要包括射频处理单元、基带处理单元、协议栈模块以及应用层软件模块等。UE 通过 Uu 接口与网络设备进行数据交互，为用户提供电路域和分组域内的各种业务功能，包括普通话音、宽带话音、Internet 应用（如 E－mail，WWW 浏览，FTP 等）和移动多媒体。

UE 包括两部分：

1）ME（The Mobile Equipment，移动设备）：提供与 Node B 进行无线通信接口和应用接口服务。

2）USIM（The UMTS Subscriber Module，UMTS 用户识别模块）提供用户身份识别功能。相当于 GSM 终端中的 SIM 智能卡，用于记载用户标识，可执行鉴权算法并保存鉴权、密钥以及终端所需的预约信息。

2. UTRAN（UMTS Terrestrial Radio Access Network，UMTS 陆地无线接入网）

UTRAN 分为基站（Node B）和无线网络控制器（RNC）两部分。

1）Node B 是 WCDMA 系统的基站（即无线收发信机），包括无线收发信机和基带处理部件。通过标准的 Iub 接口和 RNC 相连，主要完成 Uu 接口物理层协议的处理，包括扩频、调制、信道编码及解扩、解调、信道解码、基带信号和射频信号的相互转换等功能。此外，

Node B 还提供部分无线资源管理业务。

Node B 包含 RF 收发放大、射频收发系统（TRX）、基带部分（BB）、传输接口单元和基站控制部分等逻辑功能模块。

2）RNC（Radio Network Controller）是无线网络控制器，用于完成连接建立和断开、切换、宏分集合并、无线资源管理控制等功能。具体如下：

① 执行系统信息广播与系统接入控制功能；

② 切换和 RNC 迁移等移动性助理功能；

③ 宏分集合并、功率控制、无线承载分配等无线资源管理和控制功能。

3. CN（Core Network）

CN 负责与其他网络的连接和对 UE 的通信和管理。主要包括以下功能模块：

（1）VMSC/VLR　VMSC/VLR 是 WCDMA 核心网 CS 域功能节点。它通过 Iu CS 接口与 UTRAN 相连，通过 PSTN/ISDN 接口与外部网络（PSTN，ISDN、其他 PLMN）相连，通过 C/D 接口与 HLR/AUC 相连，通过 E 接口与 VMSC/VLR 或 SMC 相连，通过 CAP 接口与 SCP 相连，通过 Gs 接口与 SGSN 相连。VMSC/VLR 主要提供 CS 域的呼叫接续、移动性管理、鉴权和加密等功能。

（2）GMSC　GMSC 是 WCDMA 移动网 CS 域与外部网络之间的网关节点，是可选功能节点。它通过 PSTN/ISDN 接口与外部网络（PSTN，ISDN、其他 PLMN）相连，通过 C 接口与 HLR 相连，通过 CAP 接口与 SCP 相连，主要完成 VMSC 功能中的呼入呼叫的路由功能。

（3）SGSN　SGSN 是 WCDMA 核心网 PS 域功能节点。它通过 Iu PS 接口与 UTRAN 相连，通过 Gn/Gp 接口与 GGSN 相连，通过 Gr 接口与 HLR/AUC 相连，通过 Gs 接口与 VMSC/VLR，通过 CAP 接口与 SCP 相连，通过 Gd 接口与 SMC 相连，通过 Ga 接口与 CG 相连，通过 Gn/Gp 接口与 SGSN 相连。SGSN 主要提供 PS 域的路由转发、移动性管理、会话管理、鉴权和加密等功能。

（4）GGSN　GGSN 是网关 GPRS 支持节点。通过 Gn 接口与 SGSN 相连，通过 Gi 接口与外部数据网络（Internet /Intranet）相连。GGSN 提供数据包在 WCDMA 移动网和外部数据网之间的路由和封装。GGSN 主要提供同外部 IP 分组网络的接口和 UE 接入外部分组网络的关口功能。从外部网的观点来看，GGSN 好像可寻址 WCDMA 移动网络中所有用户 IP 的路由器，同外部网络交换路由信息。

（5）HLR　HLR 是 WCDMA 移动网归属位置寄存器，它通过 C 接口与 VMSC/VLR 或 GMSC 相连，通过 Gr 接口与 SGSN 相连，通过 Gc 接口与 GGSN 相连。HLR 的主要功能是提供用户的签约信息存放、新业务支持、增强的鉴权等功能。

4. OMC（Operation Maintenance Center，网络操作维护中心）

OMC 包括设备管理系统和网络管理系统。

设备管理系统完成对各独立网元的维护和管理，包括性能管理、配置管理、故障管理、计费管理和安全管理的业务功能。

网络管理系统能够实现对全网所有相关网元的统一维护和管理，实现综合集中的网络业务功能，具体同样包括网络业务的性能管理、配置管理、故障管理、计费管理和安全管理。

5. External Networks（外部网）

外部网可以分为两类：

1）电路交换网（CS Networks）：提供电路交换的连接，如通话服务。ISDN 和 PSTN 均属于电路交换网。

2）分组交换网（PS Networks）：提供数据包的连接服务，Internet 属于分组数据交换网。

WCDMA 网络也可以分成若干个子网。子网之间既可以独立工作，又可以协同工作。子网可叫做 UMTS 公众陆地移动网（PLMN）。不同运营商运营的 PLMN 之间可以互通而且 PLMN 也可以与 ISDN、PSTN、Internet 以及其他数据网络互通。

5.2.3　系统接口

3GPP 规范没有具体描述逻辑网络元素的内在功能，但是对逻辑网络元素之间的一些接口作了详细定义。WCDMA 系统主要有如下接口。

（1）Cu 接口　Cu 接口是 USIM 卡和 ME 之间的电气接口，是遵循智能卡的标准接口。

（2）Uu 接口　Uu 接口是 WCDMA 的无线接口。UE 通过 Uu 接口接入到 UMTS 系统的固定网络部分，可以说 Uu 接口是 UMTS 系统中最重要的开放接口。其开放性可以确保不同制造商设计的 UE 终端可以接入其他制造商设计的 RAN 中。

（3）Iu 接口　Iu 接口是连接 UTRAN 和 CN 的接口。类似于 GSM 系统的 A 接口（电路交换）和 Gb（数据交换）接口。Iu 接口是一个开放的标准接口。这也使通过 Iu 接口相连接的 UTRAN 与 CN 可以分别由不同的设备制造商提供，有利于造成设备制造商之间的竞争。

（4）Iur 接口　Iur 接口是连接 RNC 之间的接口，是 UMTS 系统特有的接口，用于对 RAN 中移动台的移动管理。比如在不同的 RNC 之间进行软切换时，移动台所有数据都是通过 Iur 接口从正在工作的 RNC 传到候选 RN C 。Iur 也是开放的标准接口。

（5）Iub 接口　Iub 接口是连接 Node B 与 RNC 的接口，Iub 接口也是一个开放的标准接口。这也使通过 Iub 接口相连接的 RNC 与 Node B 可以分别由不同的设备制造商提供。

5.2.4　WCDMA 版本

5.2.4.1　版本简介

3GPP 组织自从 1998 年 12 月成立以后，一直致力于 WCDMA 技术规范的制定和完善。当前 WCDMA 系统主要有 5 个版本，即 R99、R4、R5、R6 和 R7。

1. R99 版本

该版本主要继承了前期 ETSI 标准化组织在 WCDMA 规范上的研究成果，在 2000 年 3 月功能框架冻结。

R99 主要特征包括：

1）核心网在逻辑上分为 CS（电路域）和 PS（分组域），保持了与 2G（GSM/GPRS）核心网结构的兼容性。

2）核心网和接入网之间的 Iu 接口基于 ATM，其中 CS 业务基于 ATM AAL2 承载，分组业务基于 ATM AAL5 承载。

3）电路域只支持 TDM 传输技术。

4）分组域网络结构与 GPRS 基本一致，包括 SGSN、GGSN、BG、CG 等功能实体。

5）可以在一体化的物理实体 UMSC 中，实现 CS MSC 和 PS SGSN 的所有功能，简化网络结构。

图5-5是WCDMA R99版的基本网络结构（包括CS域和PS域），图中所有功能实体都可作为独立的物理设备。

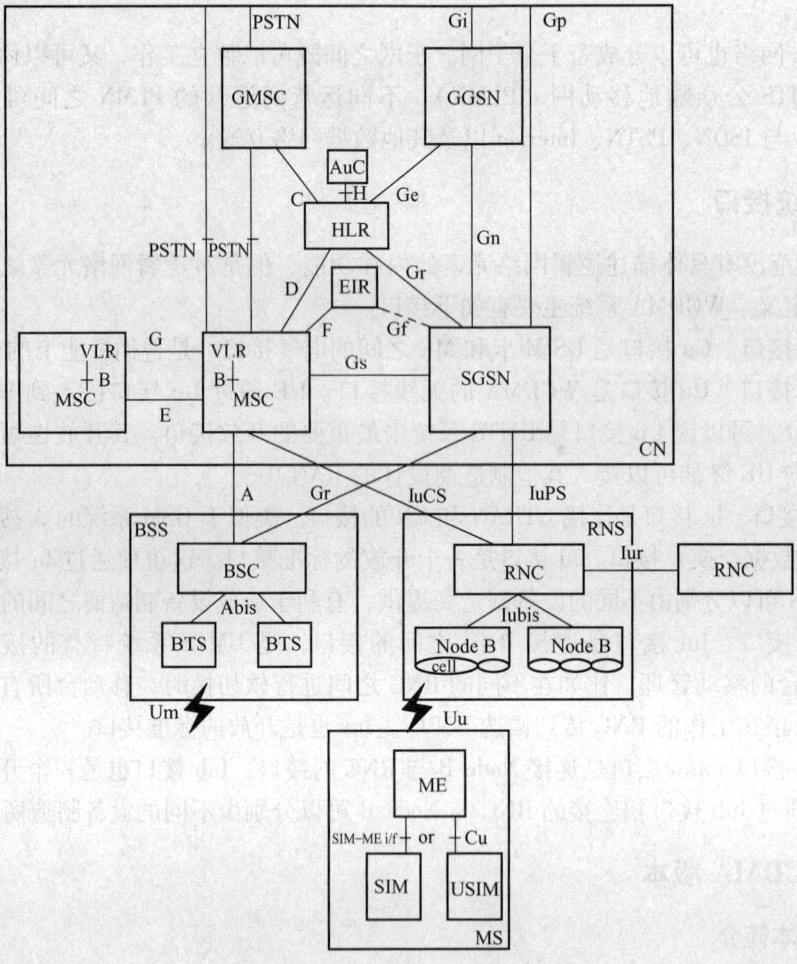

图5-5　WCDMA R99版网络结构图

注：粗线表示支持用户业务的接口，点画线表示支持信令的接口。

2. R4版本

R4版本在2001年3月完成功能框架的冻结，其主要功能特征包括：

1）继承了R99功能。

2）核心网和接入网之间的Iu接口基于ATM和IP技术。

3）与R99一致，核心网在逻辑上分为CS和PS。

4）电路域可以基于TDM、ATM、IP多种传输技术。

5）电路域结构发生变化，由MSC Server、GMSC Server和MGW构成，实现了网络的分层化，即控制和承载相分离。

6）电路域NNI侧信令采用ITU新定义的BICC信令，实现控制与承载的无关性。

7）分组域网络结构与R99一致，包括SGSN、GGSN、BG、CG等功能实体。

8）增加了业务功能，包括宽带AMR语音、GTT业务、增强的LCS业务、增强的MExE

功能、视频媒体流业务等。

3. R5 版本

R5 版本于 2002 年 3 月完成功能框架的冻结，其主要功能特征包括：

1）继承了 R4 所有的业务和功能。

2）核心网除保留了原有的 CS 和 PS 外，还增加了 IP 多媒体域，实现实时 IP 多媒体业务。

3）RAN 向 IP 方向发展，核心网和接入网之间的 Iu 接口基于 ATM 或 IP。

4）新增 IP 多媒体域的实现机制，可实现端到端的 IP 语音业务。

5）增强了 IP QoS。

6）增强了业务，如 OSA、PUSH Service。

4. R6 版本

R6 版本功能于 2004 年 12 月确定。在网络架构方面，R6 没有太大的变更，主要是增加了一些新的功能特性，以及对已有功能特性的增强。考虑到版本冻结时间，一些功能有可能推迟，成为后续 R7 版本的工作任务。

R6 主要推出以下功能：

1）引入 HSDPA（属于 R5 中的内容），用于对下行分组域的数据速率增强。在 R6 中，致力于 HSUPA 标准的制定，HSUPA 主要用于对上行分组域数据速率的增强。

2）多媒体广播和多播业务（MBMS）。网络需要增加广播和多播中心功能实体，另外，对用户终端、接入网以及核心网均有新的需求，需要对空中信道、接入网和核心网接口信令进行修改。

3）增强空中接口，支持不同频率的 UMTS 系统，包括 UMTS850、UMTS800、UMTS1.7/2.1GHz，增强了不同频率和不同系统间的测量。

4）定位业务增强，支持 IMS 公共标识。

5）增强 RAN。从 UTRAN 到 GERAN（GSM/EDGE 无线接入网）网络辅助的小区改变，需要对网络的影响、天线倾角的远端控制、RAB 支持增强、Iu-b/Iu-r 接口无线资源管理进行优化。

6）IMS 第二阶段。这是在 R5 IMS 第一阶段基础上提供的新特性，包括 IMS 本地业务/Mm 接口（UE 与外部 IP 多媒体网之间的互通）、IMS 与 CS 互通、Mn 接口（IM-MG 与 MGCF 之间）增强、Mp 接口（MRFC 与 MRFP 之间）协议定义、R6 监听的需求和网络框架、PDF 与 P-CSCF 之间的 Gq 接口策略控制、基于 IPv4 与基于 IPv6 的 IMS 互通和演进、Cx 和 Sh 接口增强、IMS 群组管理、IMS 附加 SIP 能力、IMS 会议业务、IMS 消息业务。

7）基于不同 IP 连接网的 IMS 互通，包括 3GPP IMS 用户与 3GPP2 IMS、固网 IMS 等用户之间的互通。

8）Push 业务。网络主动向用户 Push 内容，根据网络和用户的能力推出多种实现方案。

9）在线。实时了解用户的状态和可及性等信息。

10）增强安全。包括基于 IP 传输的网络域安全、应用 IPSec 等安全技术。

11）WLAN-UMTS 互通，通过 WLAN 接入的用户可与 UMTS 用户一样使用移动网业务，其间需要经过多个互通层面，包括统一鉴权、计费、利用移动网提供的 PS 和 IMS 业务、不同接入方式切换时业务不中断。

12）优先业务。指导电路域优先业务的实现，分组域和 IMS 优先业务将来考虑。

13）网络共享。多个移动运营商有各自独立的核心网或业务网，但共享接入网。

14）增强 QoS，提供端到端 QoS 动态策略控制增强。

15）计费管理。包括对 WLAN 计费、基于 IP 流的承载计费和在线计费系统等的管理。

16）PoC（无线一键通）。UMTS 移动网为 PTT 业务提供承载能力，PTT 业务应用层规范由 OMA 制定。

5. R7 版本

R7 版本主要继续 R6 未完成的标准和业务（如 MIMO 技术，包括多种 MIMO 实现技术等）制定工作，将考虑支持通过 CS 域承载 IMS 话音、通过 PS/IMS 域提供紧急服务、提供基于 WLAN 的 IMS 话音与 GSM 网络的电路域的互通、提供 xDSL 和 Cable Modem 等固定接入方式。同时，引入 OFDM，完善 HSDPA 和 HSUPA 技术标准。目前，R7 标准正在制定中。

随着用户对多业务需求的不断提高，WCDMA 标准在不同的版本中引入很多新业务，使业务向多样化、个性化方向发展，代表性的有虚拟归属环境概念、引入基于 IP 的多媒体业务及其他形式多样的补充业务等。

5.2.4.2 系统演进

WCDMA 系统的整体演进方向为：①网络结构向全 IP 化发展；②业务向多样化、多媒体化和个性化方向发展；③无线接口向高速传输分组数据发展；④小区结构向多层次、多制式、重复覆盖方向发展；⑤用户终端向支持多制式、多频段方向发展。

各版本的演进内容具体如下。

1. R99 向 R4 演进

同 R99 相比，R4 的网络结构，特别是在核心网电路域的结构上，发生了很大的变化。具体表现如下。

（1）在网络结构上 R99 电路域主要设备 MSC/VLR 和 RNC 之间用 ATM 相连接，设备之间通过 ATM 信令来交互，媒体流使用 AAL2 承载的 AMR 编码。MSC 和 GMSC、GMSC 和 PSTN 以及 MSC 和传统的 2GBSS 等设备之间相连均使用 TDM，设备之间通过 TDM 承载的窄带 No. 7 信令交互，媒体流使用 G. 711 格式的 PCM 编码。而 R4 电路域采用控制和承载相分离的技术，设备在网络实体上分为 MSC Server 和 MGW，在 MSC Server 和 MGW 之间通过 H. 248 协议进行网关控制；在 MSC Server/GMSC Server 之间增加了 BICC 协议来控制局间的媒体流。

（2）在信令网方面 R99 电路域的信令网除了和 RNC 交互是 ATM 信令以外，与其他实体如 PSTN/GMSC/HLR/SCP 等的交互都是承载在 TDM 上的窄带 No. 7 信令上。而 R4 电路域的信令网除了继续支持传统的承载于 TDM 上的 No. 7 信令以外，还支持承载在 IP 上的 No. 7 信令。传统的窄带 No. 7 信令在 SG（信令网关，可以内置在 MSC Server 或者 MGW 上）设备上汇聚后接入 MSC Server 设备，解决了原有窄带 No. 7 信令传输造成的带宽资源浪费（特别是长途传输）问题以及信令传输带宽不足的问题。窄带 No. 7 信令目前普遍使用的是 64kbit/s，2Mbit/s 也在逐步运用，而承载于 IP 上的 No. 7 信令只需一个接口（如 FE 口）接入到 MSC Server 设备就可以把带宽提高到 100Mbit/s，使信令传送技术有了一个质的提高。在 IP 上承载的 No. 7 信令在 R4 中主要采用 SIGTRAN 协议，该协议基本成熟。

（3）在承载网方面 R99 组网中，GMSC 和 MSC 之间或者 MSC 之间只能是 TDM 承载，从 RNC 上来的媒体流到了 MSC 以后进行编解码操作转换成 G.711 的 PCM 编码。在 R4 组网中，GMSC 与 MGW 之间和 MSC 与 MGW 之间的承载方式除了原有的 TDM 方式以外，还新增加了 IP 承载和 ATM 承载两种方式。媒体流在 IP 上的分组复用极大节约了传送带宽，具体说来，IP 分组复用可以带来以下几个好处：①减少语音编解码的次数，提高了语音服务质量，网络带宽高效利用，节省了建网成本；②网络配置、扩容和维护简单，可大幅降低运营成本；③骨干网、数据专网和城域网可以共享，减少建设投入；④实现多网融合，提供综合业务。

（4）在业务和功能方面　R99 和 R4 在功能上的差别比较小，主要是引入了 TrFO 功能。由于话音编码器对话音编码是有损压缩，每经过一次编解码会降低话音质量，因此，减少语音编解码次数可以改善语音质量，同时还可以减少话音的传输时延，节省网络设备功率。TrFO 和 TFO（在 R99 被引入，用于减少语音编解码次数）的区别在于：TrFO 采用了带外检测机制，TFO 采用了带内检测机制。TFO 仍然需要用 TC 来进行语音编码检测，仍然需要分配 64kbit/s 带宽的通道；而 TrFO 则视信令协商结果分配带宽，如协商成功不需要 TC 资源，这大大节约了网络资源。相对 R99，R4 在业务上对 MMS、LCS 等也进一步完善和明确了规范。

（5）在设备方面　3G 业务的个性化、多样化及其 3G 开放的业务平台将产生越来越多的业务，这对设备的高处理能力提出了要求。R4 核心网的分组化，使信令传输和内部交换带宽得到了质的提高；控制和承载分离以及网络构件化，使得各业务实体分工明确且可各自按不同的技术方向发展。R4 的分离式建设和组网使得设备越来越集中设置，这对大容量的设备提出了要求。因此，相对 R99，R4 电路域设备一般具有更高的集成度、更大的容量和更强的处理能力。但是，R4 协议还在完善之中，设备的成熟度不及 R99。

总之，R99 的电路域向 R4 演进，可以采用以下方式：

1）升级 R99 MSC/GMSC 为 R4 MGW，通过新增 MSC Server 和 GMSC Server 实现网络结构的演进，通过软件升级实现业务功能的演进。

2）升级 R99 MSC/GMSC 为 R4 MGW + MSC Server 和 R4 MGW + GMSC Server，（G）MSC Server 和 MGW 间通过标准的 H.248 协议实现媒体资源的分配过程。

3）升级 R99 MSC/GMSC 为 R4 MSC Server 和 GMSC Server，通过新增 MGW 设备，实现网络的升级。

而由 R99 分组域向 R4 演进，在网络结构上保持不变，通过软件协议的升级支持 R4 功能。

2. R4 向 R5 演进

R5 的一个显著特点就是在网络结构中，引入了 IMS（IP 多媒体子域）域。IMS 域与原先的 PS/CS 域之间的关系为叠加关系。

IMS 域主要用来控制用户的业务，用户可以使用 PS/CS 域的各种接入技术接入 IMS 域。基于 IMS 域开发的新业务将与用户所采用的接入技术无关。也就是说，无论用户采用何种技术，对于业务开发商来说，只要开发一次业务即可。

IMS 域采用 SIP 协议作为基本会话协议。SIP 是统一语音/数据业务会话的模型，将使 IMS 域对于多媒体业务的支持更加灵活和简单。

IMS 域也提供丰富的业务开发接口，在基于可信赖的条件下，运营商甚至可以开放会话消息给业务提供商，这将使业务更加开放和灵活。新增的功能逻辑实体包括 BGCF、CSCF、

MGCF、IM－MGW、MRFC、MRFP、HSS、SLF。其中一些逻辑实体可由R4功能实体进行演进，另一些逻辑实体必须新增。具体策略如下。

1）CSCF为IMS域业务处理中心，考虑到CSCF同R4网络结构中的任何功能实体都有较大差异，同时考虑到尽可能不影响现有的R4网络实体，因此，建议新增CSCF功能实体。CSCF可分为P/I/S共3种类型逻辑实体，其中P－CSCF主要处理用户接入IMS域；I－CSCF用于不同运营商之间的互通；S－CSCF用于用户的业务处理。在实际组网时，可根据系统容量和用户分布，确定实际配置方案。即3种类型逻辑实体可以组合构成实际的设备类型。

2）BGCF用于IMS域选择与CS域互通的MGCF，功能较为简单，在组网初期，可考虑与I－CSCF功能合并。

3）MGCF用于与CS域互通，可由R4 MSC Server软件升级而至。IM－MGW可由R4 CS－MGW升级。

4）MRFC/MRFP为IMS域的多媒体资源共享功能设备，目前定义的主要功能为放音、收号、会议3种。从功能上来说，MRF同MGW有部分类似。两者的最大差异在于，MGW主要提供基本业务，MRF提供增值业务。因此，MGW提供TDM接口，考虑与PSTN互连。MRF提供分组接口，考虑复杂的媒体数据处理功能。在初期，由于相关增值业务需求不多，可考虑MRFC/MRFP直接与R5的MGCF/IM－MGW共享同一设备。随着增值业务需求的增长（如需要多媒体提示音等），可考虑新增MRFC/MRFP设备。

5）HSS为IMS域用户数据存储设备，同HLR不同的是，除原先的用户数据存储外，还要存储用户的Profile信息，甚至包括用户的业务逻辑。考虑到用户数据结构有很大的修改，为稳妥起见，初期建议先新增HSS设备，用于保存新增的IMS域用户数据。等到条件成熟时，再对原有的HLR进行升级。HLR在升级过程中需要新增Diameter、XML协议，同时需要对原有数据结构进行修改。

6）SLF主要用于HSS的数据查询，即定位用户所处的HSS位置。在初期，由于网络结构较为简单，可对R4 PS域原有的DNS设备进行升级，以支持该功能。

在R5网络中，由于SIP协议的底层承载都基于IP，不存在不同承载模式的转换，因此，网络不再单独存在SGW用于不同承载模式的SIP协议转换，只存在SIP与其他协议互通的网络实体MGCF。

在R5阶段，用户的QoS策略将通过Go接口的COPS协议，下发给GGSN的PEF（策略执行机构）执行。因此，GGSN设备也需要升级。需要新增PEF功能，同时支持COPS协议。GGSN软件也要进行相应的升级，比如，将用于承载IMS信令的PDP Context同通常的PDP Context相区分等。

考虑到GGSN作为IMS域一个接入点的同时，需要兼顾已有的IPv4网络，因此，GGSN需要提供IPv4/IPv6双栈支持。

IMS域信令路由寻址基于SIP URL格式，而传统的路由寻址方式主要基于E.164格式，因此，在IMS域中需要增加ENUM设备，用于实现E.164格式与SIP URL格式的转换。初期可考虑同DNS合并设置。后期随着用户量的增大，可考虑另设一ENUM设备。

在R5阶段，IMS域采用IPv6地址。考虑到实际应用中有可能在骨干网还采用IPv4地址，因此需要对消息体中包含的内容做地址转换，这需要在IMS域边缘接点处，新增一个SIP协议的IWF设备（该实体还包括SIP协议的转换功能）。

DNS 由于要进行 IPv4/IPv6 地址翻译，因此设备需升级，根据用户所处 IPv4/IPv6 网络，给出不同格式的 IP 地址。

R5 业务提供方式分为 3 种：①基于原先智能网架构；②基于 OSA 接口；③直接基于 SIP 消息。对于原先基于 OSA/智能网架构的应用服务器，由 IMS 网络的 IM - SSF 及 OSA SCS 做相应的适配，原设备无须做任何修改可直接采用。

考虑到业务开放的需要，IMS 域提供了基于 SIP 消息的接口。因此，运营商在基于可信赖的基础上，可直接由第三方开发业务，进行业务控制。由于该接口直接开放 SIP 消息，因此很容易实现业务的开放。

3. R5 向 R6 演进

3GPP R6 比起 R5 版本主要增加以下内容。

1）增强空口接口。以支持不同频率的 UMTS 系统，包括 UMTS850、UMTS800、UMTS1.7/2.1GHz，增强了不同频率和不同系统间的测量。

2）支持多输入输出天线（MIMO，Multiple Input Multiple Output Antennas），包括多种 MIMO 实现技术。

3）增强 RAN。从 UTRAN 到 GERAN 网络辅助的小区，改变对网络的影响、天线倾角的远端控制、RAB 支持增强、Iub/Iur 接口无线资源管理的优化。

4）基于 PS、IMS 的紧急呼叫业务。改变仅电路域支持紧急呼叫业务的现状，提出 IMS 紧急呼叫业务，对 PS 有一定的影响。

5）LCS 定位业务增强。支持 IMS 公共标识，Galileo 卫星系统应用于 LCS 研究、UE 定位增强、开放式 SMLC - SRNC 接口。

6）增强安全。基于 IP 传输的网络域安全，应用 IPsec 等安全技术。

7）IMS（IP 多媒体子系统）Phase 2。这是在 R5 IMS Phase 1 基础上提供的新特性，它包括 IMS 本地业务/Mm 接口（UE 与外部 IP 多媒体网之间的互通）、IMS 与 CS 互通、Mn 接口（IM - MGW 与 MGCF 之间）增强、Mp 接口（MRFC 与 MRFP 之间）协议定义、R6 监听的需求和网络框架、PDF 与 P - CSCF 之间的 Gq 接口策略控制、基于 IPv4 与基于 IPv6 的 IMS 的互通和演进、Cx 和 Sh 接口增强、IMS 群组管理、IMS 附加 SIP 能力、IMS 会议业务、IMS 消息业务。

8）基于不同 IP 连接网的 IMS 互通。3GPP IMS 用户与 3GPP2 IMS、固网 IMS 等用户之间的互通。

9）Push 业务。网络主动向用户 Push 内容，根据网络和用户的能力推出多种实现方案。

10）增强 MMS 能力。包括计费方式增强、安全和私密性增强、终端能力协商增强、MM1 和 MM4 参考点增强、与外部消息系统互通增强、地址增强、支持数字权限管理、通过 OTA 方式提供 MMS 参数。

11）Presence。实时了解用户的状态和可及性等信息。

12）多媒体广播和多播（MBMS，Multimedia Broadcast Multicast Service）。网络需要增加多播广播中心功能实体，MBMS 业务对用户终端、接入网、核心网均有新的需求，并对空中信道、接入网和核心网接口信令有修改。

13）通用用户信息（GUP，Generic User Profile）。对分布在网络各个实体中的用户相关信息进行管理。

14）数字权限管理（DRM，Digital Right Management）。对数据业务内容的转发、拷贝、存储和修改等用户权限进行管理，具体实现规范由开放移动联盟（OMA）制定。

15）WLAN－UMTS互通。用户经过WLAN接入时可与UMTS用户一样使用移动网业务，有多个互通层面，包括统一鉴权、计费、利用移动网提供的PS和IMS业务、不同接入方式切换时业务不中断。

16）优先业务。指导电路域优先业务的实现，分组域和IMS优先业务将来考虑。

17）网络共享。多个移动运营商共享接入网，有各自独立的核心网或业务网。

18）增强QoS。提供端到端QoS动态策略控制增强。

19）增强R6 OSA。

20）计费管理。包括WLAN计费、基于IP流的承载计费和在线计费系统。

21）R6分组流业务PSS（Packet Streaming Service）。PSS/MMS音频编解码和扩展的AMR－WB选择。

22）扩展的AMR－WB。提供更高的语音质量。

23）CAMEL增强。CAMEL拨号业务、CAMEL预付费与可视电话改变和回退的交互。

24）节省电路域带宽和资源。在电路域核心网实体间提供分组传输方式。

25）PoC（Push－To－Talk over Cellular，移动对讲业务），UMTS移动网为PTT业务提供承载能力，PTT业务应用层规范由OMA制定。

5.3 CDMA2000

CDMA2000由美国高通北美公司为主导提出，摩托罗拉、Lucent和韩国三星都有参与，韩国现在成为该标准的主导者。这套系统是从窄频CDMA One数字标准衍生出来的，可以从原有的CDMA One结构直接升级到3G，建设成本低廉。但目前使用CDMA的只有日本、韩国和北美地区，所以CDMA2000的支持者不如WCDMA多。

5.3.1 概述

CDMA（码多分址技术）移动网络技术最早是应用在军事通信技术领域，20世纪90年代初期才转为民用通信技术。真正在全球得到广泛应用的第一个CDMA标准是IS－95A。我国原联通公司在国内使用的是IS－95B标准，属于2G时代的标准。CDMA2000在3G阶段一般分为3个阶段实施：

第1阶段称为CDMA2000 1x，速率高于IS－95，可支持308kbit/s的数据传输，网络部分引入分组交换，可支持移动IP业务。原联通宣布在国内开通的CDMA2000 1x网络就处于该阶段。

第2阶段称为CDMA2000 1xEV。它是在CDMA2000 1x基础上进一步提高速率的增强体制，采用高速率数据（HDR）技术，能在1.25MHz（相同于CDMA2000 1x带宽）内提供2Mbit/s以上的数据业务，是CDMA2000 1x的边缘技术。3GPP已开始制定CDMA2000 1xEV的技术标准，其中用高通公司技术的称为HDR，用摩托罗拉和诺基亚公司联合开发的技术称为1XTREME，中国的LAS－CDMA也属此列。但CDMA2000 1x在技术指标上又并非完全符合3G的标准，所以一般称其为2.75G更贴切一点。

第 3 个阶段称为 CDMA2000 3x，它与 CDMA2000 1x 的主要区别是前向 CDMA 信道采用 3 载波方式，而 CDMA2000 1x 用单载波方式。因此它的优势在于能提供更高的数据速率，但占用频谱资源也较宽，在较长时间内运营商未必会考虑 CDMA2000 3x，而会考虑 CDMA2000 1xEV。

5.3.2　CDMA2000 采用的主要新技术

CDMA2000 的目标是进一步提高话音容量，提高数据传输效率，支持更高数据速率，降低移动台电源消耗，延长电池寿命，消除对其他电子设备的电磁干扰（EMI），更好的加密技术，后向兼容 CDMAOne。

与 CDMAOne 相比，CDMA2000 采用了以下新技术。

1. 多种射频信道带宽

CDMA2000 在前向链路上支持多载波（MC）和直扩（DS）两种方式，反向链路仅支持直扩方式。当采用多载波方式，能支持多种射频带宽，射频信道带宽可以是 $N\times1.25$MHz，其中 $N=1$、3、5、9 或 12，即可选择的带宽有 1.25MHz、3.75MHz、6.25MHz、11.25MHz 和 15MHz。目前的技术仅支持前两种带宽。

2. Turbo 码

为了适应高速数据业务的需求，CDMA2000 中采用 Turbo 编码技术（编码速率可以是 1/2、1/3 或 1/4）。Turbo 编码器由两个递归系统卷积码（RSC）成员编码器、交织器和删除器构成，每个 RSC 有两路校验位输出，两个 RSC 的输出经删除复用后形成 Turbo 码。编码器一次输入 Nturbobit，包括信息数据、帧校验（CRC）和保留 bit，输出（Nburbo + 6）/R 符号。Turbo 译码器由两个软输入软输出的译码器、交织器和去交织器构成，两个成员译码器对两个成员编码器分别交替译码，并通过软输出相互传递信息，进行多轮译码后，通过对软信息作过零判决得到译码输出。

Turbo 码具有优异的纠错性能，但译码复杂度高，时延大，因此主要用于高速率，对译码时延要求不高的数据传输业务。与传统的卷积码相比，Turbo 码可降低对发射功率的要求，增加系统容量。在 CDMA2000 中，Turbo 码仅用于前向补充信道和反向补充信道中。

3. 3800MHz 前向快速功率控制

CDMA2000 采用新的前向快速功率控制（FFPC）算法，该算法使用前向链路功率控制子信道和导频信道，使移动台（MS）收到的全速率业务信道的 E_b/N_t 保持恒定。移动台测量收到的业务信道 E_b/N_t，并与门限值进行比较，然后根据比较结果，向基站（BS）发出升高或降低发射功率的指令。功率控制命令比特由反向功率控制子信道传送，功率控制速率可达到 800bit/s。采用前向快速功率控制，能尽量减小远近效应，降低移动台接收机实现一定误帧率（FER）所需的信噪比，进而降低基站发射功率和系统的总干扰电平，提高系统容量。

4. 前向快速寻呼信道

前向快速寻呼信道用于指示一次寻呼或配置改变。

（1）寻呼　基站使用前向快速寻呼信道的寻呼指示符（PI）比特来通知位于覆盖区域，并工作于时隙模式且处于空闲状态的移动台，是监听下一个前向公共控制信道/前向寻呼信道的时隙，还是返回低功耗的睡眠状态直至下一周期到来。当寻呼负载较高时，可以使用一个以上的前向快速寻呼信道来减少冲突，前向快速寻呼信道的使用，可使移动台不必长时间连续监听前向寻呼信道，减少激活移动台所需的时间，降低移动台功耗，从而延长了移动台的待机时间和电池寿命。

（2）配置改变　如果是在最近10min内有任何配置消息（如系统参数消息）发生变化，前向快速寻呼信道上的配置改变指示符（CCI）比特将被设置，然后移动台通过解调前向广播信道来获得新消息。

前向快速寻呼信道采用通断键控（OOK）调制，由于解调简单，可节约基站发射功率。

5. 前向链路发射分集

前向链路采用的发射分集方式包括多载波发射分集（MCTD）和直接扩频发射分集两种。前者用于多载波方式，每个天线发射一个载波子集。后者用于多载波方式，每个天线发射一个载波子集。后者用于直扩方式，又可分为正交发射分集（OTD）和空时扩展分集（STS）两种。OTD方式是先分离数据流，再用不同的正交Walsh码对两个数据流进行扩频，并通过两个天线发射；在STS方式中，两个天线都发射所有的已交织数据，并使用相同的原始Wlash码信道。在CDMA2000前向链路中，有两条信道专门用于前向发射分集，即发射分集导频信道和辅助发射分集导频信道。采用前向发射分集技术能减小每个信道要求的发射功率，增加前向链路容量，改善室内单径瑞利衰落环境和慢速移动环境下的系统性能。

6. 反向相干解调

为了提高反向链路性能，CDMA2000采用了反向链路导频信道，它是未经编码的扩频信号（由0号Walsh函数扩频），基站用导频信道完成初始捕获、时间跟踪和Rake接收机相干解调，并为功率控制测量链路质量。导频参考电平随数据速率而变化。

基站可以利用反向导频帮助捕获移动台的发射，实现反向链路上的相干解调，与采用非相干解调的CDMA2000相比，所需的信噪比显著降低，从而降低了移动台发射功率，提高了系统容量。当移动台发射无线配置为RC3－6的反向业务信道时，在反向导频信道中插入一个反向功率控制子信道，移动台通过该子信道发送功率控制命令，实现前向链路功率控制。反向导频还可以采用门控发送方式（即非连续发送），不仅能减小对其他用户的干扰，也降低了移动台的功耗。

7. 连接的反向空中接口波形

在反向链路上，所有速率的数据都采用连续导频和连续数据信道波形。连续波形可以把对其他电子设备（如助听器等医疗设备）的电磁干扰（EMI）降到最低；通过降低数据速率，能扩大小区覆盖范围；允许在整个帧上实现交织，并改善搜索性能；连续波形还支持移动台为快速前向功率控制连续发送前向链路质量测量信息，以及基站为反向功率控制连续监控反向链路质量。

8. 辅助导频信道

CDMA2000中新增加了前向辅助导频信道，支持对一组移动台的波束形成，以及对单个移动台的波束控制和波束形成。点波束应用能扩大覆盖区域和增加容量，并提高可支持的数据速率。

9. 增强的媒体接入控制功能

媒体接入控制（MAC）子层控制第三代移动通信（3G）系统中多种业务到物理层的接入过程，保证多媒体业务的实现。它的引入能满足更高带宽和更广泛业务种类的需求，支持话音、分组数据和电路数据业务的同时处理。CDMA2000 系统的 MAC 子层能提供尽力发送（Best Effort Delivery）、复用和 QoS 控制，以及接入程序。

10. 灵活的帧长

CDMA2000 支持 5ms、10ms、20ms、40ms、80ms 和 160ms 多种灵活的帧长。不同类型的信道分别支持不同的帧长。例如，前向基本信道、前向专用控制信道、反向基本信道和反向专用控制信道采用 5ms 和 20ms 帧，前向补充信道和反向补充信道采用 20ms、40ms 或 80ms 帧，话音业务采用 20ms 帧。较短的帧可以减少时延，但因交织跨度较短而降低了解调性能，较长的帧则因为帧头所占比重小，可降低对发射功率的要求。

5.3.3 系统结构

如图 5-6 所示，CDMA2000 系统无线接入网、核心网电路域、核心网分组域、智能网、短消息中心、无线应用协议（WAP）网关以及定位部分组成。

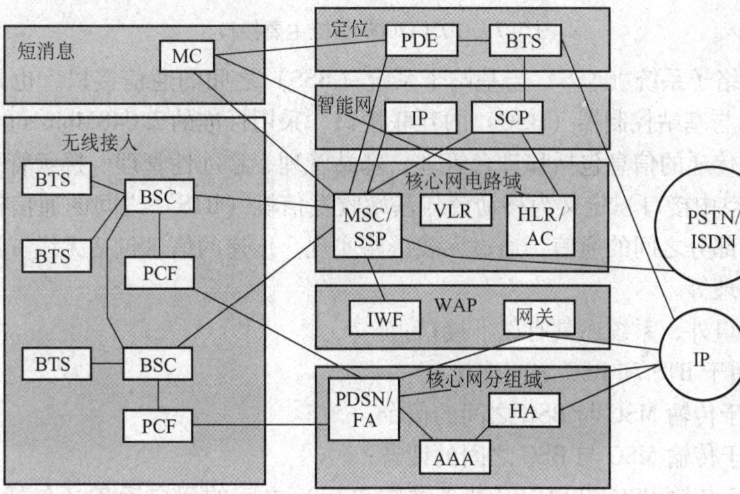

图 5-6 CDMA2000 系统结构图

无线接入部分由基站收发信机（BTS）和基站控制器（BSC）组成。BTS 主要负责接收移动台的无线信号，BSC 则负责管理多个 BTS，与移动交换中心（MSC）和分组控制功能（PCF）进行话音和数据的交互。PCF 则主要负责与分组数据业务相关的无线资源管理控制。

核心网电路域包括 MSC、访问位置寄存器（VLR）和原籍位置寄存器（HLR）和鉴权中心（AUC）。该部分主要用于控制电路域的业务。

核心网分组域包括 PCF、分组数据服务节点（PDSN）、认证、授权、计费（AAA）、本地代理（HA）。该部分主要用于控制分组数据业务。其中 PDSN 负责管理用户通信状态，转发用户的数据到另外一个 MSC 网络中。AAA 主要用来对用户的权限和计费进行管理。

智能网部分包括 MSC、业务交换点（SSP）、IP、业务控制节点（SCP）等。智能网是目前移动通信系统中一个非常重要的部分，许多新业务都需要用智能网来展开。

短消息中心（MC）主要完成与短消息相关的业务。

无线应用协议（WAP）主要完成一系列网络协议的转换，将 Internet 与移动通信网联系起来。

定位部分是CDMA提供的一个特殊服务，主要用在各种切换技术中。

5.3.4　主要接口

CDMA2000系统的主要接口如图5-7所示。

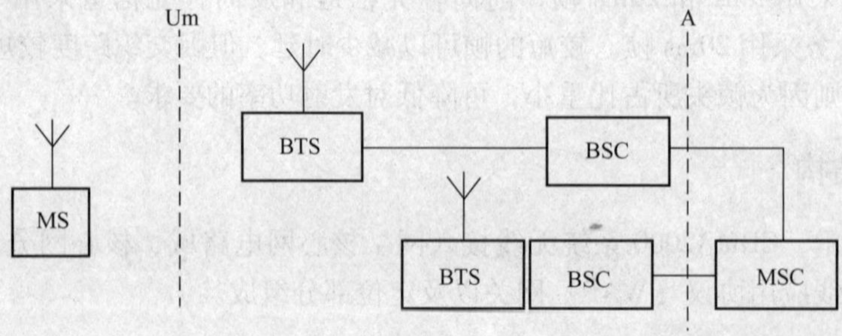

图5-7　CDMA2000系统主要接口

A接口为网络子系统（NSS）与基站子系统（BSS）之间的通信接口，也是移动业务交换中心（MSC）与基站控制器（BSC）的互联接口，采用标准的2.048Mbit/s的PCM数字传输链路来实现。传递的信息包括移动台管理、基站管理、移动性管理、接续管理等。

Um接口（空中接口）定义为移动台与基站收发信机（BTS）之间的通信接口，用于移动台与系统固定部分之间的通信，通过无线链路实现。传递的信息包括无线资源管理、移动性管理和接续管理等。

除这两个接口外，系统还具有以下接口：

1）Abis：用于BTS和BSC之间连接；

2）A1：用于传输MSC与BSC之间的信令；

3）A2：用于传输MSC与BSC之间的话音；

4）A3：用于传输BSC与SDU（业务数据单元）之间的用户话务（包括语音和数据）和信令：

5）A7：用于传输BSC之间的信令，支持软切换：

6）A8：用于传输BSC和PCF之间的用户业务信息；

7）A9：用于传输BSC和PCF之间的信令；

8）A10：用于传输PCF和PDSN之间的用户业务信息；

9）A11：用于传输PCF和PDSN之间的信令。

5.3.5　空中接口的分层结构

如图5-8所示，CDMA2000标准中的内容就是按此层次结构组织起来的，其中：

1）物理层：处于体系结构的最底层，通过各种物理信道，完成高层信息和空中无线信号的相互转换，几乎所有系统特性都靠物理层来保证和实施，它是无线通信系统的基础。物理层主要做一些信道处理、编码调制的工作。

2）MAC子层：是为了适应更高的带宽以及处理更多种类业务的需要，按照物理层的定时要求，及时地向物理层特定信道发送数据或从那里接收数据，并完成逻辑信道和具体信道

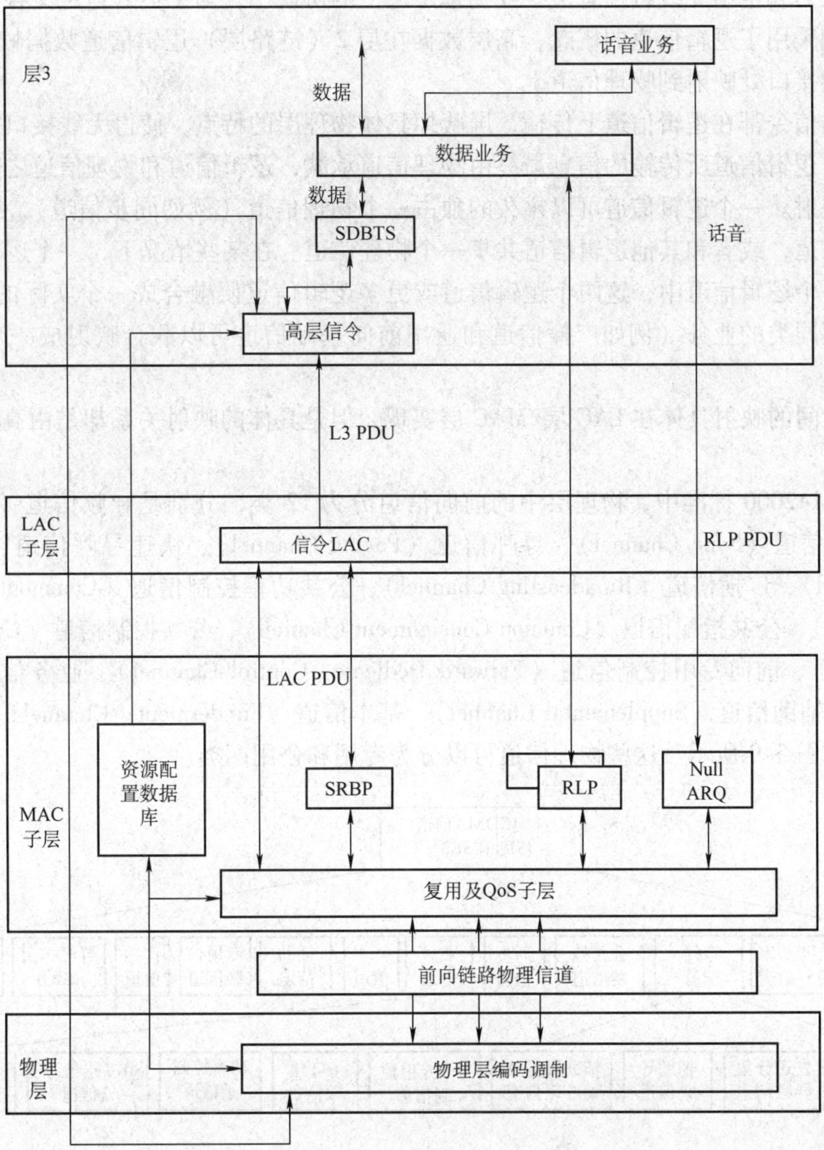

图 5-8　CDMA2000 系统空中接口分层结构图

的转换。

3）LAC 子层：主要与信令信息有关，为高层的信令提供在无线信道上的正确传输与发送。

4）层 3：侧重于描述系统的控制信息的交互。通过 LAC 子层提供的服务，利用各种逻辑信道，按照通信协议的规定完成基站和移动台的信令消息交互，完成一些基本的承载业务。

5.3.6　信道分配

CDMA2000 定义了逻辑信道和物理信道两个概念。物理信道是 CDMA2000 标准中物理层的描述对象，和空中无线特性有关。在物理层之上的协议中，为了更好地定义各种业务并便于控制，则采用了逻辑信道的概念，高层数据在层2（链路层）逻辑信道数据帧，并在层2和物理层的接口处映射到物理信道上。

高层的信令都在逻辑信道上传输，屏蔽掉具体物理层的特点，使得无线接口对高层来说是透明的。逻辑信道所传输的信息最终由物理信道承载，逻辑信道和物理信道之间的对应关系称之为映射。一个逻辑信道可以永久的独占一个物理信道（例如同步信道），或临时独占一个物理信道，或者和其他逻辑信道共享一个物理信道。在某些情况下，一个逻辑信道可以映射到另一个逻辑信道中，这两个逻辑信道或更多逻辑信道便融合成一个实际的逻辑信道，可以传送不同类的业务（例如广播信道和通用前向基础信道可以联合映射成一个公共信令逻辑信道）。

信道之间的映射具体在LAC层/MAC层实现，但是具体的映射关系却是由高层，即层3确定的。

在CDMA2000标准中，物理层中的前向信道分为12类，分别是导频信道（Pilot Channel）、同步信道（Sync Channel）、寻呼信道（Paging Channel）、快速寻呼信道（Quick Paging Channel）、广播信道（Broadcasting Channel）、公共功率控制信道（Common Power Control Channel）、公共指配信道（Common Consignment Channel）、公共控制信道（Common Control Channel）、前向专用控制信道（Forward Dedicated Control Channel）、业务信道（Traffic Channel）、辅助信道（Supplemental Channel）、基本信道（Fundermental Channel）。前向物理信道分配如图5-9所示。这些物理信道可以分为专用和公用两类。

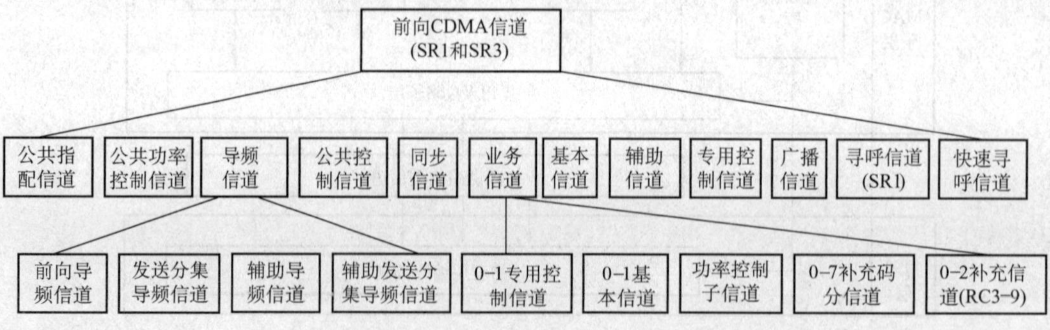

图5-9 CDMA2000前向物理信道

其中前向公用信道包括：导频信道、同步信道、寻呼信道、广播控制信道、快速寻呼信道、公共功率控制信道、公共指配信道和公共控制信道。其中前3种是和IS-95X系统兼容的，后面是CDMA2000新定义的信道。其中部分信道的功能如下。

1）导频信道：导频信道不停地发送不含数据信息的扩频信号。基站覆盖区中的移动台利用导频信号获取同步，同时也为移动台越区切换提供依据，此外导频信号也是移动台开环功率控制的依据。

2）同步信道：在基站覆盖区中，处于开机状态的移动台通过同步信道来获得初始的时间同步。

3）寻呼信道：每个基站包括一个或最多7个寻呼信道。当呼叫时，在移动台没有转入业务信道之前，基站通过寻呼信道传送控制信息给移动台。当需要时，寻呼信道可以变成业务信道，用于传输用户业务数据。寻呼信道的作用如下：①定时发送系统信息，使移动台能收到入网参数，为入网做准备；②基站通过它寻呼移动台。

4）广播控制信道：基站用来发送系统开销信息以及需要广播的信息，可工作在非连续方式。

5）快速寻呼信道：基站用来通知在覆盖范围内的工作于时隙模式且处于空闲状态的移动台工作信息。

6）公共功率控制信道：对多个反向控制信道进行功率控制。

7）公共指配信道：用来发送反向信道快速响应的指配信息。

8）公共控制信道：基站用来发送给指定移动台的消息，数据速率高，更可靠。

反向物理信道分配如图 5-10 所示。部分信道的功能如下。

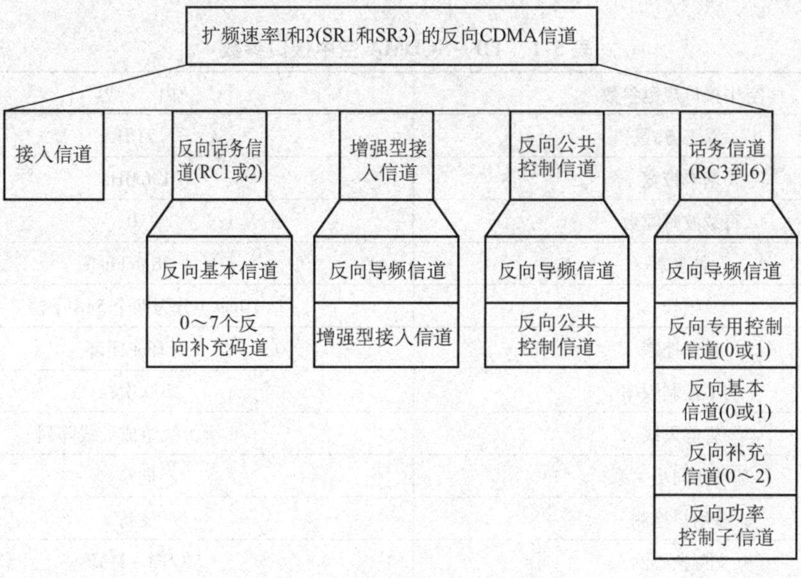

图 5-10　CDMA2000 反向物理信道

1）接入信道：由移动台使用，用于源发与基站的通信或响应寻呼信道消息。

2）增强型接入信道：由移动台用于源发与基站的通信或响应指向移动台的消息，也可用于发送中等大小的数据分组。增强型接入信道有 3 种可能的工作模式：基本接入模式、功率控制接入模式和预约接入模式。功率控制接入模式和预约接入模式可以工作于同一个增强型接入信道。基本接入模式工作于独立的增强型接入信道。

3）反向公共控制信道：用于当无反向话务信道可用时向基站发送用户和信令信息。

4）反向专用控制信道：用于呼叫中向基站发送用户和信令信息，反向话务信道可以包含一个专用控制信道。

5）反向基本信道与反向补充信道：其中反向基本信道用于在呼叫中向基站发送用户和信令信息。反向业务信道可以包含一个反向基本信道。反向补充信道用于在呼叫中向基站发送用户信息。反向话务信道包含最多 2 个反向补充信道。

6）反向补充码道：用于在呼叫中向基站发送用户信息。

7）反向导频信道：用于辅助基站检测移动台的发送信号。

8）反向功率控制子信道：用于移动台调节发射功率，消除远近效应。

5.4 TD－SCDMA

TD－SCDMA的中文含义为时分同步码分多址接入，它是第一次由中国提出并在此无线传输技术（RTT）的基础上与国际合作，成为CDMA TDD标准的一员的，这是中国移动通信界的一次创举，也是中国对第三代移动通信发展的贡献。在与欧洲、美国各自提出的3G标准的竞争中，中国提出的TD－SCDMA已正式成为全球3G标准之一，这标志着中国在移动通信领域已经进入世界领先行列。该方案的主要技术集中在大唐电信集团手中，它的设计参照了TDD（时分双工）在不成对的频带上的时域模式。TD－SCDMA空中接口参数如表5-1所示。

表5-1 TD－SCDMA空中接口参数

空中接口规范参数	内 容
双工方式	TDD
基本带宽	1.6MHz
每载波时隙数	10
码速率	1.28Mchip/s
帧长	10ms（分为两个5ms子帧）
功率控制	开环＋闭环
功率控制频率	200次/s
智能天线	8个天线组成天线阵列
基站间同步关系	同步
多用户检测	支持
支持核心网	GSM－MAP
扩频方式	DS SF＝1/2/4/8/16
上行同步精度	1/8码片
调制方式	QPSk/8PSK

5.4.1 TD－SCDMA的优势

TD－SCDMA是建立在我国自主知识产权基础上的国际技术标准，具有技术领先、频谱效率高并能实现全球漫游、适于网络规划和优化、适合各种对称和非对称业务、建网和终端的性价比高等5大突出优势。

5.4.1.1 TD－SCDMA的技术优势

TD－SCDMA是TDD和CDMA、TDMA技术的完美结合，具有下列技术优势。

1）采用时分双工（TDD）技术，只需一个1.6MHz带宽，而以FDD为代表的CDMA2000需要1.25×2MHz带宽，WCDMA需要5×2MHz带宽才能通信；其话音频谱利用率比WCDMA高2.5倍，数据频谱利用率甚至高3.1倍，无须成对频段，适合多运营商环境。

2）采用智能天线、联合检测和上行同步等大量先进技术，可以降低发射功率，减少多址干扰，提高系统容量；采用“接力切换”技术，可克服软切换大量占用资源的缺点；采用 TDD 后不需要双工器，可简化射频电路，系统设备和手机成本较低。

3）采用 TDMA 更适合传输下行数据速率高于上行的非对称因特网业务。而 WCDMA 并不适合，不得不在 R5 版本中增加高速下行链路分组接入（HSDPA）。

4）采用软件无线电先进技术，更容易实现多制式基站和多模终端，系统更易于升级换代，更适合在开通 GSM 网络的大城市热点地区首先建设，借以满足局部用户群对 384kbit/s 多媒体业务的需求，通过 GSM/TD 双模终端以适应两网并存的过渡期用户漫游切换的要求。

5）采用 TDD 与 TDMA 更易支持 PTT 业务和实现新一代数字集群。

5.4.1.2　TD－SCDMA 的频率优势

1. 频率资源充裕

中国的 3G 频率规划比起 ITU 来，对适合时分双工的 50MHz 频带增加了两倍多，达 105MHz。

通常，一个完整的组网方案往往需要具备 4 个频点才能实现网络覆盖的基本功能。对数据业务带宽的需求是话音带宽的 2 倍，需要 20MHz 带宽。

TD－SCDMA 的单载波带宽为 1.6MHz，核心频段 55MHz，有 33 个核心频点，补充频段 100MHz，有 62 个补充频点，所以说 TD－SCDMA 有着丰富的频率资源。话音业务需要 6 个频点（10MHz 带宽），数据需要 12 个频点（20MHz 带宽），盲区覆盖需要 1 个频点，室内覆盖需要 1 个频点，保护间隔需要 1 个频点，这样共需要 21 个频点，考虑到话音业务带宽的富裕性，30MHz 带宽（18 个频点）能够满足一个独立 TD－SCDMA 网络的需要。

而 WCDMA 单载波带宽为 5×2MHz，核心频段 60×2MHz，有 12 个核心频点，补充频段 30×2MHz，有 6 个补充频点；而 WCDMA 和 CDMA2000 共享 90MHz×2 的频段，因此 WCDMA 的频率资源匮乏。话音业务需要 1 个频点（5×2MHz 带宽），数据需要 2 个频点（10×2MHz 带宽），盲区覆盖需要 1 个频点，室内覆盖需要 1 个频点，保护间隔需要 1 个频点，这样共需要 6 个频点，考虑到不同阶段的组网对频点消耗的浪费性，40×2MHz 带宽（8 个频点）基本能够满足一个独立 WCDMA 网络的需要。如果一个运营商只能分到 20×2MHz 带宽，那么必须采用“一次规划，分期建设”的策略，由于业务开展和网络质量具有不可预测性，这样建网成本将急剧上升。

2. 频谱效率高

对于话音业务，10MHz 带宽按 0.02Erl，WCDMA 可以支持 64 个（由于呼吸效应采用 50% 轻载）AMR 12.2 话音信道，覆盖 3200 用户。TD－SCDMA 可以支持 144 个（没有呼吸效应可以满载）AMR 12.2 话音信道，覆盖 7200 个用户。

TD－SCDMA 由于综合采用 FDMA、TDMA 和 CDMA 的混合复用技术，同时结合智能天线和联合检测等抗干扰技术，能够有效地抵消干扰，使系统能够在满码道的条件下工作，因此，频谱效率高，能够满足未来扩展需求。

3. 适于全球漫游

TD－SCDMA 独享 TDD 频段，拥有全球一致的频率划分，全球核发实际有效许可证为 124 张，其中 TDD 占有 104 张，为 TD－SCMDA 在全球的推广和漫游创造了得天独厚的有利条件。同为 FDD 模式的 WCDMA 及 CDMA2000 在频谱的实际划分上难免出现分歧，都不可能直接实现全球漫游，只有通过多模终端才能解决。

5.4.1.3 TD－SCDMA的组网优势

1. 网络没有呼吸效应

用户数的增加使覆盖半径收缩的现象称之为呼吸效应，每种业务用户数的变化都会导致所有业务的覆盖半径发生变化。其主要原因是CDMA是一个自干扰系统，当用户数显著增加时，用户产生的自干扰呈指数增加，因此呼吸效应是一般CDMA系统的一个天生缺陷。CDMA2000和WCDMA的无线接入除了扩频带宽有差别外，所用技术近似，WCDMA的每个载波占用5×2MHz带宽，最大可以支持128个AMR 12.2话音信道，自干扰随用户数呈指数增加，主要靠功率控制技术来降低自干扰，并没有从根本上消除自干扰，所以呼吸效应现象明显，实际只可支持64个话音信道。

TD－SCDMA的每个载波仅占1.6MHz带宽，每个载波又进一步划分出多个时隙，类似GSM网络，它通过低带宽FDMA和TDMA时隙的划分消除了系统的绝大部分干扰，使产生呼吸效应的因素显著降低；由于在每个时隙中采用CDMA技术来提高容量，产生呼吸效应的唯一原因是单时隙中多个用户之间的自干扰，由于其单时隙最多只能支持8个AMR 12.2的话音信道，单时隙用户数量少使自干扰较少；同时，这部分自干扰通过联合检测和智能天线技术被进一步抑制，因此TD－SCDMA不再是一个干扰受限系统，而是一个码道受限系统，覆盖半径不随用户数的增加而变化，即没有呼吸效应。

2. 网络规划能同时保证各种业务的连续覆盖

从3G网络规划的角度看，根据链路预算研究表明，WCDMA各种业务的扩频因子不同，各种业务的覆盖半径差距较大，无法解决高速业务连续覆盖和低速业务干扰严重的弊病。覆盖采用不同半径的同心圆来进行，即“同心覆盖”，这给网络规划带来了麻烦，如果保证语音业务的连续覆盖，就不能保证高速数据业务；如果保证高速数据业务的连续覆盖，语音业务的覆盖就有很大重叠，相互之间会存在严重的干扰。使得其在网络规划时不得不采用“一次规划，分期建设”的策略，这需要在规划初期就对未来市场的容量和业务需求做出准确预测，实际上现在对未来3G市场很难准确地预测，当市场的需求与最初的预测不同时，只能进行优化，情况严重时需要限制业务的发展。WCDMA网络规划分期建设策略难于实施，后期网络拓扑结构前向兼容性差，需要搬迁前期网络基站，对网络质量的稳定性影响较大。

TD－SCDMA频率资源丰富，没有呼吸效应，使得其各业务的覆盖半径近似相同，即“同径覆盖”，因此能同时保证各业务的连续覆盖，有最接近理想蜂窝结构的网络拓扑结构。使得其网络规划策略为“多次规划，分层建设”。多次规划是指：根据不同时期的市场需求进行相应的网络规划，保证了建网与市场需求同步，满足各业务随时间不断演进的需求，避免资源浪费。分层建设是指：通过增加频点来满足不同时期和不同情况下的容量和业务需求，对站址和覆盖不做变动，保持各次规划之间的相互独立。后期网络建设不影响前期网络，使网络健康发展。

3. 网络优化最佳

从3G网络优化的角度看，WCDMA和CDMA2000只能采用“同频加站补盲”的“硬优化”策略来补盲区和吸收话务量，这种方法在解决了局部问题的同时，又引入了邻区干扰加重、邻区配置复杂等一系列问题，甚至需要调整原规划中的网络拓扑结构（搬迁部分原有站点），必然会造成大量的网络质量问题。

TD-SCDMA 网络采用“异频加站补盲”的“软优化”策略来解决覆盖盲点和容量超载，不会增加邻区干扰，原网络性能不受新加基站的影响。软优化策略也使得 TD-SCDMA 系统能够在不改变原有站点分布的情况下，解决因环境变化而带来的盲区覆盖，及因业务变化而带来的容量超载。同时，丰富的无线资源也使得 TD-SCDMA 的组网可以采用全向或定向、单载频或多载频、同频或异频组网等不同组合方式，以适应不同的环境和业务需求。再者，TD-SCDMA 还利用软件无线电技术使网络通过调整或升级该系统的软件算法来应对由于地物地貌或者信号传播特性变化等问题，确保了网络质量在所有阶段都是最优的。

5.4.1.4 TD-SCDMA 的业务优势

TD-SCDMA 业务是基于 TDD（时分双工）模式下的 TDMA 传输方式。在每个无线信道时域里的一个定期重复的 TDMA 帧结构被分为 8 个时隙，通过改变上/下行链路间时隙的转换点，能够适应从低速率语音业务到高速率因特网业务以及对称和非对称的所有 3G 业务。

该系统无须改变原基站和用户终端里射频硬件即可获得相应的系统性能。从 8kbit/s 到 2Mbit/s 的速率，从对称业务到非对称业务的上/下行链路的 TDD 时隙比的变化，都是通过专门的 DSP 软件来实现的。

在 TD-SCDMA 方案里，像语音和多媒体信号这种多个低速率信号并行传输的情况，将采用 CDMA 传输方式。由于 TD-SCDMA 的基础 TDMA 帧结构的特性，每一瞬间全部用户被分发到每方向的时隙上。在多信号 TDMA/CDMA 传输方式下，每个编码的 CDMA 信道在每 5ms 的帧结构上一个定期重复的时隙里工作。通过引入联合检测技术，一方面，CDMA 检测条件不会因为链路的干扰和用户的高速运动而丢失。另一方面，可以获得一个最大的 CDMA 高负载因子，以支持每个时隙上最多的用户。对多个信号的 CDMA 传输，基本的 TDMA 帧的时隙最多可同时支持 16 个不同的 CDMA 信号。

对串行的高速信号的传输，如因特网和其他包交换信号，则采用不扩频的 TDMA 传输方式。因此，高速数据传输运行在高速 TDMA 中，包交换的高速串行用户信号和因特网业务是用 1.28Msymbol/s 的符号速率被传送的。此时，对于高载波信号干扰比的无线环境，用户数据速率是 2Mbit/s（8PSK 调制）。对于低载波信号干扰比环境，用户速率由于采用更可靠的 QPSK 调制降为 768kbit/s；随着载波信号干扰比的进一步降低和干扰的增强而采用更多的冗余来维持信号质量，信号速率将逐渐降为 384kbit/s、192kbit/s 和 96kbit/s。

5.4.1.5 TD-SCDMA 的成本优势

TD-SCDMA 的成本优势来源于技术优势。它通过 CDMA 来提升系统容量，通过低带宽载波和 TDMA 来抑制系统的主要干扰，通过智能天线和联合检测技术来抑制剩余的 CDMA 干扰。这样，在网络容量上 TD-SCDMA 具有较高的容量，在网络覆盖上 TD-SCDMA 支持边缘覆盖和各业务覆盖半径相同，在网络特性上 TD-SCDMA 没有呼吸效应。这使 TD-SCDMA 的网络容量和抗干扰得到很好均衡。同时，TD-SCDMA 通过 TDD 方式来提高对不对称业务的支持效率，并在标准中充分考虑对混合业务的支持，使它对混合业务具有很高的灵活性和扩展性。

1. 系统设备单信道成本便宜一半

3G 系统主要包括核心网、基站控制器和基站，3G 系统的投资最主要在基站，基站成本成为衡量系统设备成本的标志；TD-SCDMA 与 3G 的其他两种技术体制相比，核心网和基站控制器的成本没有明显的差别；不同技术标准的基站差别较大，成本差别也较大。

TD-SCDMA系统的单基站成本，由于采用了智能天线技术，用多个低功率功放代替大功率功放，节省了大量的射频成本；同时，它的天线和馈线的数量较多，虽可通过基站和天馈一体化来节约成本，但由于站址的环境限制，其天馈成本还是相对较高；综合考虑，其单基站的成本比WCDMA略有优势。

TD-SCDMA系统的单信道成本，要比WCDMA系统的便宜56%以上。10MHz带宽（上、下行链路各5MHz）WCDMA极限信道容量为128个AMR 12.2话音信道，由于呼吸效应只能按50%轻载设计，这样，其最大可以利用的信道容量为64个AMR 12.2话音信道。10MHz带宽TD-SCDMA有6个频点，其极限信道容量为144个AMR 12.2话音信道，它没有呼吸效应可以满载设计。可见，WCDMA信道数量只是TD-SCDMA信道数量的44%，考虑到单基站成本基本相当，TD-SCDMA单信道成本只是WCDMA单信道成本的44%。对于不对称数据信道，由于TD-SCDMA可以通过调整上/下行链路间的转换点来进一步提升容量，其不对称数据信道的成本要远低于44%。

2. 各期建网成本大大降低

网络建设大致可分为覆盖驱动期、容量驱动期和成熟期3个阶段，TD-SCDMA在网络建设的不同阶段具有成本优势。

建设初期即为覆盖驱动期，要求扩大和完善覆盖、对多业务进行低成本的连续覆盖是该期的主要任务；TD-SCDMA每种业务的覆盖半径相同，并且能够进行广域覆盖，同时后期的网络建设不需要对前期网络进行调整，能够节省30%以上的基站数量。

随着用户数、业务类型和业务量不断上升，一些高业务区的业务类型和网络容量不能满足要求，此时网络需要扩容，即为容量驱动期，网络质量稳定、网络容量和业务类型能够快速扩展是该期的主要任务；TD-SCDMA没有呼吸效应，并且频点丰富，同时对多业务的支持比较灵活，这使得网络质量比较稳定，业务类型和容量扩展相当快捷，可节省大量的时间成本并提升业务收入。

覆盖和容量交替驱动着网络的发展，当用户数和业务量增长缓慢或停滞，覆盖和容量已基本满足要求，即进入了成熟期，使网络便于维护是该期的主要任务；TD-SCDMA的频谱效率高，在相同容量情况下，基站数量要少15%以上，同时结合其软件无线电技术，使得维护成本和升级成本具有较大优势。

网络建设除了系统设备，还包括站址、机房、传输、电源、天线、铁塔等，由于社区景观和环保问题，站址获取越来越难，共享站址和配套资源已成为3G建设的主要问题；TD-SCDMA系统由于对站址分布要求低，原有站址和配套资源的利用率较高，90%以上的站址可以利用原有站址；而WCDMA系统的站址重用率不超过60%。同时，TD-SCDMA系统在不同阶段的网络建设不需要调整原有网络，使网络建设的工程量得到显著降低。

此外，对于运营来说，TDD便于获得单一频段，可节省大量频率使用费；干扰可控、支持异频叠加覆盖、码资源规划灵活等特点使网规网优设计简化，可为运营商节省大量技术培训费和人力资本费。加上专利和芯片的节约，将使运营商部署3G的成本可能是其他两种3G技术的1/5。

3. 终端成本优势明显

TDD不用双工器和大功率线性功放，可简化射频电路，使得系统设备和手机成本较低。

已有 4 家厂商相继推出 TD－SCDMA/GSM 双模手机芯片，大大加速了 TD－SCDMA 手机商用化步伐。无论采用哪一个欧美的通信标准，国内企业都要交纳高额的专利使用费，即使按 5%计算，几年累计即可高达 500 亿元，如果再加上入门费、芯片费，金额之大，更是惊人。而 TD－SCDMA 拥有自主知识产权，掌握核心技术，具有中国开发生产的芯片，使得专利费用和终端价格会显著降低。特别是基于自主知识产权开发的芯片、终端和系统，国家的安全更有保证。

5.4.2　网络结构

如图 5－11 所示，TD－SCDMA 系统由核心网（CN）、无线接入网（UTRAN）和手机终端（UE）组成。

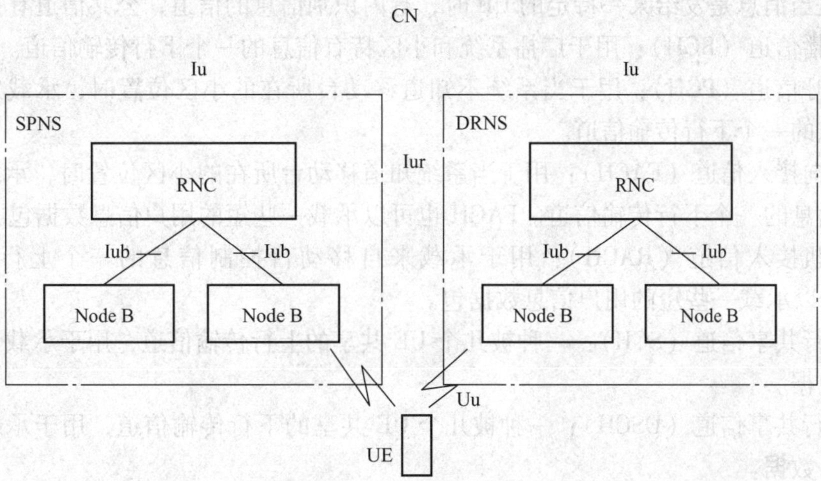

图 5－11　TD－SCDMA 系统网络结构

UTRAN 由基站控制器 RNC（Radio Network Controller，无线网络控制器）和基站 Node B 组成。

CN 通过 Iu 接口与 UTRAN 的 RNC 相连。Iu 接口可分为连接到电路交换域的 Iu－CS、连接到分组交换域的 Iu－PS 和连接到广播控制域的 Iu－BC 接口。Node B 与 RNC 之间由 Iub 相连。在 UTRAN 内部，RNC 通过 Iur 接口进行信息交互。Node B 与 UE 之间通过 Uu 接口交换信息。

5.4.3　系统信道

如图 5－12 所示，TD－SCDMA 系统中存在 3 种信道模式：逻辑信道、传输信道和物理信道。其中：

1）逻辑信道是 MAC 子层向上层提供的服务，描述的是承载的信息类型。

2）传输信道作为物理层向高层提供的服务，描述的是所承载信息的传送方式。

3）物理信道是系统直接发送信息的通道，即在空中传输信息的物理信道。

传输信道作为物理层提供给高层的服务，通常分为公共信道和专用信道。专用信道（DCH）是一个用于上下行链路，承载网络和 UE 之间的用户或控制信息的上下行传输信道。

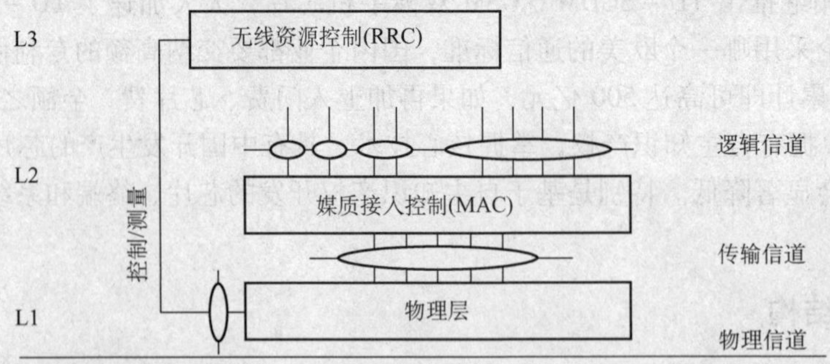

图5-12 TD-SCDMA无线接口协议体系结构

公共信道是当消息是发给某一特定的UE时，有内识别信息的信道，公共信道有：

1）广播信道（BCH）：用于广播系统和小区特有信息的一个下行传输信道。

2）寻呼信道（PCH）：用于当系统不知道移动台所在的小区位置时，承载发向移动台的控制信息的一个下行传输信道。

3）前向接入信道（FACH）：用于当系统知道移动台所在的小区位置时，承载发向移动台的控制信息的一个下行传输信道。FACH也可以承载一些短的用户信息数据包。

4）随机接入信道（RACH）：用于承载来自移动台控制信息的一个上行传输信道。RACH也可以承载一些短的用户信息数据包。

5）上行共享信道（SCH）：一种被几个UE共享的上行传输信道，用于承载专用控制数据或业务数据。

6）下行共享信道（DSCH）：一种被几个UE共享的下行传输信道，用于承载专用控制数据或业务数据。

TD-SCDMA的物理信道由4层结构组成：系统帧、无线帧、子帧和时隙/码。依据不同的资源分配方案，子帧或时隙/码的配置结构可能有所不同。时隙能够在时域和码域上区分不同用户信号，具有TDMA的特性，图5-13给出了物理信道的信号格式。

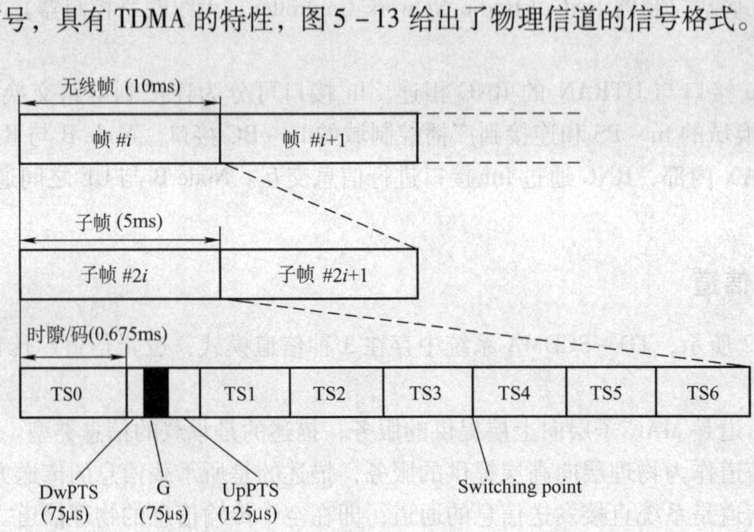

图5-13 TD-SCDMA物理信道信号格式

TDD 模式下的物理信道是将一个突发在所分配的无线帧的特定时隙发射。无线帧的分配可以是连续的，即每一帧的相应时隙都可以分配给某物理信道，也可以是不连续的分配，即仅有部分无线帧中的相应时隙分配给该物理信道。一个突发由数据部分、Midamble 部分和一个保护间隔组成。一个突发的持续时间就是一个时隙。

物理信道分为为两大类：专用物理信道和公共物理信道。

专用物理信道（DPCH）由 DCH（Dedicated Channel，专用信道）映射而来，支持上下行数据传输，下行通常采用智能天线进行波束赋形。

公共物理信道可以分为以下几种：

1）主公共控制物理信道（PCCPCH）：由广播信道（BCH，Broadcast Channel）映射而来。PCCPCH 的位置（时隙/码）是固定的（TS0）。PCCPCH 需要覆盖整个区域，不进行波束赋形，其扩频因子为16。

2）辅助公共控制物理信道（SCCPCH）：由 PCH 和 FACH 映射而来，扩频因子为16。

3）物理随机接入信道（PRACH）：由 RACH 映射而来，扩频因子为16，8 或4。

4）快速物理接入信道（FPACH）：它是 TD－SCDMA 系统独有的信道，用作对 UE 发出的 UpPTS 信号的响应，支持建立上行同步，采用固定扩频因子16。

5）物理上行共享信道（PUSCH）：由 USCH（Uplink Shared Channel，上行链路共享信道）映射而来。

6）物理下行共享信道（PDSCH）：由 DSCH（Downlink Shared Channel，下行链路共享信道）映射而来。

7）寻呼指示信道（PICH）：用来承载寻呼指示信息，扩频因子为16。

8）下行导频信道（DwPCH）：承载在 DwPTS 时隙上，主要完成下行导频和下行同步。

9）上行导频信道（UpPCH）：承载在 UpPTS 时隙上，主要完成用户接入过程中的上行同步。

5.5 WiMAX

2007 年10 月19 日，国际电信联盟（ITU）批准 WiMAX 标准成为 ITU 移动无线标准。从此，在移动通信技术领域，WiMAX 势必将成为未来全球通信架构中的一个重要组成部分。

5.5.1 WiMAX 标准

WiMAX 论坛是由通信行业众多知名的设备制造商共同组建的。这个组织对基于 IEEE 802.16 标准的设备进行互操作性和一致性方面的认证。IEEE 是标准的制定者，WiMAX 论坛是标准的推动者，WiMAX 论坛将对产品是否符合标准进行验证。可以说，WiMAX 几乎就是 802.16 的代名词。

IEEE 802.16 是一种在无线接入系统方面的新协议，它定义了无线城域网的空中接口。该标准从1999 年开始研拟，并在2001 年、2003 年发表2 种基于单载波的固定式传输的技术标准 IEEE 802.16－2001 和 IEEE 802.16a。2004 年发表了基于正交频分复用（OFDM，Orthogonal Frequency Division Multiplexing）的固定式应用技术标准 IEEE802.16d。随后又推出了针对移动应用的技术标准 IEEE802.16e 标准。

随着技术的进步，WiMAX 标准在不断地演进，相关标准详见表5－2。

表5-2 IEEE 802.16系列各标准相对应的技术领域

标准号	相对应的技术领域
802.16	10~66GHz固定宽带无线接入系统空中接口
802.16a	2~11GHz固定宽带接入系统空中接口
802.16c	10~66GHz固定宽带接入系统的兼容性
802.16d	2~66GHz固定宽带接入系统空中接口
802.16e	2~6GHz固定和移动宽带无线接入系统空中接口管理信息库
802.16f	固定宽带无线接入系统空中接口管理信息库（MIB）要求
802.16g	固定和移动宽带无线接入系统空中接口管理平面流程和服务要求

IEEE 802.16系列标准主要定义了空中接口的物理层和MAC层规范。MAC层独立于物理层，并能支持多种不同的物理层。IEEE 802.16系列标准协议参考模型如图5-14所示。

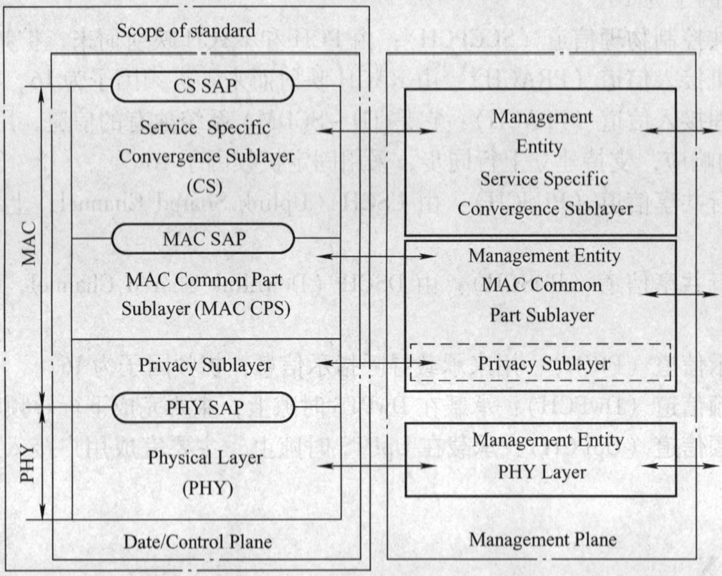

图5-14 IEEE 802.16系列标准协议参考模型

5.5.2 WiMAX技术特点

WiMAX具有以下主要技术特点：

（1）覆盖范围大 WiMAX能为50km范围内的固定站点提供无线宽带接入服务，或者为5~15km范围内的移动设备提供同样的接入服务。其覆盖范围与其他网络相比如图5-15所示。WiMAX之所以能够有这么大的覆盖范围是因为标准中采用了很多先进技术，包括先进的网络拓扑（网状网）、OFDM和天线技术（波束成形、天线分集和多扇区）。另外，WiMAX还针对各种传播环境进行了优化。

（2）无线数据传输性能强 WiMAX技术支持TCP/IP。TCP/IP的特点之一是对信道的传输质量有较高的要求，无线宽带接入技术面对日益增长IP数据业务，必须适应TCP/IP对信道传输质量的要求。同时，WiMAX技术在链路层加入了ARQ机制，减少到达网络层的信息差错，可大大提高系统的业务吞吐量。此外，WiMAX采用天线阵、天线极化方式等天线分集技术来应对无线信道的衰落。这些措施都提高了WiMAX的无线数据传输的性能。

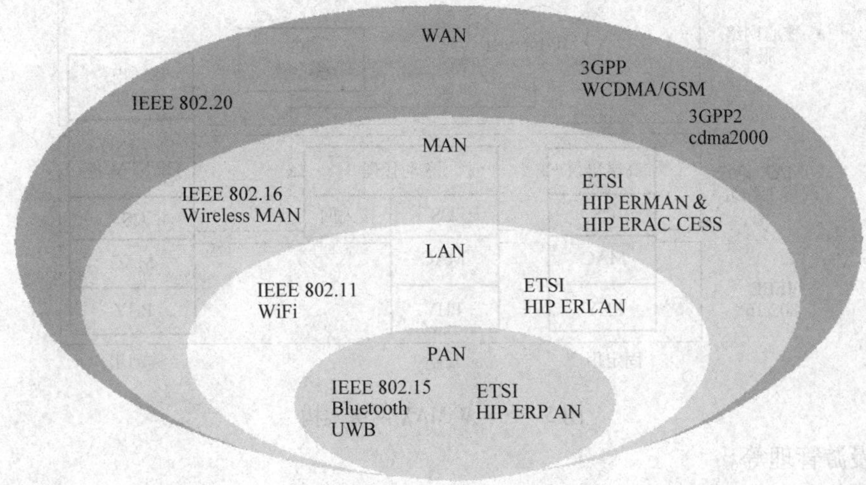

图5-15　网络覆盖范围划分

(3) 数据传输速率高　WiMAX技术具有足够的带宽，支持高频谱效率，其最大数据传输速率可高达75Mbit/s，是3G所能提供的传输速率的30倍。即使在链路环境最差的环境下，也能提供比3G系统高得多的传输速率。

(4) 支持QoS　WiMAX向用户提供具有QoS性能要求的数据、视频、话音（VoIP）业务。WiMAX提供3种等级的服务：CBR（Constant Bit Rate，固定带宽）、CIR（Committed Information Rate，承诺带宽）、BE（Best Effort，尽力而为）。CBR的优先级最高，任何情况下网络操作者与服务提供商以高优先级、高速率及低延时为用户提供服务，保证用户订购的带宽。CIR的优先级次之，网络操作者以约定的速率来提供，但速率超过规定的峰值时，优先级会降低，还可以根据设备带宽资源情况向用户提供更多的传输带宽。BE则具有更低的优先级，这种服务类似于传统IP网络的尽力而为的服务，网络不提供优先级与速率的保证。在系统满足其他用户较高优先级业务的条件下，尽力为用户提供传输带宽。

(5) 可靠的安全性　如图5-14所示，WiMAX技术在MAC层中利用一个专用子层来提供认证、保密和加密功能。

(6) 业务功能丰富　WiMAX技术支持具有QoS性能要求的数据、视频、话音（VoIP）业务。支持不同的用户环境。在同一信道上可以支持上千个用户。

5.5.3　WiMAX网络架构

如图5-16所示，WiMAX网络可以分为3部分：终端、接入网和核心网。

接入网又可以分为基站（BS，Base Station）和接入网关（ASNG，Access Service Network Gateway）。接入网的功能包括为终端的AAA（认证、授权和计费）提供代理、支持网络服务协议的发现和选择、IP地址的分配、无线资源管理、功率控制、空中接口数据的压缩和加密以及位置管理等。

WiMAX核心网主要实现漫游、用户认证以及WiMAX网络与其他网络之间的接口功能，包括用户的控制与管理、用户的授权与认证、移动用户终端的授权认证、归属网络的连接、与2G/3G等其他网络的核心网的互通、防火墙、VPN、合法监听等安全管理、网络选择与

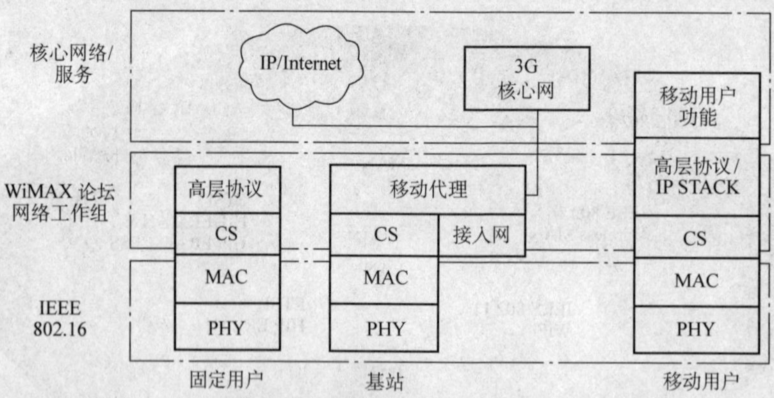

图 5-16 WiMAX 网络架构

重选以及漫游管理等。

WiMAX 网络架构可以分为不支持漫游和支持漫游两种，分别如图 5-17 和图 5-18 所示。

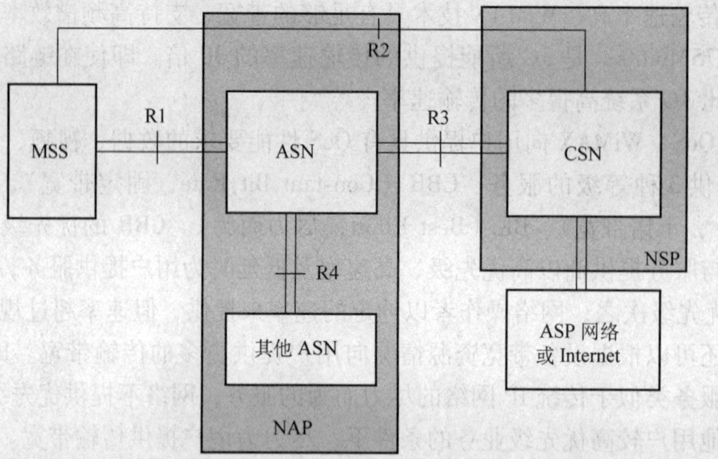

图 5-17 非漫游 WiMAX 网络架构

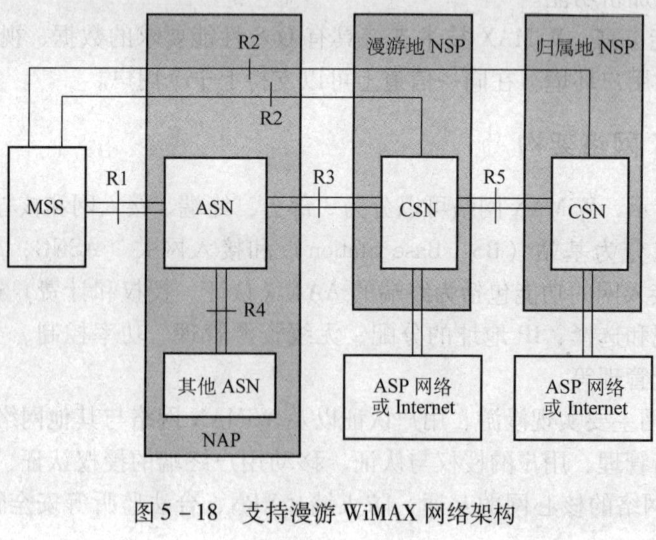

图 5-18 支持漫游 WiMAX 网络架构

WiMAX 网络结构主要由接入业务网（ASN）和连接业务网（CSN）组成。ASN 的功能如下：

1）发现网络，根据策略选取基站，获得无线接入服务，在基站和用户终端之间建立 2 层连接，同时进行无线资源管理。

2）将 AAA 控制消息传递给用户的归属网络业务提供商，协助完成认证、业务授权和计费等功能。

3）协助高层与用户终端建立 3 层连接，分配 IP 地址，并完成接入业务网络和连接业务网络之间的隧道建立和管理。

4）根据分级结构进行接入业务网络内的移动性管理，包括所有类型的切换，并进行接入业务网络内的寻呼和位置管理。

5）存储临时用户信息列表。

接入业务网络由基站和接入业务网关两部分组成，这两部分功能如下：

1）基站用于完成 WiMAX 网络空中接口功能，包括物理层与 MAC 层的调度以及切换、功率控制和网络接入功能，并更新无线资源管理和用户活动状态，支持密钥管理和会话管理功能。

2）接入业务网关负责实现 CSN 的接口功能和对 ASN 的管理，并实现 ASN 网关决策点和 ASN 网关执行点两类逻辑功能，其中前者负责承载平面功能，后者负责管理平面功能。

每个接入网络都可以连接到多个连接业务网络，并为不同的网络业务提供商的用户提供无线接入网络。

连接业务网络主要是由路由器、AAA 代理或服务器、用户数据库以及 Internet 网关设备等组成。其主要功能包括：

1）为用户会话建立连接，给终端分配 IP 地址并提供 Internet 接入，实现 ASN 和 CSN 之间的隧道建立和管理。

2）基于用户属性的控制与管理。

3）ASN 网和核心网之间的隧道建立和维护。

4）作为 AAA 代理或服务器，完成用户计费和结算。

5）WiMAX 服务，如基于位置的服务、点对点服务、多波服务 IMS 和紧急呼叫等。

6）满足漫游需要的 CSN 之间的隧道建立与维护。

7）接入网之间的移动性管理。

5.5.4　网络接口

如图 5－19 所示，可以得到 WiMAX 网络中的网络参考点（即网络接口）如下。

1）参考点 R1：空中接口，移动用户终端与接入网业务网络之间的接口。与 IEEE 802.16 空中接口物理层和 MAC 层一致，包含相关管理平面的功能。

2）参考点 R2：客户界面，移动用户终端与连接业务网络之间的逻辑接口。建立在用户到 CSN 的物理连接之上，提供认证、业务授权和 IP 主机配置等服务。

3）参考点 R3：WiMAX 接入网与核心网接口。接入网络（ASN）和连接业务网络（CSN）之间的互操作接口，包括一系列的控制和承载平面协议。其中，控制平面包括 IP 隧道建立以及由于终端的移动而产生隧道释放等控制协议，和 AAA、ASN 和 CSN 之间的策略，

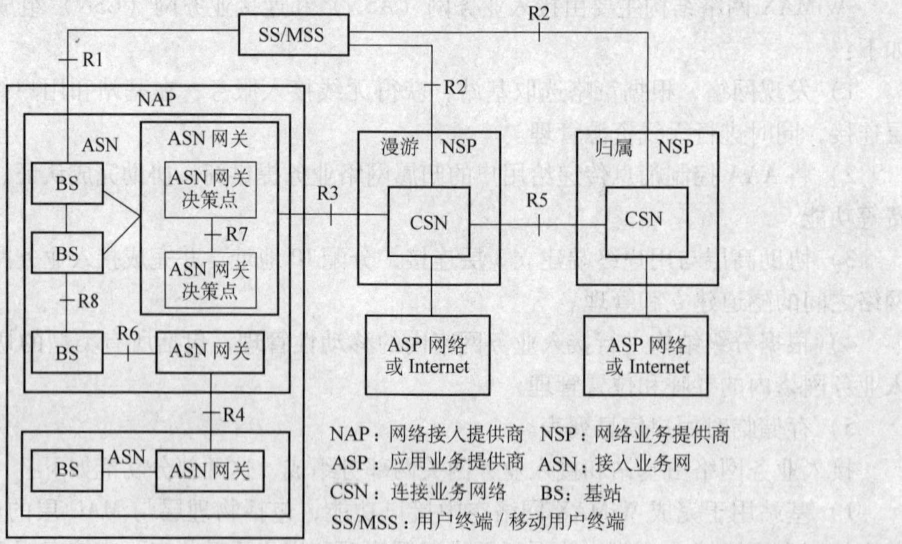

图 5－19　WiMAX 网络参考模型

以及 QoS 执行等协议。承载平面有 ASN 和 CSN 之间的 IP 隧道构成，IP 隧道的粗粒度与不同的 QoS 等级相关，同时也和不同的 CSN 相关。

4）参考点 R4：ASN 与 ASN 的接口，用于处理 ASN 网关间的与移动性相关的一系列控制与承载平面协议。

5）参考点 R5：核心网 WiMAX 漫游接口，漫游 CSN 与归属 CSN 之间互操作的一系列控制与承载平面协议。控制平面包括 IP 隧道建立以及由于终端的移动而产生隧道释放等控制协议，和 AAA、ASN 和 CSN 之间的策略，以及 QoS 执行等协议。承载平面由漫游 CSN 和归属 CSN 之间的 IP 隧道构成。

6）参考点 R6：基站与 ASN 网关之间的接口，属于 ASN 的内部接口，由一系列控制与承载平面协议构成。控制平面包括 IP 隧道建立以及由于终端的移动而产生隧道释放等控制协议。承载平面由 BS 和 ASN 网关之间的 IP 隧道构成。

7）参考点 R7：ASN 网关内部接口，是 ASN 网关决策点与 ASN 网关执行点之间的控制平面接口。

8）参考点 R8：基站之间的接口，用于快速切换功能，由一系列控制与承载平面协议构成。控制平面包含基站之间的通信协议。承载平面定义了一套协议，允许切换时在所有涉及的基站之间传递数据。

习　题

5－1　什么是 3G？

5－2　国内 3 家运营商的 3G 网络有何不同？

5－3　TD－SCDMA 标准的特点是什么？

5－4　什么是 WCDMA 标准？描述其不同版本之间的演进变化？

5－5　什么是 CDMA2000 标准？

5－6　描述 WiMAX 的优缺点。

第 6 章　第四代移动通信系统

第四代移动通信系统（4G，Fourth－Generation Communications System），即第三代移动通信系统的延续（Beyond 3G），最近受到了人们的广泛关注。本章首先介绍 4G 通信系统概况，接着描述其系统关键技术，最后简单介绍当前 4G 技术发展的主流技术——3GPP LTE（Long Term Evolution，长期演进）。

6.1　概述

由于 3G 无线通信网络不能满足用户日益增长的通信需求，尤其是高质量视频图像的传输需求，业界提出了 4G 概念。

目前，4G 系统还在研制过程中，至今为止业界对 4G 还未达成一致的见解。全球很多组织都从不同角度给 4G 下了不同的定义。

按照 ITU 的观点，也即从技术标准的角度看，静态传输速率达到 1Gbit/s，用户在高速移动状态下可以达到 100Mbit/s，就可以作为 4G 的技术之一。

从融和的角度看，4G 意味着更多的参与方，更多技术、行业、应用的融合。这一融合不再局限于电信行业；4G 系统不仅可以提供语音通信，还可以提供多媒体通信、远端控制等；局域网、互联网、电信网、广播网、卫星网等将融合成为一体，成为一个通播网。

从运营商的角度看，除了与现有网络的可兼容性外，4G 要有更高的数据吞吐量、更低时延、更低的建设和运行维护成本、更高的鉴权能力和安全能力、支持多种 QoS 等级。

从用户需求的角度看，4G 将为用户提供更快的速度并满足用户更多的需求。不仅满足无线语音服务需求，而且满足无线多媒体服务的需求。

尽管业界的描述各有不同，但有几点是大家公认的，即 4G 将实现移动化、宽带化、IP 化。移动化将人们从地理的限制上解脱出来，实现无时不在、无所不在的信息传递。宽带化是满足用户对视频业务、流媒体等业务带宽的需求。而下一代网络将是全 IP 网，从核心网到用户设备均支持 IP 协议。随着移动通信系统向 4G 演进，不同的无线技术将在 NGN 架构下融合、共存，发挥各自的优势，形成多层次的无线网络环境。

6.1.1　4G 移动通信系统设计目标

ITU 在 2005 年 10 月举办的 ITU－RWP8F 第 17 次会议上给了 4G 技术一个正式的名称 IMT－Advanced。按照它的定义，WCDMA、HSDPA 等技术统称为 IMT－2000 技术。而未来新的空中接口技术则叫做 IMT－Advanced 技术。

IMT－Advanced 标准继承了 3G 标准组织制定的多项新定标准并加以延伸，如 IP 核心网、开放业务架构及 IPv6。在此基础上，IMT－Advanced 强调其整体系统架构必须满足 3G 系统演进到未来 4G 系统的需求。其中，4G 与 3G 系统的比较如表 6－1 所示。

表6-1 4G与3G系统的比较

特征	4G	3G
业务特性	融合数据与语音、多媒体	优先考虑语音
网络接入	多种异构接入	单一接入
频率范围	2~8GHz，800MHz	1.6~2.5GHz
速率	20~100Mbit/s	385kbit/s~2Mbit/s
带宽	100+MHz	5~20MHz
接入方式	OFDM	WCDMA/TD/CDMA2000/WiMAX
交换方式	包交换	包交换/电路交换
IP性能	IPv6	多版本

参考IMT-Advanced标准，未来的4G系统应满足以下目标：

1）具有很高的数据传输速率。IMT-Advanced的目标峰值速率为：低速移动、热点覆盖场景下静态传输速率达到1Gbit/s以上，高速移动、广域覆盖场景下100Mbit/s。

2）终端兼容性更好，可以实现真正的无缝漫游。4G移动通信系统将实现全球统一的标准，能使各类媒体、通信主机及网络之间进行“无缝连接”。真正实现一部手机在全球的任何地点都能进行通信。

3）通信应用更加丰富多彩，终端将相当于一只小型电脑，不仅可以实现随时随地通信，而且可以双向下载或传递资料、图画、影像，以及上网连线对打游戏等。

4）高度智能化的网络。采用智能技术的4G通信系统将是一个高度自治、自适应的网络。采用智能信号处理技术，针对信道条件不同的各种复杂环境进行灵活的发送与接收，有很强的智能性、适应性和灵活性。

5）良好的覆盖性能。4G通信系统应具有良好的覆盖并能提供高速可变速率传输。对于室内环境，由于要提供高速传输，小区的半径会更小。

6）基于IP的网络。4G通信系统将会采用IPv6，IPv6将能在IP网络上实现话音和多媒体业务。

7）实现不同QoS的业务。4G通信系统通过动态带宽分配和调节发射功率来提供不同质量的业务。

8）4G系统不但支持固定的无线传输，亦支持移动的无线传输且依实际需要可在固定与移动网络之间互相切换。

9）4G系统能提供更多元化的无线宽带服务，例如，更逼真的语音，更高清的影像及更快的下载速率。用户容易连上网络，并可依照个人的喜爱选择所需的服务。

10）4G系统所提供的网络服务与相关设备的价格被一般用户所接受。

11）用户可以自由地选择业务、应用和网络。

总之，4G是3G技术的进一步演化，是在传统通信网络和技术的基础上不断提高无线通信的网络效率和功能。同时，它包含的不仅仅是一项技术，而是多种技术的融合。不仅仅包括传统移动通信领域的技术，还包括宽带无线接入领域的新技术及广播电视领域的技术。

6.1.2　4G 移动通信系统体系结构

如图 6－1 所示，4G 移动通信系统的网络体系结构可以由下而上分为：物理网络层、中间环境层、应用环境层等 3 层。物理网络层提供接入和选路功能；中间环境层作为桥接层提供 QoS 映射、地址转换、安全管理等。物理网络层与中间环境层及其应用环境层之间的接口是开放的，这样可以带来以下优点：①使发展和提供新的服务变得更容易；②可以提供无缝高数据速率的无线服务；③可以运行于多个频带；④使服务能自适应于多个无线标准及多模终端，跨越多个运营商和服务商，提供更大范围服务。

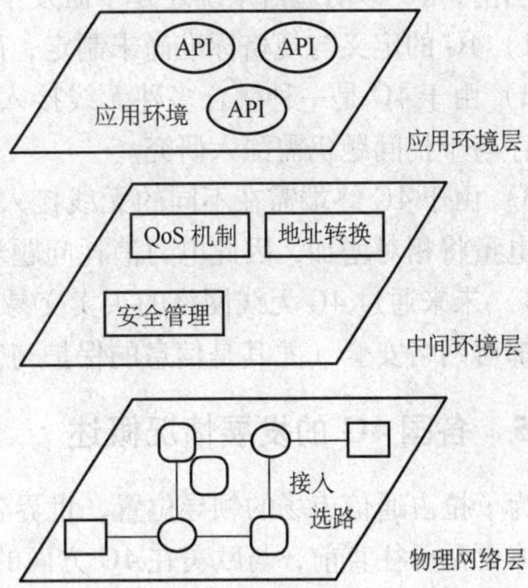

图 6－1　4G 移动通信系统的网络体系结构

6.1.3　4G 移动通信系统候选标准体系结构

当前，4G 正式的标准尚未制定，但目前有可能成为 4G 的技术包括：IEEE 802.16m、长期演进（LTE）和超移动带宽（UMB）。

1. LTE（Long－Term Evolution）

以欧盟厂家为主的 3G 标准组织 3GPP（The Third－Generation Partnership Project，第三代移动通信伙伴计划）已着手新一代无线通信技术规格的制定，称为 LTE。LTE 为 GSM（2G）/UMTS（3G）、WCDMA（3G）标准家族的最新成员。它是以 GSM 为技术基础、3G 为发展延伸的技术。LTE 是当前大多数运营商最可能采用的 4G 技术，也是当前最完善的 4G 技术，并且在某些区域已经投入试用。

爱立信（Ericsson）主张推广 LTE，摩托罗拉（Motorola）、阿尔卡特朗讯（Alcatel－Lucent）、Verizon Wireless、Vodafone、China Mobile、NTT DoCoMo 等厂商也支持 LTE 发展。目前 LTE 可达到的最高下载速率约为 325Mbit/s，而上载速率约为 86Mbit/s。

虽然 LTE 现阶段仍未符合 4G 系统的需求标准，但 3GPP 已积极进行技术的研发与规格的制定。2009 年 7 月在德国慕尼黑举行的用户大会上，华为公司发布了全球第一个 LTE eNodeB 商用版本。

2. IEEE 802.16m/WiMAX II

IEEE 802.16m 是以移动 WiMAX（Mobile WiMAX，IEEE 802.16e－2005）为基础的无线通信技术，也称为 WiMAX II。未来 IEEE 802.16m 在高速移动下，将可支持达到 100Mbit/s 的传输速率；而在慢速状态下，传输速率将能达到 1Gbit/s。在都市中，其传输距离约 2km，而在郊区的传输距离可达 10km。

WiMAX 由美国英特尔（Intel）公司所主导，知名厂家如摩托罗拉（Motorola）、诺基亚（Nokia）、阿尔卡特朗讯（Alcatel－Lucent）、三星（Samsung）及 SprintNextel 等都已加入。

3. UMB

UMB 是由 3G（CDMA2000）标准组织 3GPP2（The Third－Generation Partnership Project 2）所制定的技术，高通（Qualcomm）公司为主要推动者，摩托罗拉（Motorola）、阿尔卡特

朗讯（Alcatel - Lucent）、Verizon Wireless 等厂家也加入进来发展 UMB 技术。

目前 UMB 可达到的最高下载与上传速率分别为 288Mbit/s 与 75Mbit/s。

6.1.4　目前 4G 移动通信系统面临的一些议题

当前，4G 移动通信系统还处于研发中，因此还面临着以下议题：

1）4G 的定义与规格标准尚未制定，所以目前没有一个实际的未来 4G 无线系统。

2）由于 4G 是一种融合多种无线接入技术的系统，在不同的无线通信标准系统运作下的共存与干扰问题仍需深入研究。

3）由于 4G 终端需在不同的无线接入技术下运作，4G 设备（尤其是用户的手持设备）的耗电量将相对增加，因此电力消耗问题与其发散的热量影响需加以考虑。

4）未来通过 4G 无线网络的买卖交易、网上付费有可能日趋频繁，此外，4G 网络的异构性都对网络安全（尤其是信息的保护与管理）提出了严峻的挑战。

6.1.5　各国 4G 的发展情况概述

为了抢占通信市场的领导位置，世界各国和地区对 4G 的研究皆不遗余力。其中亚洲各经济体更是勇往直前，与欧美在 4G 方面的竞争日趋激烈。

（1）美国　在商用方面，以 Sprint、AT&T 及 Verizon 为首的运营商投入了大量的人力物力。其中 AT&T 及 Verizon Wireless 将采用 LTE 技术。AT&T 已推出了 4G Access 网络。Verizon 则与 Vodafone 合作。Sprint 曾在 2006 年就宣布以 WiMAX 作为其 4G 技术标准，并进入测试期。在技术领域，美国成立了 IEEE 802.20 标准化项目用以建立一个移动宽带无线接入（MBWA，Mobile Broadband Wireless Access）的标准。该标准的目标是支持高达 4Mbit/s 的数据速率，频率为 3.5GHz。

（2）日本　日本 NTT DoCoMo 很早就开始进行 4G 的测试，其 4G 通信试验网络已经部署在横须贺研发园内，并计划在 2010 年启动商用。

（3）欧洲　欧盟成立了 WWRF（Wireless - World - Research Forum）论坛，用以研究未来无线通信的特征。某些运营商已经提供 LTE 业务。

（4）中国台湾　由台湾省工研院资通所及“电信国家科技计划”（NTP，National Science and Technology Program for Telecommunications）TW4G 工作小组主导台湾省的 4G 技术研发。其自行研发的 TW4G 技术不仅可望在 2012 年商用化，并有希望成为国际标准的一部分。

6.1.6　我国 4G 进展程度

我国早在 2001 年就启动了面向后三代/四代（B3G/4G）的移动通信发展研究计划——未来通用无线环境研究计划（Future Technology for Universal Radio Environment，简称 FuTURE 计划）。其主要目标是面向未来 10 年无线通信领域的发展趋势与需求，重点突破新一代移动通信系统关键技术，逐步建立一个集大范围蜂窝移动通信、区域性宽带无线接入和短程无线连接为一体的通用无线电环境，为中国未来无线与移动通信产业的跨越式发展创造条件。该计划的实施不仅培养了大量移动通信超前研发人才，显著增强了我国移动通信可持续发展能力，更推动了我国未来通信产业发展。当前，我国 4G 技术的研究已经实现了与国际同步。

2007 年年初该项目在上海市长宁区展开 4G 移动通信技术实地测试，无线下载速率最高可达 90Mbit/s。此外，上海崇明岛也在利用 4G 技术布建无线宽带网络，期望达成全覆盖目标，并为商用化预作准备。

6.2　4G 移动通信系统关键技术

从 3G 向 4G 演变，在无线接入网络、核心网和终端技术 3 个方面都需要进行深刻的变革。接下来本节将分别介绍在这 3 个领域实现 4G 通信的关键技术。

6.2.1　无线接入网络

与 3G 移动网络物理层以 CDMA 技术为核心不同，4G 移动通信网络的物理层将以 OFDM 技术为核心，以 MIMO（多入多出）等技术为辅助，可以极大地提高频谱的利用率。

下面将分别介绍这些关键技术。

1. OFDM

4G 网络中的无线接入技术将从 3G 的 CDMA 转到 OFDM。OFDM 是一种无线环境下的高速传输技术，其原理框图如图 6-2 所示。它将信道分成若干正交子信道，将高速数据信号转换成并行的低速子数据流，调制在每个子信道上进行传输。正交信号可以通过在接收端采用相关技术来分开，这样可以减少子信道之间的相互干扰。每个子信道上的信号带宽小于信道的相关带宽，因此每个子信道可以看成平坦性衰落，从而可以消除符号间干扰。而且由于每个子信道的带宽仅仅是原信道带宽的一小部分，信道均衡变得相对容易。OFDM 技术的最大优点是能对抗频率选择性衰落或窄带干扰。在 OFDM 系统中各个子信道的载波相互正交，

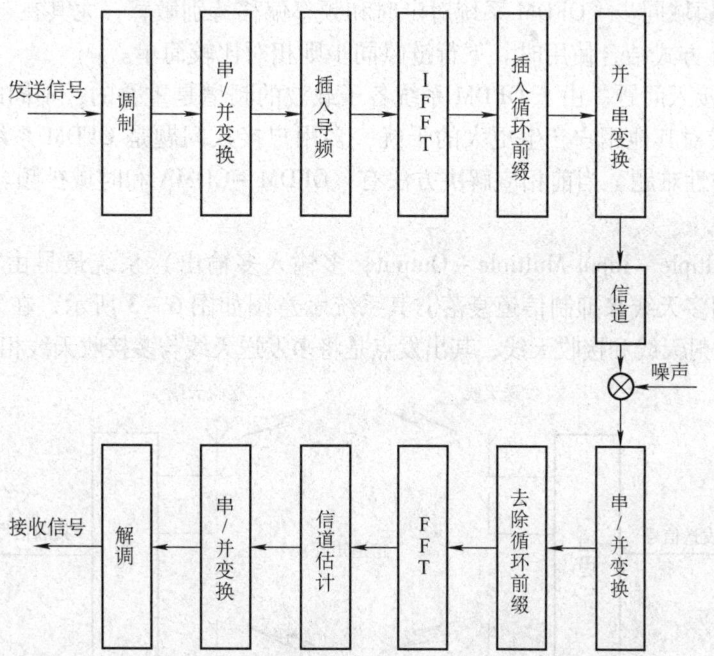

图 6-2　OFDM 系统原理框图

于是它们的频谱是相互重叠的，这样不但减小了子载波间的相互干扰，同时又提高了频谱利用率。

OFDM具有以下独特的优点：

1）频谱利用率很高。OFDM信号的相邻子载波相互重叠，从理论上讲其频谱利用率可以接近Nyquist极限。

2）抗多径干扰与频率选择性衰落能力强，若再通过采用加循环前缀作为保护间隔的方法，甚至可以完全消除符号间干扰。

3）采用动态子载波分配技术能使系统达到最大传输速率。

4）通过各子载波的联合编码，可具有很强的抗衰落能力。通过将各个信道联合编码，可以使系统性能得到提高。

5）OFDM易用DSP实现。

但是同时也存在如下几个关键的问题需要解决：

1）峰均值功率比过大问题。由于OFDM信号在时域上为多个正弦波的叠加，当子载波个数多到一定程度时，OFDM信号波形将是一个高斯随机过程，具有很大的峰均值功率比（PAPR）。OFDM信号经非线性信道传输后，扩展了信号的频谱，其旁瓣将会干扰邻近信道的信号，引起邻信道干扰，破坏其载波间的正交。导致发送端对高功率放大器（HPA）的线性度要求很高，同时使得OFDM系统的性能大大下降。

2）信道估计问题。为了提高频谱效率，需要在接收机采用相干检测，这就需要信道估计。同时，采用分集接收的系统也需要进行信道估计，以达到多径信号的最佳合并。当前在设计信道估计器时存在两个问题：一是导频信息必须不断地传送；二是既有较低的复杂度又有良好的导频跟踪能力的信道估计器设计困难。

3）时域和频域同步。OFDM系统对定时和频率偏移特别敏感，尤其在与FDMA、TDMA和CDMA等多址方式结合使用时。下行链路同步则相对比较简单。

4）多用户接入问题。由于OFDM系统各子载波的频谱是重叠的，不同的用户间将比传统的FDMA方式对其他用户产生更大的干扰，多用户接入问题是OFDM系统在移动通信应用中遇到的关键性难题，当前相应解决方法有：OFDM-CDMA和时域扩频。

2. MIMO

MIMO（Multiple-Input Multiple-Output，多输入多输出）系统最早由Marconi于1908年提出。它利用多天线来抑制信道衰落。其系统示意图如图6-3所示，在发射端和接收端分别设置多副发射天线和接收天线，其出发点是将多发送天线与多接收天线相结合以改善每个

图6-3　MIMO系统示意图

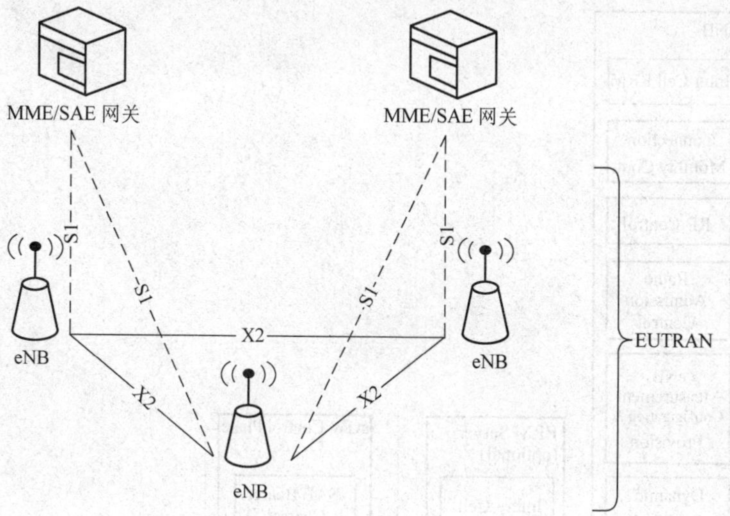

图 6 - 4　EUTRAN 体系结构

2）差错处理功能，包括差错指示等。

2. S1 接口

S1 接口可以分为两类：

1）eNB 与移动性管理实体（MME，Mobilitty Management Entity）相连的是 S1 - MME 接口（即控制面接口）；

2）eNB 与 SAE（系统架构演进）网关相连的是 S1 - U 接口（即用户面接口）。

这两个接口的协议结构如图 6 - 5 所示。

S1 接口主要完成以下功能：

1）寻呼功能，包括发送寻呼请求到所有 UE 注册的小区。

2）EUTRAN 体系结构下用户设备在激活状态下的移动性管理功能，包括 LTE 内部的小区切换以及和 3GPP 内其他无线接入技术之间的切换。

3）SAE 业务承载管理功能，包括承载业务的设置和释放等。

4）非接入层 NAS 信令传送功能。

5）接口管理功能，包括差错指示等。

6）漫游功能。

7）初始化用户设备 UE 的信息内容设置功能，包括 SAE 承载内容、安全性内容、漫游限制、UE 容量信息、UE 的 S1 信令连接 ID 等。

LTE 的无线接口包括物理层、数据链路层和无线资源控制层。其中数据链路层又包括媒介接入控制层、无线链路控制层、分组数据汇聚协议层。其用户面协议栈和控制面协议栈分别如图 6 - 6 和图 6 - 7 所示。

6.3.5　物理层演进

和所有无线网络物理层一样，LTE 物理层向 MAC 或更高层传送信息。其主要功能包括：完成物理层的映射，进行无线射频处理，实现上行功率控制和支持切换，完成 FEC 编解码和编码速率匹配，实现传送信道上的差错侦测，通过软件集成支持 HARQ，计算物理资源的

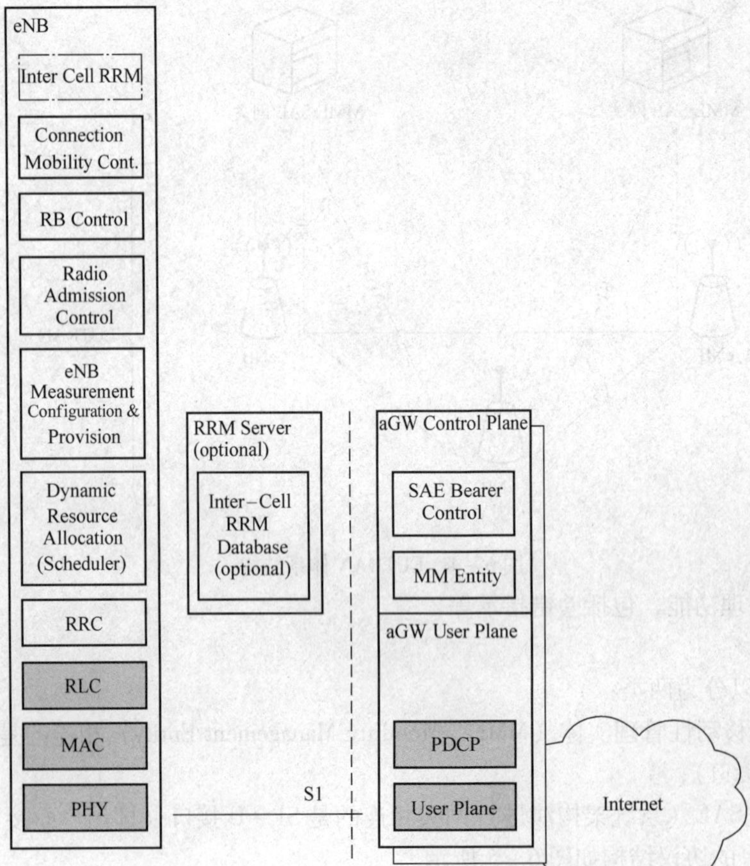

图 6－5 3GPP LTE S1 接口协议结构

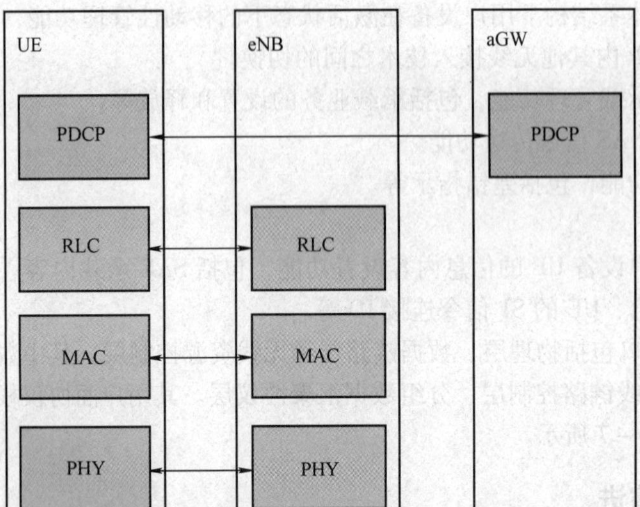

图 6－6 LTE 无线接口用户面协议栈

功率权重，实现物理信道调制与解调，支持上行信道的时间提前量，完成频率与时间同步，

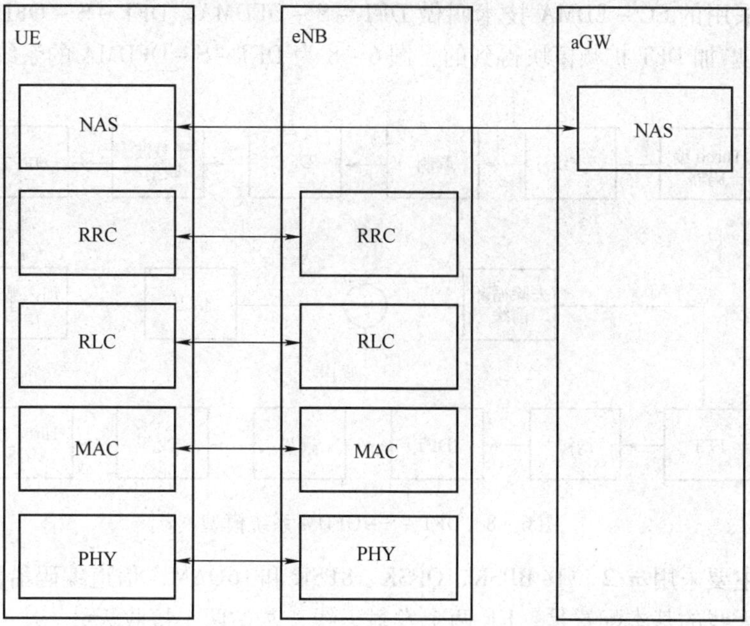

图 6-7　LTE 无线接口控制面协议栈

传送更高层测量和指示，完成链路适配，支持多样性和 MIMO 等。

LTE 物理层物理信道有上下行之分。下行信道采用 OFDMA，上行信道采用 SC-FDMA，这样不仅可以提高频谱效率，而且可以摆脱自 3G 以来高通公司独掌 CDMA 核心专利的制约。

下行采用 OFDMA 是基于以下 2 个方面考虑：

1）OFDMA 空中接口处理相对简单，在更大带宽和高阶 MIMO 配置情况下可以降低终端的复杂性。

2）有利于系统在设计参量上做出灵活和自由的选择，更容易实现演进目标。

在具体实现环节上，每一个子载波占用 15kHz，循环前缀的持续时间为 4.7/16.7μs。同时 LTE 系统还采用很短的交织长度（TTI）和自动重传请求（ARQ）周期。调制方式主要采用 QPSK、16QAM 和 64QAM。LTE 信道编码采用 Turbo 码，也可能引入 LDPC 码。LTE 中，还采用 MIMO 技术来达到提高用户平均吞吐量和频谱效率的要求。下行 MIMO 天线的基本配置是：基站设两个发射天线，UE 设两个接收天线，即 2×2 的天线配置。LTE 通过链路自适应和快速重传获得增益，放弃了宏分集技术。

值得注意的是，LTE 广播业务采用分层调制（Hierarchical Modulation）方式。分层调制在应用层将一个逻辑业务分成高优先级的基本层和低优先级的增强层，这两个数据流分别映射到信号星座图的不同层。基本层数据映射后的符号距离比增强层的符号距离大。基本层的数据流可以被包括远离基站和靠近基站的用户接收，而增强层的数据流只能被靠近基站的用户接收。所以，同一个逻辑业务可以在网络中根据信道条件的优劣提供不同等级的服务。

上行采用 SC-FDMA 则基于以下 2 个因素考虑：

1）利于系统从前期 UTRA 版本平滑升级，可以广泛重用物理层；

2）降低发射终端的峰均功率比，减小终端的体积和成本。

LTE 具体采用的 SC - FDMA 技术叫做 DFT - S - OFDMA。DFT - S - OFDMA 是在普通 OFDMA 基础上增加 DFT 扩频模块得到的，图 6 - 8 为 DFT - S - OFDMA 的系统模型。

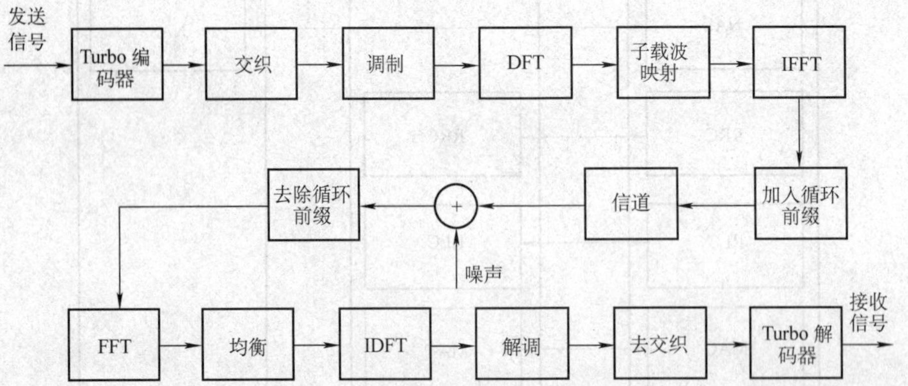

图 6 - 8 DFT - S - OFDM 系统模型

上行调制主要采用 π/2 位移 BPSK、QPSK、8PSK 和 16QAM，信道编码沿用 Turbo 编码。单用户 MIMO 天线的基本配置是：UE 两个发射天线，基站两个接收天线。

上行传输还采用虚拟（Virtual）MIMO 技术，通常是 2 × 2 的虚拟 MIMO，即两个 UE 各自有一个发射天线，并共享相同的时—频域资源。这些 UE 采用相互正交的参考信号图谱，以简化基站的处理。

目前 3GPP LTE 物理层技术研究包括频分双工（FDD）和时分双工（TDD）两种双工方式。在 TDD 模式下，每个子帧可以作为上行子帧或者下行子帧。上行和下行子帧之间可以空出若干个 OFDM 符号作为空闲（Idle）符号，以留出必要的保护间隔。

LTE 系统上下行帧长度均为 10ms，FDD 模式下分为 10 个子帧，每个子帧包含两个时隙，每时隙长为 0. 5ms。TDD 模式下，分为两个子帧，每个子帧包含 7 个时隙，每时隙长为 0. 675ms。上下行的子载波宽度为 15kHz，最小物理资源块为 180kHz，即 12 个子载波宽度。

下行 OFDM 的循环前缀（CP）长度有长短两种选择。短 CP 持续时间为 4. 69ms（采用 0. 675 子帧时为 7. 29ms），每子帧由 7 个 OFDM（采用 0. 675ms 子帧时为 9 个）符号组成。短 CP 方案为基本选项，主要支持单播业务。长 CP 的持续时间为 16. 67ms，每子帧由 6 个 OFDM 符号组（采用 0. 675ms 子帧时为 8 个）。长 CP 方案用于支持 LTE 大范围小区覆盖和多小区广播业务。

如图 6 - 9 所示，上行每子帧由 8 个 OFDM 符号组成，包括 6 个 LB（Long Block）和 2 个 SB（Short Block）。其中 SB 用于导频信号传输，LB 用于数据信号传输。

CP	LB#1	CP	SR#1	CP	LB#2	CP	LB#3	CP	LB#4	CP	LB#5	CP	SR#2	CP	LB#6

图 6 - 9 LTE 上行子帧结构

为了满足数据传输延迟方面的需求，LTE 系统采用很小的最小交织长度（TTI）。其中最小 TTI 长度仅为 0. 5ms。为了在支持其他业务时避免由于不必要的 IP 包分割而造成的额外的延迟和信令开销，系统可以动态地调整 TTI，将几个相邻的子帧拼接成一个 TTI。TTI 呈现为半静态和动态两种传输信道特性。对于半静态 TTI，TTI 需要上层信令来设置；动态 TTI

情况下，拼接成 TTI 的子帧数目可以由初始化传输和可能发生的重传来动态调节。

6.3.6　链路层演进

LTE 数据链路层分为：MAC、RLC、PDCP。物理层和 MAC 层之间提供传送信道，MAC 层和 RLC 层之间提供逻辑信道，RLC 层和 PDCP 层之间提供无线承载。每一层的功能描述如下：

（1）MAC（L2/MAC，Medium Access Control）　每个小区都有一个 MAC 实体。MAC 通常包括几个功能块，如发射调度功能块、每个用户设备功能块、MBMS 功能块、MAC 控制功能块等。MAC 层的业务和功能包括逻辑信道和传送信道之间的映射，完成通信容量测量报告，通过 HARQ 进行差错修正，并且进行用户设备逻辑信道之间的优先级处理，通过动态调度的方式进行不同用户设备之间的优先级处理，以及完成传输格式选择等。

（2）RLC 层（L1/RLC，Radio Link Control）　RLC 子层的主要功能和业务如下：

1）透明模式 TM 的数据传送；

2）传递支持 AM 或 UM 的更高层 PDU；

3）通过 ARQ 进行差错修正；

4）根据 TB 尺寸大小进行分割；

5）必要时对 TB 进行再分割，并且再分割次数不限制；

6）串联同一无线承载的 SDU；

7）高层 PDU 按照顺序传递；

8）多重侦探。

（3）PDCP 层（L2/PDCP，Packet Data Convergence Protocol）　PDCP 子层的主要功能和业务如下：

1）完成用户数据的传递。

2）报头压缩和解压。

3）下行 RLC SDL 的重新排序。

4）小区切换时，顺序传送更高层 PDU。

5）低层 SDU 的多重检测。

习　题

6-1　描述移动通信发展历程及其关键技术。

6-2　4G 移动通信技术的特点是什么？

6-3　当前有哪些可能的 4G 移动通信标准？

6-4　LTE 的目标是什么？

6-5　简要描述 LTE 采用的上下行通信技术？

附录　缩　略　词

A

AC：Access Channel，接入信道

ACK：Acknowledge，确认

ACM：Area Complete Message，地址完成信息

ADF&ACF：Authentication Data Funciton & Authentication Control Function，鉴权数据和控制功能

AF：Adapt Function，适配功能

AGCH：Access Grant Channel，接入许可信道

AID：Area Identity，区域号

AM：Amplitude Modulation，调幅

AMPS：Advanced Mobile Phone Service，先进移动电话服务

ANM：Answer Message，应答信息

ANSI：American National Standards Institute，美国国家标准化协会

AoC：Advice of Charge，计费信息

APC：Automatic Power Control，自动功率控制

ARIB：Association of Radio Industry Broadcasting，无线工业广播协会

ASIC：Application Specific Integrated Circuit，专用集成电路

ATM：Asynchronous Transform Mode，异步传输模式

AUC：Authentication Centre，鉴权中心

AWGN：Additive White Gaussian Noise，加性高斯白噪声

B

BAIC：Barring of All Incoming Calls，所有呼入禁止

BAOC：Barring of ALL Outgoing Calls，所有呼叫禁止

BCCH：Broadcast Control Channel，广播控制信道

BDD：Baseband Differential Detection，基带差分检测

BDPSK：Binary Differential Phase Shift Keying，二进制差分相移键控

BER：Bit Error Rate，误码率

BIC - Roam：Barring of Incoming Calls when Roaming outside the home GSM country，漫游出归属国家呼入禁止

BISDN：Broad - band Integrated Services Digital Network，宽带综合业务数字网

B - ISUP：Broad - band ISUP（Broad - band ISDN User Part），宽带 ISUP，宽带 ISDN 用户部分

BOIC：Barring of Outgoing International Calls，国际呼出禁止

BOIC－exHC：Barring of Outgoing International Calls except those directed to the Home GSM Country，除拨向归属国家的国际呼出禁止

BPF：Band Pass Filter，带通滤波器

BPSK：Binary Phase Shift Keying，二进制相移键控

BS：Base Station ，基地站（简称基站）

BSC：Base Staiton Controller，基站控制器

BSCI：Base Station Controller Identity，基站识别码

BSS：Base Station Sub－system，基站子系统

BTS：Base Transceiver Station，基站收发信机

C

CATT：China Academy of Telecommunication Technology，中国电信科学技术研究院

CC：Communication Control，通信控制

CC：Control Channel，控制信道

CC：Country Code，国家代码

CCCH：Common Control Channel，公共控制信道

CCF：Call Control Function，呼叫控制功能

CCITT：International Telegraph and Telephone Consultative Committee，国际电话与电报顾问委员会

CDG：CDMA Development Group，CDMA 发展集团

CDMA：Code Division Multiple Access，码分多址

CELP：Code－Excited Linear Excited Predictive Coding，码激励线性预测编码

CEM：Constant Envelope Modulation，恒包络调制

CFB：Call Forward on mobile subscriber Busy，移动台忙时前向呼叫

CFNRc：Call Forwarding on mobile subscriber Not Reachable，移动用户未能够达到前向呼叫

CFNRy：Call Forwarding on No Reply，无应答前向呼叫

CFU：Call Forward Unconditional，前向呼叫无条件转移

CGI：Common Gateway Interface，公共网关接口

CH：Call Hold，呼叫保持

CI：Cell Identity，小区识别码

C/I：Carrier/Interference，载干比

CLIP：Calling Line Identification Presentation，主叫线号码显示

CLIR：Calling Line Identification Restriction，主叫线号码限制

CoLP：Connected Line Identification Presentation，连接线显示

CoLR：Connection Line Identification Restriction，连接线限制

CPFSK：Continuous Phase－Frequency Shift Keying，连续相位频移键控

CRC：Cyclic Redundancy Code，循环冗余码校验

CSD：Circuit Switched Data，电路交换数据
CUG：Closed User Group，密切用户群
CW：Call Waiting，呼叫等待

D

DCCH：Dedicated Control Channel，专用控制信道
DPSK：Differential Phase Shift Keying，差分相移键控
DQPSK：Differential Quadrature Phase Shift Keying，差分四相相移键控
DRX：Discontinuous Reception，非连续接收
DS - SS：Direct Sequence - Spread Spectrum，直接序列扩频
DTX：Discontinuous Transmission，不连续发送

E

EIA：Electronic Industry Association，电子工业协会
EIR：Equipment Identity Register，设备识别寄存器
ESN：Electronic Serial Number，电子串号
ETSI：European Telecommunication Standard Institute，欧洲电信标准协会

F

FACCH：Fast Associated Control Channel，快相关控制信道
FCC：Federal Communication Committee，美国联邦通信委员会
FCCH：Frequency Correction Channel，频率校正信道
FDD：Frequency Division Duplex，频分双工
FDMA：Frequency Division Multiple Access，频分多址
FE：Function Entity，功能实体
FER：Frequency Error Rate，误帧率
FH - SS：Frequency Hopping - Spread Spectrum，跳频扩频
FM：Frequency Modulation，调频
FPLMTS：Future Public Land Mobile Telephone System，未来公用陆地移动通信系统
FSK：Frequency Shift Keying，频移键控
FTAF：Fitting Transmission Adapt Function，相关的无线传输适配功能

G

GEA：GPRS Encryption Algorithm，加密算法
GEO：Geosynchronous Earth Orbit，地球同步轨道
GGSN：Gateway GPRS Support Node，网关 GPRS 支持节点
GLPF：Gaussian LPE，高斯低通滤波器
GMSC：Gate Mobile Service Switching Centre，关口移动业务交换中心
GMSK：Gaussian Minimum Shift Keying，高斯滤波最小业务移频键控

GPRS：General Packet Radio Service，通用无线分组服务
GSM：Global System for Mobile Communication，全球移动通信系统
GSM：Group Special for Mobile，移动通信特别行动小组

H

HDR：High Data Rate，高数据速率
HLR：Home Location Register，原籍位置寄存器
HTML：Hyper Text Markup Language，超文本链接标识语言

I

IAM：Initial Area Message，原始地址信息
IDD：IF Differential Detection，中频延迟差分检测
IMEI：International Mobile Equipment Identity，国际移动设备识别号
IMSI：International Mobile Subscriber Identity，国际移动用户识别码
IMT-2000：International Mobile Telecommunication 2000，国际移动电信2000
IMTS：Improved Mobile Telephone System，改进型移动电话系统
IN：Intelligent Network，智能网
INAP：Intelligent Network Application Part，智能网应用部分
IP：Internet Protocol，互联网协议
IS-95：EIA Interim Standard for U.S. Code Division Multiple Access，美国电子工业协会码分多址暂行标准
ISDN：Integrated Services Digital Network，综合业务数字网
ISI：InterSymbol Interference，符号间干扰
ISO：International Standard Organization，国际标准化组织
ISUP：ISDN User Part，ISDN用户部分
ITU：International Telecommunication Union，国际电信联盟
IWF：Internetworking Function，网际互联功能

L

LA：Location Areas，位置区域
LAC：Location Area Code，位置号
LAI：Location Areas Identity，位置识别码
LLC：Logical Link Control，逻辑链路控制
LPF：Low Pass Filter，低通滤波器
LRDF&LRCF：Location Register Data Function & Location Register Control Function，位置寄存器数据和控制功能

M

MA：Multiple Access，多用户接入

MAC：Medium Access Control，媒体接入控制
MAHO：Mobile Assisted Handoff，移动台辅助切换
MAP：Mobile Application Part，移动应用部分
MASK：M - ary Amplitude Shift Keying，M 维幅移键控
MCC：Mobile Country Code，移动国家代码
MC - CDMA：Multi - Carrier - Code Division Multiple Access，多载波码分多址
MFSK：M - ary Frequency Shift Keying，M 维频移键控
MIN：Mobile Identification Number，移动识别号
ML：Maximal Length，最大长度
MM：Mobility Management，移动性管理
MNC：Mobile Network Code，移动网络代码
MO：Mobile Origination，移动台主叫
MPSK：M - ary Phase Shift Keying，M 维相移键控
MPTY：Multiparty，多方业务
MQAM：M - ary Quadrature Amplitude Modulation，M 维正交振幅调制
MRRC：Mobile Radio Resource Control，移动端无线资源控制
MRTR：Mobile Radio Transmitter and Receiver，移动端无线传输和接收
MS：Mobile Station，移动台
MSC：Mobile Service Switching Centre，移动交换中心
MSI：Mobile Subscriber Identity，移动用户识别码
MSISDN：Mobile Subscriber ISDN，移动用户 ISDN 号
MSK：Minimum Shift Keying，最小频移键控
MSRN：Mobile Subscriber Roaming Number，移动用户漫游号
MSS：Mobile Satellite Service，移动卫星业务
MT：Mobile Termination，移动台被呼
MTP：Message Transfer Part，消息传递部分

N

NCFSK：Noncoherent Frequency Shift Keying，非相干正交二进制 FSK
NDC：National Directory Code，国家目的代码
NGEO：Non - Geosynchronous Earth Orbit，非地球同步轨道
NID：Network Identity，网络识别号
NMT - 900：Nordic Mobile Telephone -900，北欧移动电话-900

O

ODMA：Opportunity Driven Multiple Access，时机驱动多址接入
OFDM：Orthogonal Frequency Division Multiplexing，正交频分复用
OFDMA：Orthigonal Frequency Division Multiple Access，正交频分多址接入
OFSK：Orthogonal Frequency Shift Keying，正交频移键控

OMC：Operation and Maintenance Centre，操作维护中心
OQPSK：Offset Quadrature Phase Shift Keying，交错正交四相相移键控
OSI：Open System Interconnect，开放系统互连

P

PACS：Personal Access Communication System，个人接入通信系统
PC：Paging Channel，寻呼信道
PCH：Paging Channel，寻呼信道
PCM：Pulse Code Modulation，脉冲编码调制
PCN：Personal Communication Network，个人通信网
PCS：Personal Communication System，个人通信系统
PDC：Pacific Digital Cellular，太平洋数字蜂窝
PDP：Packet Data Protocol，数据包协议
PE：Power Efficiency，功率有效性
PIN：Personal Identity Number，个人身份码
PN：Pseudorandom - Noise，伪随机噪声
PSD：Power Spectrum Density，功率谱密度
PSTN：Pubilc Switched Telephone Network，公共交换电话网
PTN：Personal Telephone Number，个人电话号码
PTT：Push To Talk，按一讲

Q

QAM：Quadrature Amplitude Modulation，正交振幅调制
QCELP：Qualcomm Code Excited Linear Predictive，Qualcomm码激励线性预测编码器
QPSK：Quadrature Phase Shift Keying，四相相移键控

R

RA：Routing Area，路径区域
RACH：Random Access Channel，随机接入信道
RAND：Random Number，随机数
RBCF：Radio Bearer Common Function，无线载体通用功能
RF：Radio Frequency，射频
RFTR：Radio Frequency Transmitter and Receiver，射频传输和接收机
RNC：Radio Network Controller，无线网络控制器
RPELTP：Regular Pulse Excited Long Term Prediction，长期预测的规律脉冲激励
RRC：Radio Resource Control，无线资源控制
RSSI：Radio Signal Strength Indication，无线信号强度指示
RTSF：Radio Transport Special Function，无线传输特殊功能
RTT：Radio Transmission Technology，无线传输技术

S

SACCH：Slow Associated Control Channel，慢相关控制信道

SACF & TACF：Service Access Control Function & Terminal Access Control Function，业务和终端接入控制功能

SAT：Supervisory Audio Tone，检测音

SC：Speech Coding，语音编码

SCCP：Signaling Connection Control Part，信令连接控制部分

SCH：Synchronization Channel，同步信道

SDCCH：Stand - alone Dedicated Control Channels，独立专用控制信道

SDF & SCF：Service Data Function & Service Control Function，业务数据和控制功能

SDMA：Space Division Multiple Access，空分多址

SE：Spectral Efficiency，带宽有效性

SFH：Slotted Frequency Hopping，时隙跳频

SGSN：Serving GPRS Support Node，业务 GPRS 支持节点

SID：System Identity，系统识别号

SIM：Subscriber Identity Module，用户识别模块

SMG2：Special Mobile Group 2，特别移动 2 组

SMS：Short Message Service，短信息业务

SN：Subscriber Number，用户码

SNR：Signal to Noise Ratio，信噪比

SRES：Signed Response，签名响应

SRF：Special Resource Function，专用资源功能

SSF：Service Switched Function，业务交换功能

SSR：Signal Strength Receiver，信号强度接收机

ST：Signaling Tone，信号音

SS：Supplementary Services，补充业务

T

TACS：Total Access Communications System，全接入通信系统

TC：Traffic Channel，业务信道

TCH：Traffic Channel，业务信道

TDD：Time Division Duplex，时分双工

TDMA：Time Division Multiple Access，时分多址

TD - SCDMA：Time Division - Synchronous CDMA，时分同步 CDMA

THB：Total Hopping Bandwidth，跳频总带宽

TIA：Telecommunication Industry Association，电信工业协会

TLDN：Temporary Local Directory Number，临时本地号码

TLS：Transport Layer Security，传输层安全协议

TJ：Timing Jitter，定时抖动
TMSI：Temporary Mobile Subscriber Identity，临时移动用户识别号
TRAU：Transcoder and rate adaptor unit，发送编码器和速率适配器单元
TRX：Transmitter and Receiver，收发信机

U

UHF：Ultra High Frequency，特高频
Um：User interface mobile，空中接口
UMTS：Universal Mobile Telecommunication System，通用移动通信系统
UTRA：UMTS Terrestrial Radio Access，UMTS 陆地无线接入

V

VAD：Voice Activity Detector，语音活动性控测
VC：Voice Channel，语音信道
VCH：Voice Channel，语音信道
VCO：Voltage Controlled Oscillator，电压控制振荡器
VHF：Very High Frequency，甚高频
VLR：Visitor Location Register，访问位置寄存器

W

WAE：Wireless Application Environment，无线应用环境
WAP：Wireless Application Protocol，无线应用协议
WARC：World Administrative Radio Conference，世界无线电管理委员会
W－CDMA：Wideband－Code Division Multiple Access，宽带码分多址
WML：Wireless Markup Language，无线标记语言
WDP：Wireless Datagram Protocol，无线数据报协议
WSP：Wireless Session Protocol，无线会话协议
WTLS：Wireless Transport Layer Security，无线传输层安全
WTP：Wireless Transaction Protocol，无线交互协议

参考文献

[1] 宋文涛，罗汉文．移动通信［M］．上海：上海交通大学出版社，1996.
[2] 郭梯云，邬国杨，张厥盛．移动通信［M］．西安：西安电子科技大学出版社，1999.
[3] 韦惠民，等．蜂窝移动通信技术［M］．西安：西安电子科技大学出版社，2002.
[4] 王文博，等．移动通信原理与应用［M］．北京：北京邮电大学出版社，2002.
[5] Theodore S Rappaport. Wireless communications principles and practice（影印版）［M］．北京：电子工业出版社，1998.
[6] 章坚武．移动通信［M］．2 版．西安：西安电子科技大学出版社，2007.
[7] Jhong Sam Lee Leonard E Miller. CDMA 系统工程手册［M］．许希斌，等译．北京：人民邮电出版社，2001.
[8] TIA/EIA/IS – 95 Interrim Standard. Mobile Station – base Station Compatibility for Dual – mode Wideband Spread Spectrum Cellular System［S］．Telecommunication Industry Association. 1995，7.
[9] Viterbi A J. CDMA：Principles of Spread Spectrum Communication［R］. 1995.
[10] 常永宏．移动通信系统与技术［M］．北京：人民邮电出版社，2002.
[11] 吴伟陵，牛凯．移动通信原理［M］．北京：电子工业出版社，2005.
[12] 施瓦茨（Schwartz M）．移动无线通信［M］．许希斌，李云洲，译．北京：电子工业出版社，2006.
[13] 朱红儒，胡志远，冯登国．第三代移动通信系统安全［M］．北京：电子工业出版社，2009.
[14] 啜钢，等．移动通信原理与系统［M］．北京：北京邮电大学出版社，2005.
[15] 李媛．移动通信原理与设备［M］．北京：北京邮电大学出版社，2009.
[16] 朱洪波，谢飞波．国际电信联盟无线电通信标准术语与定义［M］．北京：人民邮电出版社，2008.
[17] 黄韬．LTE/SAE 移动通信网络技术［M］．北京：人民邮电出版社，2009.
[18] Proakis J G，Salehi M. Communication system engineering［M］. New Jersey：Prentice Hall，2004.
[19] Proakis J G，Digital communications［M］．4 th ed. New York：McGraw – Hill，2003.
[20] 哥德史密斯．Wireless Communications［M］．杨鸿文，等译．北京：人民邮电出版社，2007.
[21] 拉帕波特．Wireless Communications：Principles and Practice［M］．2nd ed. 周文安，译．北京：电子工业出版社，2006.
[22] Andreas F Molisch. 无线通信［M］．田斌，等译．北京：电子工业出版社，2008.